21 世纪全国高职高专机电类规划教材

机械设计基础

黄泽森　侯长来　主　编

刘增华　章晓　邓先智　副主编

任国强　张立哲　向加宇　参　编

北京大学出版社
PEKING UNIVERSITY PRESS

内 容 提 要

本书依据高职高专院校教学特点和要求编写，充分吸取近年来高职高专院校培养技术应用人才和教材建设方面取得的成功经验，将机械原理和机械零件的课程内容进行了有机的整合，以适应目前高职高专教学改革的需要。

全书共分 15 章，包括绪论，平面机构，平面连杆机构，凸轮机构设计，间歇运动机构，螺纹连接与螺旋传动，挠性传动，齿轮传动，蜗杆传动，齿轮系，轴和轴毂的连接，轴承，其他常用零、部件，机械的平衡，计算机辅助设计。

本教材有以下特点：在内容组织上按"必需够用"的原则，取材注重反映基本概念和理论，删去了一些繁琐的理论证明，尽量做到理论联系实际，力求反映高职教材特色，结合生产实际，突出应用性，形成"易教易学"的高职教材特色；同时强调素质教育和以能力为本位的教育理念。注重学生综合的工程实践应用能力的培养。

图书在版编目（CIP）数据

机械设计基础/黄泽森，侯长来主编. —北京：北京大学出版社，2008.7
（21 世纪全国高职高专机电类规划教材）
ISBN 978-7-301-13076-6

Ⅰ. 机… Ⅱ. ①黄…②侯… Ⅲ. 机械设计—高等学校：技术学校—教材 Ⅳ. TH122

中国版本图书馆 CIP 数据核字（2007）第 192191 号

书　　　名：	机械设计基础	
著作责任者：	黄泽森　侯长来　主编	
责 任 编 辑：	桂　春　刘晶平	
标 准 书 号：	ISBN 978-7-301-13076-6/TH · 0068	
出　版　者：	北京大学出版社	
地　　　址：	北京市海淀区成府路 205 号 100871	
电　　　话：	邮购部 62752015　发行部 62750672　编辑部 62765126　出版部 62754962	
网　　　址：	http://www.pup.cn	
电 子 信 箱：	xxjs@pup.pku.edu.cn	
印　刷　者：	三河市博文印刷有限公司	
发　行　者：	北京大学出版社	
经　销　者：	新华书店	
	787 毫米×980 毫米　16 开本　17.75 印张　390 千字	
	2008 年 7 月第 1 版　2016 年 3 月第 3 次印刷	
定　　　价：	28.00 元	

未经许可，不得以任何方式复制或抄袭本书之部分或全部内容。
版权所有，侵权必究
举报电话：010-62752024；电子信箱：fd@pup.pku.edu.cn

21 世纪全国高职高专机电类规划教材

编 委 会

编委会主任： 黄泽森　闫瑞涛

编委会副主任（排名不分先后）

栾敏　秦庆礼　张晓翠　赵世友

编委会委员（排名不分先后）

邓先智　耿南平　何晶　侯长来　胡育辉　黄仕君
马光全　汤承江　王军红　王新兰　吴春玉　谢婧
辛丽　宇海英　袁晓东　张琳　张明　朱福明

前　　言

《机械设计基础》是《21世纪全国高职高专机电类规划教材》编委会组编的教材之一，本教材可供机械设计与制造、数控技术、机电一体化、模具设计等机械类专业使用。

本教材根据教育部制定的《高职教育机械设计基础课程教学基本要求》和《21世纪全国高职高专机电类规划教材编审委员会的章程》要求，组织具有从事多年教学和生产实践工作经验的一线教师，结合当前高职高专办学实际编写而成。

机械的发展历史由来已久，从杠杆、斜面、滑轮直到现代的起重机、汽车、拖拉机、内燃机、机械手及机器人等，标志着生产力的进步与发展。机械设计基础是一门重要的技术基础课程，是研究机械产品的设计、开发、改造的方法，以满足经济发展和社会需求的基础知识课程。机械的种类繁多，其性能、用途各异，但是有共同的特征，本教材从机械的基本特征出发，剖析其结构，研究其组成原理，以达到掌握机械设计的基础知识以及运用机械的目的。

本教材在编写的过程中注意从以下几点体现高职高专的教育教学特点。

（1）内容精选，按照高职高专的人才培养适用层次和人才培养的基本规格的特点，从培养技能型人才出发，经过反复权衡和精挑细选，以确定教材的内容。本教材注重相关教学内容的整合，简明、实用、新颖；在内容的处理上摒弃了一些公式的理论指导，直接阐述公式的物理意义和几何意义，直接切入主题，降低了学生的学习难度，突出了职业教育特点。

（2）学习目的明确。本教材每章都编写了本章学习目的，旨在让学生在学习本章知识之前明确学习目的，把握知识点，做到有的放矢。并且通过合理地编排习题，培养学生扩展知识的能力。

（3）加强理论联系实际，培养学生分析问题、解决问题的能力。例如：本教材对平面连杆机构的演化和其他相应的章节中，都尽量列举了相应的应用实例，突出了技术的实用性，使学生在学习过程中能有的放矢。

本教材参加编写的人员有绵阳职业技术学院黄泽森、邓先智、章晓、张立哲，辽宁科技学院侯长来，四川航天职业技术学院刘增华，四川职业技术学院任国强，四川内江职业技术学院向加宇。具体编写分工如下：侯长来编写第1、2章；任国强编写第3、4、5章；章晓编写第7、8章；刘增华编写第9、10章；黄泽森编写第11章；张立哲编写第6、12章；向加宇编写第13、14、15章。本教材由黄泽森、侯长来、邓先智共同定稿。

鉴于编者水平有限，书中难免会有不妥之处，恳请同行和读者提出宝贵意见。

编　者

2008年3月

目 录

第1章 绪论 1
  1.1 机器的组成及其特征 1
  1.2 本课程研究的对象、内容、性质和任务 3
  1.3 机械设计的基本要求和一般程序 3
    1.3.1 机械设计的基本要求 3
    1.3.2 机械设计的一般程序 4
  复习题 5
第2章 平面机构 6
  2.1 平面机构的组成 6
    2.1.1 构件及其自由度 6
    2.1.2 运动副与约束 7
    2.1.3 运动副的分类 7
    2.1.4 机构中构件的分类 8
  2.2 平面机构运动简图 9
    2.2.1 运动副和构件的表示方法 11
    2.2.2 平面机构运动简图绘制 11
  2.3 平面机构的自由度 12
    2.3.1 平面机构自由度计算 12
    2.3.2 计算机构自由度时几种特殊情况的处理 14
    2.3.3 构件系统成为机构的条件 18
    2.3.4 计算机构自由度的意义 19
  复习题 20
第3章 平面连杆机构 22
  3.1 概述 22
  3.2 平面四杆机构的类型及演化 23
    3.2.1 平面四杆机构的基本形式 23
    3.2.2 平面四杆机构的演化形式 25
  3.3 铰链四杆机构曲柄存在的条件 29
  3.4 平面四杆机构的基本工作特性 30

        3.4.1 压力角与传动角 30
        3.4.2 急回特性和行程速比系数 31
        3.4.3 死点位置 32
    3.5 用作图法设计平面四杆机构 33
        3.5.1 平面四杆机构的设计方法 33
        3.5.2 图解法设计平面四杆机构 34
    复习题 37
第 4 章 凸轮机构设计 40
    4.1 凸轮机构的应用及分类 40
        4.1.1 凸轮机构的应用 40
        4.1.2 凸轮机构的分类 41
    4.2 凸轮机构从动件常用的运动规律 43
        4.2.1 平面凸轮机构的工作过程和运动参数 44
        4.2.2 从动件的运动规律分析 45
        4.2.3 运动规律的特性比较及选择 47
    4.3 盘形凸轮轮廓曲线设计 48
        4.3.1 用图解法设计凸轮廓线的基本原理 48
        4.3.2 用图解法设计凸轮廓线 49
    4.4 凸轮机构基本尺寸的确定 51
        4.4.1 凸轮机构中的作用力及凸轮机构压力角 α 52
        4.4.2 凸轮基圆半径的确定 53
        4.4.3 滚子半径（r_T）的确定 54
    4.5 凸轮机构常用材料及结构设计 55
        4.5.1 凸轮和从动件的常用材料 56
        4.5.2 结构设计 56
    复习题 58
第 5 章 间歇运动机构 60
    5.1 棘轮机构 60
        5.1.1 棘轮机构的工作原理和类型 60
        5.1.2 棘轮机构的优、缺点和应用 63
    5.2 槽轮机构 64
        5.2.1 槽轮机构的工作原理和类型 64
        5.2.2 槽轮机构的运动系数 65
        5.2.3 槽轮机构的优、缺点和应用 67

    5.3 不完全齿轮机构 67
        5.3.1 不完全齿轮机构的工作原理和类型 67
        5.3.2 不完全齿轮机构的优、缺点和应用 68
    5.4 凸轮间歇运动机构 68
        5.4.1 圆柱形凸轮间歇运动机构 68
        5.4.2 蜗杆形凸轮间歇运动机构 69
    复习题 70

第 6 章 螺纹连接与螺纹传动 71
    6.1 螺纹的形成及主要参数 71
        6.1.1 螺纹的形成 71
        6.1.2 螺纹的主要参数 71
    6.2 螺纹的种类、特点和应用 72
        6.2.1 螺纹的种类 72
        6.2.2 常用螺纹的特点和应用 73
    6.3 螺纹连接的基本类型和螺纹连接件 75
        6.3.1 螺纹连接的基本类型 75
        6.3.2 标准螺纹连接件 76
    6.4 螺纹连接的预紧和防松 78
        6.4.1 螺纹连接的预紧 78
        6.4.2 螺纹连接的防松 79
    6.5 单个螺栓连接的强度计算 80
        6.5.1 受拉螺栓连接 80
        6.5.2 受剪切螺栓连接 84
        6.5.3 螺纹连接件的材料和许用应力 84
    6.6 滑动螺旋传动和滚动螺旋传动简介 86
        6.6.1 滑动螺旋传动 86
        6.6.2 滚动螺旋传动 87
        6.6.3 滚动螺旋传动的特点 88
    复习题 88

第 7 章 挠性传动 90
    7.1 带传动 90
        7.1.1 带传动的工作原理、分类和应用 90
        7.1.2 V 带和 V 带轮的结构 92
        7.1.3 摩擦带传动的工作能力分析 98
        7.1.4 V 带传动的设计 101

7.1.5 带传动的张紧、安装与维护 110
7.1.6 同步带传动简介 112
7.2 链传动简介 112
7.2.1 链传动的组成和传动比 112
7.2.2 链传动的特点和分类 113
7.2.3 传动链的结构与标准 114
复习题 117

第8章 齿轮传动 119
8.1 齿轮传动的特点和分类 119
8.1.1 齿轮传动的特点 119
8.1.2 齿轮传动的分类 119
8.2 渐开线齿廓 120
8.2.1 渐开线的形成 120
8.2.2 渐开线的性质 121
8.2.3 渐开线的压力角 122
8.3 渐开线标准直齿圆柱齿轮 122
8.3.1 齿轮各部分的名称 122
8.3.2 齿轮的基本参数 123
8.3.3 标准直齿圆柱齿轮基本尺寸的计算 124
8.4 渐开线直齿圆柱齿轮的正确啮合与连续传动 125
8.4.1 啮合特点 125
8.4.2 直齿圆柱齿轮的正确啮合条件 127
8.4.3 渐开线直齿圆柱齿轮的连续传动条件 128
8.5 渐开线齿轮的切削加工简介 128
8.5.1 仿形法 129
8.5.2 范成法 129
8.6 渐开线齿轮根切及其避免 130
8.6.1 根切 130
8.6.2 标准外齿不根切的最少齿数 131
8.6.3 标准内齿的最少齿数 132
8.7 变位齿轮传动简介 132
8.7.1 变位齿轮概述 132
8.7.2 变位齿轮的特性 133
8.8 齿轮的失效形式与设计准则 134
8.8.1 齿轮的失效形式 134

        8.8.2 齿轮传动的设计准则 136
    8.9 齿轮的材料及传动精度 136
        8.9.1 齿轮材料及热处理 136
        8.9.2 齿轮许用应力 138
        8.9.3 齿轮的精度 141
    8.10 齿轮的结构、润滑和效率 142
        8.10.1 齿轮的结构 142
        8.10.2 齿轮的润滑 144
        8.10.3 齿轮的传动效率 145
    8.11 直齿圆柱齿轮的设计 145
        8.11.1 齿轮的受力分析 145
        8.11.2 计算载荷 146
        8.11.3 齿轮的强度计算 147
        8.11.4 齿轮传动主要设计参数的选择 149
        8.11.5 圆柱直齿轮的设计过程 150
    8.12 斜齿圆柱齿轮的参数及设计 152
        8.12.1 斜齿轮的形成和啮合特点 152
        8.12.2 斜齿圆柱齿轮的主要参数 153
    8.13 直齿圆锥齿轮的参数和设计 157
        8.13.1 圆锥齿轮的当量齿数 158
        8.13.2 直齿圆锥齿轮的几何尺寸计算 158
        8.13.3 直齿圆锥齿轮的受力分析 159
        8.13.4 直齿圆锥齿轮的强度计算（轴交角 $\varSigma=90°$） 160
    复习题 161
第9章 蜗杆传动 162
    9.1 蜗杆传动的类型和特点 162
        9.1.1 蜗杆传动的类型 162
        9.1.2 蜗杆传动的特点 163
    9.2 蜗杆传动的主要参数和几何尺寸计算 164
    9.3 蜗杆传动的失效形式和设计准则 168
        9.3.1 蜗杆传动的失效形式 168
        9.3.2 蜗杆传动的设计准则 168
    9.4 蜗杆传动的材料和结构 168
        9.4.1 蜗杆传动的材料选择 168
        9.4.2 蜗杆传动的结构 169

9.5 蜗杆传动的强度计算 170
　9.5.1 蜗杆传动的受力分析 170
　9.5.2 蜗轮齿面接触疲劳强度的计算 171
9.6 蜗杆传动的效率、润滑及热平衡计算 172
　9.6.1 蜗杆传动的效率 172
　9.6.2 蜗杆传动的润滑 172
　9.6.3 蜗杆传动的热平衡计算 172
9.7 普通圆柱蜗杆的精度等级选择及安装和维护 174
9.8 常用各类齿轮传动的选择 175
复习题 176

第10章 齿轮系 177

10.1 概述 177
10.2 定轴轮系传动比的计算 179
　10.2.1 定轴轮系回转方向的确定 179
　10.2.2 定轴轮系传动比计算 180
　10.2.3 定轴轮系中任意从动轮转速的计算 181
　10.2.4 末端是螺旋传动的定轴轮系 182
　10.2.5 末端是齿轮齿条传动的定轴轮系 183
10.3 周转轮系传动比的计算 185
10.4 混合轮系传动比的计算 187
10.5 齿轮系的应用 188
　10.5.1 实现分路传动 188
　10.5.2 获得大的传动比 189
　10.5.3 实现换向传动 189
　10.5.4 实现变速传动 189
　10.5.5 用于对运动进行合成与分解 190
10.6 其他齿轮传动装置简介 191
　10.6.1 圆弧齿轮传动装置 191
　10.6.2 摆线针轮行星传动装置 192
　10.6.3 谐波齿轮传动装置 192
10.7 减速器 193
　10.7.1 减速器的主要类型 193
　10.7.2 减速器的结构 193
　10.7.3 减速器的选用 194
复习题 194

第 11 章 轴和轴毂的连接 ... 197
11.1 轴的类型和应用 ... 197
11.2 轴的结构设计 ... 198
11.2.1 轴的基本组成 ... 199
11.2.2 轴上零件的固定 ... 199
11.2.3 轴的加工和装配工艺性 ... 201
11.3 轴的材料与强度计算 ... 201
11.3.1 轴的材料 ... 201
11.3.2 轴的强度计算 ... 202
11.4 轴的设计 ... 204
11.5 轴毂的连接 ... 208
11.5.1 键 ... 208
11.5.2 花键 ... 211
11.5.3 销 ... 212
复习题 ... 212

第 12 章 轴承 ... 213
12.1 滚动轴承的组成、类型和代号 ... 213
12.1.1 滚动轴承的组成 ... 213
12.1.2 滚动轴承的类型及特点 ... 214
12.1.3 滚动轴承的代号 ... 217
12.2 滚动轴承的选择与计算 ... 220
12.2.1 滚动轴承类型的选择 ... 220
12.2.2 滚动轴承的失效形式 ... 220
12.2.3 滚动轴承的计算 ... 221
12.3 滚动轴承的组合设计 ... 230
12.3.1 轴承的轴向固定 ... 230
12.3.2 轴承组合的调整 ... 231
12.3.3 轴承的配合与拆装 ... 232
12.3.4 滚动轴承的润滑和密封 ... 233
12.4 滑动轴承的工作原理和结构 ... 234
12.4.1 摩擦状态 ... 234
12.4.2 滑动轴承的应用及分类 ... 235
12.5 轴瓦的结构和轴承的润滑 ... 236
12.5.1 轴瓦的结构 ... 236
12.5.2 轴承材料 ... 237

12.5.3　轴承的润滑 238
　12.6　滚动轴承与滑动轴承的比较 240
　复习题 241
第13章　其他常用零、部件 242
　13.1　概述 242
　13.2　联轴器 242
　　13.2.1　刚性联轴器 243
　　13.2.2　无弹性元件联轴器 244
　　13.2.3　弹性联轴器 246
　　13.2.4　联轴器的选择 247
　13.3　离合器 248
　　13.3.1　牙嵌式离合器 248
　　13.3.2　摩擦离合器 249
　　13.3.3　特殊功用离合器 249
　13.4　弹簧 250
　　13.4.1　概述 250
　　13.4.2　圆柱形螺旋弹簧的结构 251
　复习题 253
第14章　机械的平衡 254
　14.1　概述 254
　　14.1.1　绕固定轴回转的构件惯性力的平衡 254
　　14.1.2　机构的平衡 255
　14.2　回转件的静平衡 255
　　14.2.1　回转件的静平衡计算 255
　　14.2.2　回转件的静平衡试验 257
　14.3　回转件的动平衡 257
　　14.3.1　回转件的动平衡计算 257
　　14.3.2　回转件的动平衡试验 259
　复习题 259
第15章　计算机辅助设计 260
　15.1　概述 260
　　15.1.1　CAD技术发展概况 260
　　15.1.2　CAD系统的组成 260
　15.2　机械设计CAD中常用数据处理方法 261
　　15.2.1　数表程序化 261

  15.2.2 线图程序化 262
 15.3 机械零件 CAD 应用举例 264
  15.3.1 机械零件设计的一般步骤 264
  15.3.2 渐开线标准直齿圆柱齿轮传动的程序设计 264
 复习题 266
参考文献 267

第1章 绪 论

学习目的 通过对本章的学习,使学生了解机器的组成及特征;熟悉机械设计基础课程研究的对象、内容、性质和任务;了解机械设计的基本要求和一般程序。

机械的发展历史由来已久,从杠杆、斜面、滑轮直到现代的起重机、汽车、拖拉机、内燃机、机械手及机器人等,标志着生产力的进步与发展。机械设计基础是一门重要的技术基础课程,是研究机械产品的设计、开发、改造的方法,以满足经济发展和社会需求的基础知识课程。机械的种类繁多,其性能、用途各异,但是都具有共同的特征,本课程将从机械的基本特征出发,剖析其结构,研究其组成原理,以达到掌握机械设计的基础知识以及运用机械的目的。

1.1 机器的组成及其特征

机器的种类多种多样,但都是为实现某种功能而设计的。图1-1所示是四冲程单缸内燃机的构造。由汽缸体1、活塞2、连杆3、曲轴4、齿轮5与6、凸轮7、顶杆8等组成。基本功能是使燃气在缸内经过吸气—压缩—燃爆—排气四冲程循环运作,将油液燃烧的化学能不断地转换为机械能,从而使活塞往复运动转换为曲轴的连续转动。为保证曲轴连续转动,要求定时向汽缸内送入助燃气并排出废气,这些通过进气阀和排气阀完成。排气阀的启闭是通过齿轮、凸轮、顶杆、弹簧等各实物组合成一体并协同运动来实现的。

人们常见到的起重机、汽车、电动机、切削机床、工业机器人等都是机器。虽然它们的用途、功能、工作原理与构造各不相同,但一般均由原动机、传动系统、执行部件3部分组成。对于自动化程度

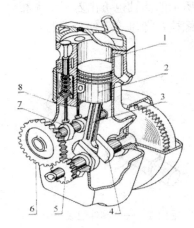

图1-1 单缸内燃机

1—汽缸体;2—活塞;3—连杆;4—曲轴;
5,6—齿轮;7—凸轮;8—顶杆

较高的机械,除上述 3 部分外,还包括各种功能的操纵系统和信息处理、传递系统,即自动控制部分。

根据用途不同,机器可分为:动力机器,如电动机、内燃机、发电机等;加工机器,如金属切削机床、轧钢机、织布机等;运输机器,如升降机、起重机、汽车等;信息机器,如机械积分仪、计算机等。

综上所述,机器是用来变换或传递能量、物料与信息的装置,以代替或减轻人的体力和脑力劳动。

本课程只讨论用来传递或变换能量的机器。此类机器具有如下特征:都是人为的实物组合;组成机器的各实物之间具有确定的相对运动;能实现能量转换或完成有用的机械功。

能传递运动和变换运动形式的多件实物的组合体称为机构。机构只具有机器的前两个特征。机构与机器从结构和运动的观点来看是没有区别的,只是研究的侧重点不同。机构的主要功能是传递运动及变换运动形式,而机器的主要功能是完成有用的机械功或转换能量。一般而言,机构是机器的重要组成部分,机器包括一个或若干个机构。工程上常将机器与机构总称为机械。

各种机械中广泛使用的机构称为常用机构,如连杆机构、凸轮机构、齿轮机构和间歇运动机构等。

机构中具有确定相对运动的各实物称为构件,它是机构中的运动单元。组成机器的不可拆卸的基本单元称为机械零件,零件是机器的制造单元。构件可以是一个零件,图 1-2 所示的曲轴也可由若干个无相对运动的零件组成,图 1-3 所示的连杆是由连杆体、连杆头、螺栓及螺母等零件组成的。

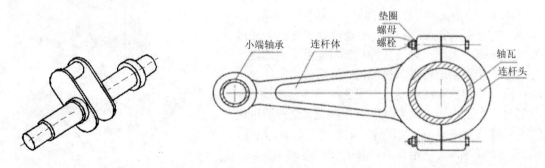

图 1-2 一个零件组成一个构件　　　　　图 1-3 多个零件组成一个构件

机械零件按其功能和结构特点可分为通用零件和专用零件。各种机械中普遍使用的零件,称为通用零件,如螺栓、键、齿轮、弹簧等。仅在某些特定行业中使用的零件称为专用零件,如内燃机的曲轴、汽轮机的叶片、机床的箱体等。

一组协同工作且完成共同任务的零件组合体称为部件,如减速器、滚动轴承、联轴器、内燃机中的连杆、汽车转向器等。

1.2 本课程研究的对象、内容、性质和任务

机械设计基础课程主要研究机械中的常用机构和通用零件的工作原理、结构特点、运动特点、基本设计理论和计算方法、材料的选择，同时简要介绍国家标准和规范。这些对专用机械和专用零件的设计也具有指导意义。

机械设计基础课程是高等工科院校有关专业一门重要的技术基础课。它综合运用高等数学、理论力学、材料力学、机械制图、金属工艺学、金属材料及热处理、互换性原理及技术测量、算法语言等课程的基本知识，解决常用机构、通用零部件设计等问题。本课程具有较强的综合性与实践性，是机械类或近机类专业的主干课程之一，在相关各专业教学计划中占有重要的地位，是培养机械工程师的必修课。本课程的主要任务如下。

（1）使学生掌握常用机构的结构、运动特性，具有初步分析和设计常用机构的能力。了解机械动力学某些基本知识。

（2）掌握通用机械零件的工作原理、结构特点、设计计算和运用维护等基本知识和技能，初步具备设计机械传动装置的能力。

（3）具有运用标准、规范、手册、图册等相关资料的能力。

（4）使学生初步掌握本学科相关实验和实训技能。

通过本课程的学习，应使学生具备使用、维护、改进和设计机械设备的基本知识和分析设备事故的基本能力，达到能运用手册、设计简单机械传动装置，为今后学习有关专业课程奠定必要的基础，为今后解决工程实际问题创造条件。

1.3 机械设计的基本要求和一般程序

1.3.1 机械设计的基本要求

机械设计的任务是在现有技术条件下，根据社会需求提出的。机器的种类虽然很多，但其设计的基本要求大致相同，主要有以下几个方面。

（1）预定的功能要求。机器的功能是指机器的功用和性能指标，要靠正确地选择机器的工作原理，正确地设计或选用能够全面实现功能要求的执行部件、传动系统和原动机，以及合理地配置必要的辅助系统来实现。

（2）安全可靠性要求。安全可靠是维护机器正常工作的必要条件，在保证实现机器预定功能的前提下，必须保证机器安全、可靠地运作，防止因个别零件的破坏或失效而影响整个机器的正常运行。为此，要使设计的机械零件结构合理并满足强度、刚度、耐磨性、振动稳定性及其寿命等方面的要求。

(3) 经济性要求。机器的经济性体现在设计、制造和使用的全过程。设计机器时要全面综合地考虑。设计制造的经济性表现为机器的成本低；使用的经济性表现为高生产率，高效率，较少地消耗能源、原材料和辅助材料，以及低的管理和维护费用等。

(4) 劳动和环境保护要求。要使设计的机器符合劳动保护法规的要求，需要为操作者提供方便和安全的条件，改善机器周围及其操作者的环境条件，降低噪声，防止有毒、有害介质的渗漏，对废水、废气和废液进行治理，美化机器的外形及色彩。

(5) 其他特殊要求。不同的机器各有一些特殊的要求。例如，机床有长期保持精度的要求；飞机有质量小、飞行阻力小而运载能力大的要求；大型机器有便于运输的要求；流动使用的机器有便于安装和拆卸的要求；食品、医药、纺织等机械有不得污染产品的要求等。设计机器时，必须满足这些特殊要求，以提高机器的使用性能。

综上所述，设计机器要从实际出发，分清各项设计要求的主、次或轻、重、缓、急程度，具体问题具体分析。

1.3.2 机械设计的一般程序

一台机器的诞生一般要经过设计和制造两个过程，其中机器设计过程包括计划任务、方案设计、技术设计 3 个阶段，制造过程包括样机试制与鉴定、产品正式投产两个阶段。尽管机器的种类繁多，但是机械设计有其一般的设计程序。

(1) 计划任务阶段。根据用户的需要与要求，明确任务目的，确定所要设计机器的功能和有关指标，研究分析其实现的可行性，制订产品设计任务书。设计任务书中应注明产品的用途、主要技术经济指标（如生产率、能耗、重量、目标成本等）、使用条件、设计周期、设计者的任务分担情况等。

(2) 方案设计阶段。根据设计任务，进行调查研究，了解国内外同类产品的相关技术发展状况，参阅有关技术资料，充分了解用户要求和意见、制造厂家的设备和工艺能力等。在此基础上综合分析机器的功能，寻找解决问题的方法，确定机器的工作原理，拟定出初步总体设计方案。请相关技术人员评价设计方案、提出修改意见，最后决策出最佳方案。对方案进行运动和动力分析，从工作原理上论证设计任务的可行性，对某些技术指标进行必要的修改，然后绘制机构简图，对配套的相关控制系统如电器、液压系统的设计方案也要一同完成。

(3) 技术设计阶段。在完成总体设计方案的基础上，确定机器的结构设计、编制相关的技术文件。结构设计是指机器的合理构形和尺寸，即绘制机器总装配图、部件装配图和零件工作图。对标准零件以外的所有零部件进行结构设计，并对主要零部件的工作能力进行计算，即进行机械零件设计。

机械零件设计是本课程研究的主要内容之一，其主要设计步骤如下。

(1) 根据使用要求，选择零件的结构类型。分析零件的工作情况，确定主要失效形式与设计准则，通过理论计算确定零件的主要尺寸。

（2）绘制零件工作图，制订技术要求。技术设计阶段还要编制相关的技术文件，包括设计计算说明书、外购件明细表等。

从机器设计图到实物机器的全过程称机械制造。设计的机器是否能满足预定的功能要求，需要进行样机的试制与鉴定。样机制成并经运行测试后，须经有关专家和主管技术人员进行鉴定，对样机进行全面的技术经济评价，根据提出的修改意见和建议，进一步完善设计方案，可小批量试制和生产。将机器的全套设计图纸和全套技术文件提交产品定型鉴定会，经评审通过后，由主管部门下达正式投产指令，进行批量生产。

复 习 题

1-1 机器的特征有哪些？
1-2 简述机器与机构的异同点。
1-3 简述构件与零件的区别。
1-4 机械设计基础的研究对象是什么？
1-5 机械设计的基本要求有哪些？

第2章 平面机构

学习目标 机器一般由若干机构组成，而机构是由两个或两个以上具有确定相对运动的构件组成。通过对本章的学习，要求熟悉机构的组成，掌握平面机构运动简图绘制方法及平面机构的自由度计算方法。

若组成机构的所有构件都在同一平面或相互平行的平面内运动，则该机构称为平面机构，否则称为空间机构。工程中常用的大多是平面机构，且平面机构是研究空间机构的基础。本章仅讨论平面机构。

实际机构一般是由外形和结构都较复杂的构件组成的，为便于分析研究问题，常用简单线条和符号来表达构件及构件之间的联接，这种说明各构件间相对运动关系的简单图形，称为机构运动简图，以此作为机械设计的一种工程语言，正确地掌握机构运动简图的绘制方法是必要的。

机构是具有确定相对运动构件组合体，但若干构件的组合体并不一定能够组成机构。有些构件组合体属于固死的整体，构件之间不能做相对运动；有些构件组合体构件间的相对运动是无规则地乱动。这两类构件组合体都不能称为机构。那么，构件组合体在什么条件下才具有确定的相对运动，从而获得机构？这对机构分析或创新设计具有重要意义，也是本章要重点解决的问题之一。

2.1 平面机构的组成

2.1.1 构件及其自由度

构件是构件系统中最基本的独立运动单元体。机器是由机构组成的，而机构是由若干个构件组成的。构件可以是一个单独的零件，也可以由几个零件刚性联接在一起组成。构件是组成机构的主要要素之一。

构件在空间自由运动时具有6个独立的运动，可表达为在直角坐标系内沿着3个坐标轴的移动和绕3个坐标轴的转动。而对于一个做平面运动的构件，只有3个独立的运动，如图2-1

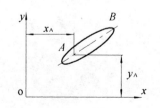

图2-1 平面运动构件的自由度

所示。构件 AB 可以在 xOy 平面内绕任一点 A 转动,也可沿 x 轴或 y 轴方向移动。构件拥有的独立运动的个数,称为构件的自由度。如平面运动构件有 3 个自由度,也称自由度的数目等于 3。

2.1.2 运动副与约束

构件组成机构是通过运动副将各构件联接起来而实现的。机构中每一构件都以一定的方式与其他构件相互接触,并形成一种可动联接,两构件之间这种直接接触的可动联接称为运动副。

机构中的构件由于相互之间用运动副联接,某些独立运动将受到限制,对构件独立运动所加的限制称为约束。构件的独立运动受到限制后,必然失去一些自由度,构件失去的自由度个数与它受到的约束个数相等。运动构件之间相互联接组成运动副时,构件之间相互要受到约束。正是由于构件之间的这种相互约束,使构件的自由度活动个数得以减少,构件系统才能得到确定的相对运动。

2.1.3 运动副的分类

根据构件之间的接触特性,运动副的种类可分为低副和高副。

1. 低副

两构件之间通过面接触形成的运动副称为低副。根据两构件之间的相对运动是转动还是移动,又可分为转动副和移动副。

(1) 转动副。若组成运动副的两个构件之间只允许在同一平面内做相对转动,这种运动副称为转动副。轴与轴承联接、铰链联接均为转动副。图 2-2 所示的运动副是由铰链联接组成的转动副。图中若构件 1 是固定的,则称为固定铰链;若没有固定的构件,则称为活动铰链。

转动副约束构件间两个相对移动的自由度。在图 2-2 中,构件 2 沿 x 轴和 y 轴相对轴承座 1 的移动受到限制,即约束数等于 2,失去两个自由度,保留了绕 z 轴转动的一个自由度。

(2) 移动副。若组成运动副的两构件只允许沿某一轴线做相对直线移动,这种运动副称为移动副,如图 2-3 所示,构件 2 相对构件 1 做直线运动,二者组成移动副。在图 2-3 中,构件 2 绕 z 轴的转动、沿 y 轴的移动受到限制,即约束数等于 2,失去两个自由度,保留了沿 x 轴移动的一个自由度。

综上所述,平面机构中低副引入两个约束,使自由度减少两个。

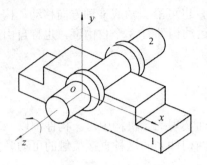
图 2-2 转动副

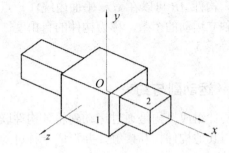
图 2-3 移动副

2. 高副

两构件之间通过点或线接触组成的运动副称为高副。如图 2-4 所示,凸轮 1 与从动件 2 组成的运动副就属于高副;如图 2-5 所示,齿轮 1 与齿轮 2 组成的运动副也属于高副。在图 2-4 及图 2-5 中,构件 2 沿法线 n-n 方向的运动受到限制(如沿 n-n 方向向上做相对运动,此两构件不再直接接触,运动副将不存在),但依然保留沿切线 t-t 方向的相对移动以及绕 A 点的转动两个独立运动。

由此可见,高副引入一个约束,使自由度减少一个。

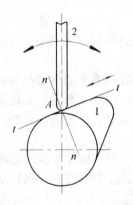
图 2-4 凸轮机构中的高副

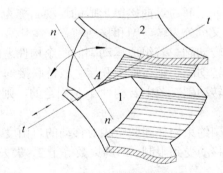
图 2-5 齿轮机构中的高副

2.1.4 机构中构件的分类

机构中的构件根据其运动属性可分为 3 类。

(1) 固定构件:机构中固连于参考系上的构件称为固定构件。固定构件又称机架,用来支承机构中的可动构件(机构中相对于机架运动的构件)。图 1-1 中的汽缸体就是固定构件,用来支承可动构件曲轴与活塞,并以它为参考系研究曲轴与活塞的运动规律。

(2)主动件:又称原动件,它是机构中输入运动和动力的构件。一般情况下,主动件的运动规律已知,在机构运动简图中常用有向箭头表示其运动方向。图 1-1 中,活塞是主动件。

(3)从动件:被主动件带动的构件称为从动件。随主动件的运动而运动,随主动件的停止而停止,这类构件均属于从动件。图 1-1 中的连杆和曲轴都是从动件。

2.2 平面机构运动简图

为便于分析已有机构或设计新机构,首先应画出机构运动简图。从运动学观点来看,各种机构都是由多个构件通过运动副联接而成的,而机构运动决定于构件的数目、运动副的类型、数目和相对位置。为了简化问题,在研究机构运动时,有必要略去那些与运动无关的构件外形和运动副的具体结构,用简单的线条和规定的运动副符号来表示构件和运动副,并按比例定出各运动副的相对位置。工程上就是用这种简图来表达机构各构件间的相对运动关系,这就是机构运动简图。机构运动简图与原机构具有完全相同的运动特性。机构运动简图中相应的运动副、构件、常用机构、常用零部件等都已制定了国家标准,表 2-1 摘录了 GB/T 4460—1984 所规定的部分常用机构运动简图符号,供绘制机构运动简图时参考。

表 2-1 部分机构运动简图符号(摘自 GB/T 4460-1984)

名 称		简图符号	名 称		简图符号
平面低副	转动副	活动铰链	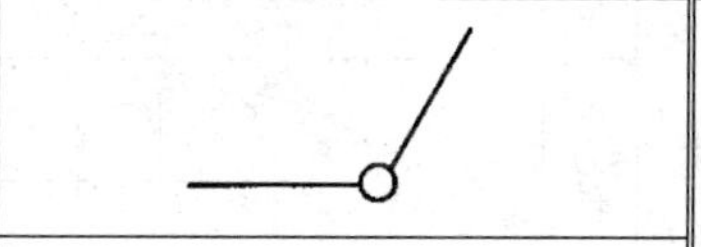 平面低副	活动滑块	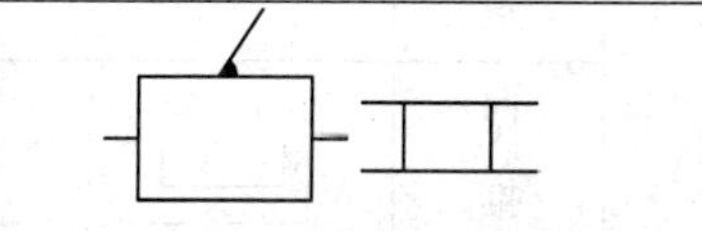
		构件与机架	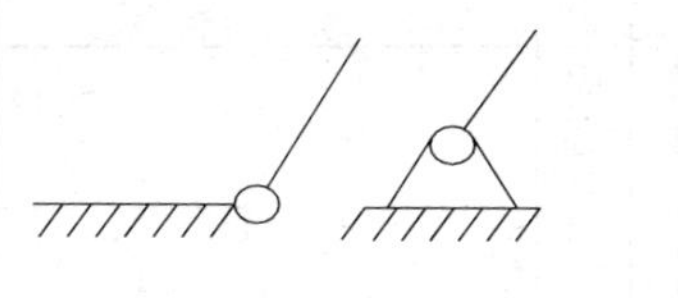	滑块与机架	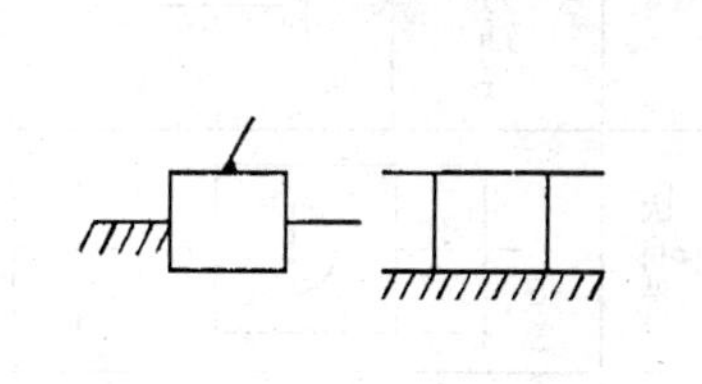
		三副元素	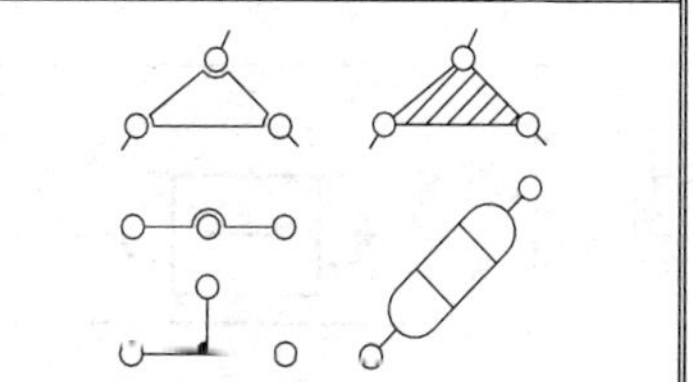	二副元素	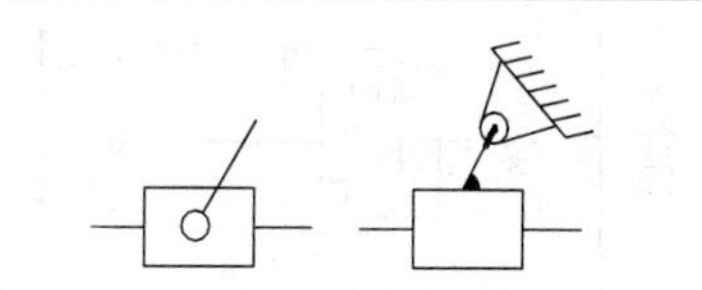

(续表)

名称		简图符号	名称	简图符号
平面高副	齿轮副 外啮合		带传动	
	齿轮副 内啮合		链传动	
	凸轮副		圆锥齿轮机构	
滑动轴承	向心轴承		蜗杆蜗动	
	推力轴承		滚动轴承 向心轴承	
	向心推力轴承		滚动轴承 推力轴承	
联轴器			滚动轴承 向心推力轴承	
离合器			电动机	

2.2.1 运动副和构件的表示方法

为说明构件在机构运动简图中的表示方法,给出如下一组示图。图 2-6 所示是内燃机中的连杆,下端大孔与曲轴形成转动副,上端小孔与活塞销形成转动副。从制造角度来看,它是由连杆体、轴承盖、轴承套、轴瓦、螺栓、螺母等多个零件固连在一起组成的。但从运动学角度来看,它是一个构件。图 2-7 是为了避免该活动构件在运动过程中与其他构件相碰,而把构件做成弯曲形状。这两个构件尽管外形和结构大不相同,但是与运动有关的只有构件上两转动副中心连线的长度和运动副类型,因此都可用两转动副符号及其几何中心所连直线段来表示。如图 2-8 所示。

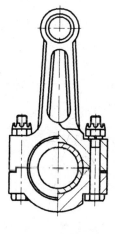
图 2-6 内燃机连杆

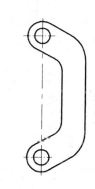
图 2-7 让位连杆

图 2-8 连杆简图杆简图

2.2.2 平面机构运动简图绘制

平面机构运动简图的绘制,一般按下列步骤进行。

(1) 分析机器的实际构造和运动情况,确认机构的机架、主动件和从动件。从主动件开始,按传动顺序仔细分析各构件间的相对运动情况。

(2) 确定组成机构的构件数、运动副数及其性质。

(3) 选择与构件运动平面相平行的面作为视图面。

(4) 用构件和运动副的规定符号,选择适当的比例尺 $\mu_l=$ 构件实际尺寸(m)/构件图样尺寸(mm),绘制机构运动简图。

(5) 标出运动副符号、构件号,主动件上画出表示运动方向的箭头。

例 2-1 试绘制图 2-9 所示的牛头刨床主运动机构的机构运动简图。

解:

(1) 牛头刨床主运动机构由齿轮 1、2,滑块 3,导杆 4,摇块 5,滑枕 6 和床身 7 组成。

齿轮1是主动件，活动构件2、3、4、5、6是从动件，床身7是机架。

（2）齿轮1、2组成齿轮副，小齿轮1、大齿轮2、摇块5与机架7组成转动副，齿轮2与滑块3组成转动副，导杆4与滑枕6组成转动副；导杆4与摇块5、滑块3组成移动副，滑枕6与机架7组成移动副。牛头刨床主体机构中有一个齿轮啮合高副、5个转动副和3个移动副。

（3）选择运动特征明显的瞬时运动位置和适当的比例尺，按规定符号画出齿轮副、转动副、移动副、机架和所有构件，并标注构件号和主动件上的运动方向箭头。

绘制出的牛头刨床主运动机构运动简图如图2-10所示。对较复杂的机构，机构运动简图绘制完成后，还要进行机构自由度计算，以判断机构是否具有确定的相对运动。

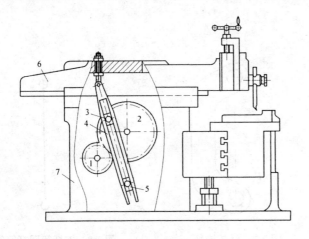
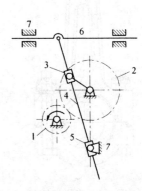

图 2-9　牛头刨床
1,2—齿轮；3—滑块；4—导杆；
5—摇块；6—滑枕；7—床身

图 2-10　牛头刨床主运动机构运动简图
1,2—齿轮；3—滑块；4—导杆；
5—摇块；6—滑枕；7—机架

2.3　平面机构的自由度

为保证构件系统能够运动，并具有确定的相对运动，必须研究构件系统的自由度及其具有确定运动的条件。

2.3.1　平面机构自由度计算

机构拥有独立运动的个数称为机构的自由度，它是机构中各构件相对于机架所具有的独立运动个数的总和。

如图 2-11 所示，图 2-11（a）中有 3 个构件，图 2-11（b）中有 4 个构件，构件间都是用转动副相联接的，但由于二者的构件数与运动副的数目不同，则两构件系统的自由度不同。图 2-11（a）所示的构件系统不能动，没有自由度；图 2-11（b）所示的构件系统可以运动，有自由度。由此可见，构件系统的自由度与构件数及运动副的数目有关。

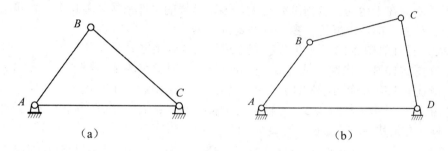

图 2-11　自由度与构件和运动副数目间的关系

图 2-11 所示的构件、运动副数不同构件系统的自由度也不同，那么，构件数、运动副的数目相同，在此条件下构件系统的自由度是否一定相同呢？如图 2-12（a）、（b）所示，二者均由三构件、三运动副组成。所不同的是图 2-12（a）有 3 个转动副，而图 2-12（b）有两个转动副及一个高副。结果，图 2-12（a）所示的构件系统不能动，没有自由度；图 2-12（b）所示的构件系统可以运动，有自由度。由此可见，构件系统的自由度不仅与组成该系统的构件数及运动副的数目有关，还与运动副的性质有关。

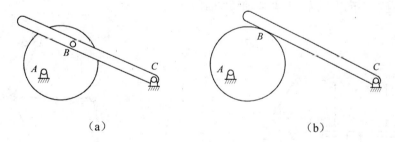

图 2-12　运动副性质不同构件系统的自由度不同

平面构件系统是构件通过运动副联接组成的。每个平面低副（转动副、移动副）引入两个约束，使构件失去两个自由度，保留一个自由度；每个平面高副（齿轮副、凸轮副等）引入一个约束，使构件失去一个自由度，保留两个自由度。

平面构件系统中每一个独立的可动构件（机架是固定构件，不计入），有且仅有 3 个自由度。如果一个平面机构中有 n 个可动构件，有 P_L 个低副和 P_H 个高副，则这些可动构件在未用运动副联接之前,其自由度总数应为 $3n$。当用 P_L 个低副和 P_H 个高副联接成构件系统后,全部运动副所引入的约束总数是 $2P_L+P_H$。因此,可动构件的自由度总数减去运动副引入的约束总数,就是该构件系统中各个构件相对机架独立运动的数目,也就是该构件系统的自由度。用 F 表示则有

$$F=3n-2P_L-P_H \tag{2-1}$$

机器的本质在于运动,自由度必须大于零,这样的构件系统才能运动,才可能成为机构。如果构件系统的自由度等于零,就不是机构了。

例 2-2 试计算图 2-10 所示牛头刨床主体机构的自由度。

解: 在图 2-10 中,构件 7 是机架,多处固连于一体。齿轮 1、齿轮 2、滑块 3、导杆 4、摇块 5、滑枕 6 共有 6 个可动构件;有 5 个转动副分别由齿轮 1 与机架、齿轮 2 与机架、摇块 5 与机架、齿轮 2 与滑块 3、导杆 4 与滑枕 6 组成;有 3 个移动副分别由导杆 4 与摇块 5、导杆 4 与滑块 3、滑枕 6 与机架 7(其中有 1 个虚约束,不计入)组成;有 1 个高副由齿轮副 1、2 组成。由分析可得:$n=6$,$P_L=8$,$P_H=1$,则该机构自由度为:$F=3\times 6-2\times 8-1=1$。

2.3.2 计算机构自由度时几种特殊情况的处理

1. 复合铰链

由两个或更多的转动副共轴线制作的组合体,称为复合铰链。如图 2-13(a)、(b)所示,是由 3 个构件组成的复合铰链。此 3 构件共组成两个共轴线的转动副。若由 k 个构件组成复合铰链,则应组成 $k-1$ 个共轴转动副。

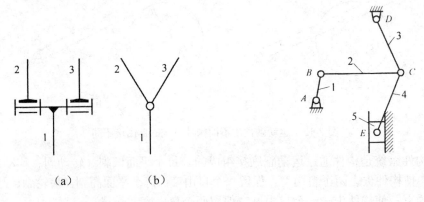

图 2-13 复合铰链   图 2-14 包含复合铰链的插床主运动机构

例 2-3 试计算如图 2-14 所示的插床主机构的自由度。

解：该机构中，$n=5$，$P_L=7$（C 处是两个转动副的复合铰链），$P_H=0$。该机构的自由度：
$$F=3\times5-2\times7-0=1$$

2. 局部自由度

机构中不影响输出与输入运动关系的特别构件的自由度，称为机构的局部自由度。局部自由度与机构主运动无关，在计算机构自由度时应予以排除。

如图 2-15 所示，图 2-15（a）是实际使用的凸轮机构简图，该机构的自由度按常规算法算得：$F=3n-2P_L-P_H=3\times3-2\times3-1=2$。但实际上该机构的自由度为 1，亦即只要给凸轮 1 以确定的转动，从动件 2 的往复移动规律就是完全确定的。算得的自由度与机构实际自由度不符，其原因是由于滚子 3 绕自身几何轴线 C 转动，其快慢或转动与否，都不影响从动件 2 的运动。由此可见，滚子 3 绕轴线 C 的转动是局部自由度，在计算自由度时应予排除。可设想将滚子 3 与从动件 2 焊成一体，如图 2-15（b）所示的形式，即去掉滚子 3 和转动副 C。这样处理后机构的自由度为：$F=3n-2P_L-P_H=3\times2-2\times2-1=1$，与实际相符了。判断构件的运动是否属于局部自由度，要抓住其本质特征：确是可动构件；该构件运动与否不影响机构的主运动。

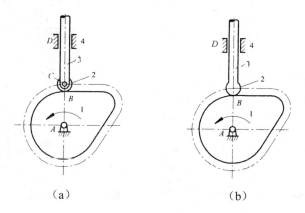

图 2-15 局部自由度
1—凸轮；2—从动件；3—滚子；4—定子

在实际机构中，虽然局部自由度不影响机构的主要运动关系，但是，从受力角度看，在从动件上加装滚子可以改变高副处的摩擦性质，实现以滚代滑，减轻运动副磨损，延长机构的使用寿命。

3. 虚约束

平面机构中多余、重复的约束，称为虚约束。运动副引入的约束中，有些与机构原有的约束完全重复，对机构的运动不起新的限制作用，在计算机构自由度时应除去虚约束。实际机器中的构件由于不是绝对的刚体，受力后或多或少总改变机构或构件的受力状况，为改善这种情况，或为满足其他工作需要而使用虚约束。平面机构的虚约束常出现在下列场合。

（1）有共同回转轴线的多个转动副。如图 2-16 所示，表示回转构件在共同轴线上安装两个轴承的情形。从刚体构件运动的角度看，这两个转动副只起一个转动副的作用，因为一个轴承就足以保证轴绕其轴线转动，引入另一个轴承是为了改善轴和轴承的受力条件。因此，在计算自由度时只能计入一个转动副，否则 $F=-1$，显然这与实际不符。由此可见，共轴线安装的多个转动副，在计算自由度时，只能计入一个，其余均属虚约束，应予排除。

（2）平行导路中的多个移动副。图 2-17 所示是垂直送料机的机构简图，移动副 A、B、C 处于平行导路上。从刚体构件运动的角度看，只有一个移动副起约束作用，其余为虚约束，计算机构自由度时只能计入一个移动副。

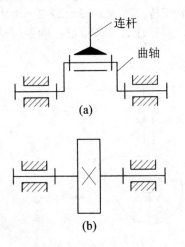

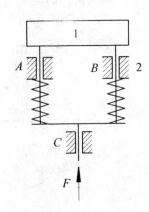

图 2-16 共轴线多转动副构成的虚约束　　　　图 2-17 平行导路多移动副构成的虚约束

（3）对机构运动无影响的对称结构。图 2-18（a）所示是联合收割机的双层清筛机构。无论构件 7 是否存在，该平行四边形机构在运动过程中，GH 的距离始终保持不变，因此，构件 7 是多余的，它带入的转动副 G、H 构成虚约束。计算机构自由度时应去掉构件 7 及其他所连带的运动副 G、H。

在图 2-18（b）中，中心轮 1 通过两个对称分布的小齿轮 2 和 2′驱动内齿轮 3。仅从运动传递的角度看，使用一个小齿轮就行了，在此情况下机构的自由度等于 1（$n=3$，$P_L=3$，$P_H=2$），与实际机构相符。当加入第二个小齿轮后，机构增加了一个可动构件而带入 3 个自由度，又增加了一个转动副和两个高副而引入 4 个约束，结果使机构纯增加了一个约束，在此情况下机构的自由度等于 0（$n=4$，$P_L=4$，$P_H=4$），与实际机构不符。无论是否设置第二个小齿轮，机构的运动情况均不受影响，它是多余、重复的约束，即虚约束。计算机构自由度时应去掉一个小齿轮及其附带的运动副。

应该强调的是，构成虚约束的几何条件是两个小齿轮的尺寸与结构完全相同；实际机构中常设置对称、均布的小齿轮组，目的是为了改善机构的受力状况，实现机构动平衡。

(4) 两构件上对应点之间的距离始终保持不变。在图 2-19（a）所示的平行四边形机构中，连杆 2 始终保持与机架 4 平行并做平移运动。该机构的自由度为 $F=0$（$n=4$，$P_L=6$，$P_H=0$），这个结论意味着该机构不能动，显然，这与实际情况不符。其原因是构件 2 上各点的轨迹均是以 AB 为半径的圆，因此，中点 EF 之间的距离始终保持不变，从运动角度来看，摇杆 5 及其所附带的运动副 E、F 是多余、重复的约束，即虚约束。在计算机构自由度时应予以去除，如图 2-19（b）所示，去掉虚约束后机构的自由度为：$F=1$（$n=3$，$P_L=4$，$P_H=0$），这与机构的实际情况相符。

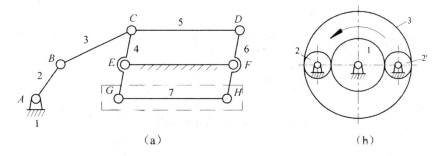

1—中心轮；2, 2′—小齿轮；3—内齿轮

图 2-18　对称结构的虚约束

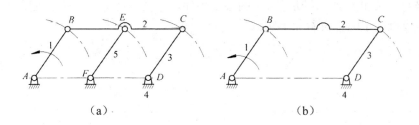

图 2-19　两构件距离保持不变形成的虚约束

应当注意，上述介绍的仅是虚约束常见的几类情况，实际虚约束在类型上形形色色，结构上错综复杂，在机构自由度计算时要仔细辨认，以免计算失误；从机构运动观点来看，虚约束是多余、重复的约束。但从增强构件刚度、改善机构受力状况等方面来看却是必要的；机构中的虚约束是在特定的几何条件下引入的，如果这些几何条件不满足，虚约束将转化为有效约束，从而影响机构的自由度。

综上所述，在计算平面机构自由度时要确认是否有复合铰链，并去除局部自由度和虚约束，这样才能得到正确的计算结果。

例 2-4 试计算如图 2-20（a）所示筛料机构的自由度。

解： 机构中滚子自转不影响机构主运动，是一个局部自由度；顶杆与机架在 E、E' 两处组成两个平行导路的移动副，其中之一为虚约束；C 处是复合铰链，当量铰链数等于 2。对特殊情况处理如图 2-20（b）所示，将滚子与顶杆焊成一体，去掉移动副 E'，并确认 C 处铰链数为 2。该机构可动构件数 $n=7$，低副数 $P_L=9$（7 个转动副、2 个移动副），高副数 $P_H=1$，则机构自由度 $F=3n-2P_L-P_H=3\times 7-2\times 9-1=2$，此机构自由度等于 2，有两个原动件。原动件数用 w 表示，即 $w=2$。

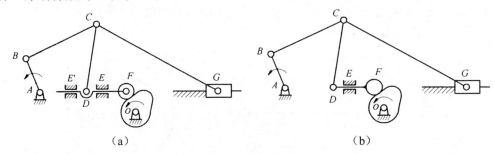

图 2-20 筛料机构运动简图

2.3.3 构件系统成为机构的条件

如图 2-21 所示，当构件系统的自由度 $F=0$ 时，构件系统不能动，不能组成机构。因为，运动是机器的本质和灵魂，运动是机构的必要条件。那么，是不是构件系统的自由度 $F>0$ 就一定能组成机构了呢？再看如下实例。

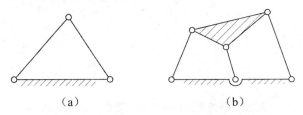

图 2-21 构件系统自由度 $F=0$

图 2-22 所示的两个构件系统的自由度都不为 0。其中，图 2-22（a）所示的自由度 $F=2$、原动件数 $w=1$，构件系统配置 $w<F$。原动件是由外界给定的具有独立运动的可动构件。显然，当原动件 1 的位置角为 ϕ_1 时，从动件 2、3、4 的位置均不能唯一确定，即构件系统没有确定的相对运动。当给出两个原动件，使 $w=F$，例如，构件 1、4 均处于给定位置时，其

他从动件才能唯一定位，构件系统才能获得确定的相对运动；又如图2-22（b）所示，该构件系统的自由度 $F=1$、原动件数 $w=2$，构件系统配置 $w>F$。在这种情况下，构件系统无法定位，即没有确定的相对运动。当去掉一个原动件，使 $w=F$ 时，其他从动件才能唯一定位，构件系统才能获得确定的运动。由此可见，构件系统具有确定的相对运动的条件是 $w=F$。

综上所述，机构是具有确定的相对运动的构件系统。构件系统组成机构的条件如下：$F>0$，且 $w=F$。

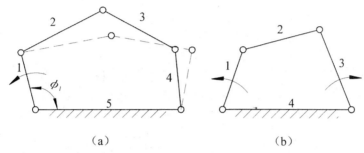

图2-22　原动件数目 w 与机构自由度 F 不等

2.3.4　计算机构自由度的意义

1. 检验机构设计方案是否合理

机构要求能够运动，即 $F>0$，通过对机构自由度的计算，检验设计方案的可行性；若要求机构 $F=1$，而设计方案的 $F=0$，如图2-23所示。为使设计合理，须修改设计方案，可采用增加一个可动构件带入 3 个自由度，增加一个低副引入两个约束，结果，系统纯增加一个自由度。改进后的设计方案如图2-24（a）、（b）所示。

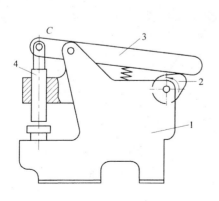

图2-23　简易冲床

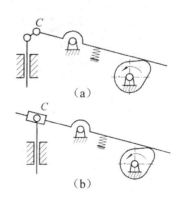

图2-24　冲床设计方案改进

2. 检验机构运动简图是否正确

机构要有确定的相对运动，通过计算机构自由度，验证所配备的原动件数量是否合理。

复习题

2-1 何谓运动副？高副与低副的区别是什么？

2-2 何谓约束？高、低副各引入几个约束？

2-3 何谓平面机构自由度？计算机构自由度时常见的特殊情况有几类？如何处理？

2-4 试绘制图 2-25 所示机构的机构运动简图，并计算其自由度。

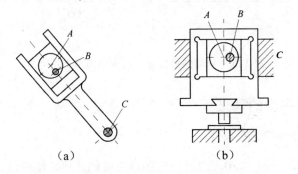

图 2-25 绘制机构运动简图

2-5 图 2-26 所示分别是牛头刨床和小型压力机的设计方案简图，试检验设计方案是否合理？若不合理，请改进并绘制修正后的设计方案简图。

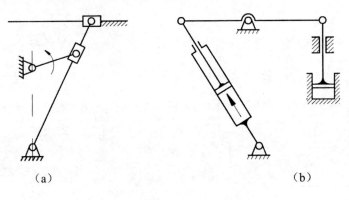

图 2-26 判断设计方案的合理性

2-6 计算图 2-27 所示构件系统的自由度，并判定各构件系统是否具有确定的相对运动（图中画有箭头的构件是原动件）。

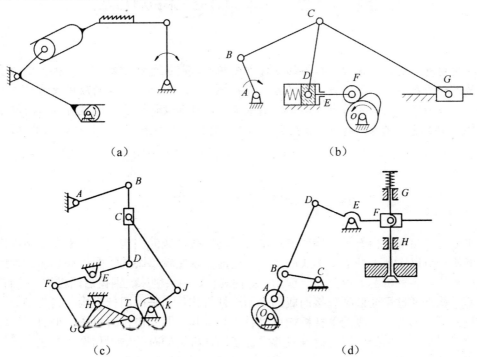

图 2-27 题 2-6 用图

第 3 章 平面连杆机构

学习目的 连杆机构常与机器的工作部分相连，起执行和控制作用。机器借助于连杆机构传递动力和运动实现各种工作任务。连杆机构中平面连杆机构的应用最为广泛。本章主要介绍平面连杆机构的特点、类型、基本工作特性和设计方法。通过对本章的学习，使学生熟悉平面连杆机构的特点、类型、基本工作特性，掌握平面连杆机构的基本设计方法。

3.1 概 述

平面连杆机构是由若干个构件通过平面低副联接而成的机构，又称平面低副机构。平面连杆机构可以实现多种运动形式的变换，还能实现比较复杂的平面运动规律。因此，平面连杆机构在各种机器中得到广泛应用，如内燃机、牛头刨床、钢窗启闭机构、碎石机等。

4 个构件通过平面低副联接而成的平面连杆机构称为平面四杆机构。它是平面连杆机构中最常见的形式。一般的多杆机构可以看成是由几个四杆机构所组成。平面四杆机构不但结构最简单、应用最广泛，而且只要掌握了四杆机构的有关知识和设计方法，就为进行多杆机构的设计和分析奠定了基础，所以本章将重点讨论四杆机构。

平面连杆机构的主要优点如下。

（1）平面连杆机构中的运动副都是低副，构件接触面为平面或圆柱面，因而压强小，便于润滑，磨损较轻，可以承受较大的载荷。

（2）构件形状简单，加工方便，工作可靠。

（3）各构件长度不同时，可满足多种运动规律的要求。

（4）利用平面连杆机构中的连杆可满足多种运动轨迹的要求，适应性强。

平面连杆机构的主要缺点如下。

（1）根据从动件所需要的运动规律或轨迹来设计连杆机构比较复杂，且精度不高。

（2）机构中做往复运动和平面复杂运动的构件产生的惯性力难以平衡，高速时将引起较大的振动和冲击，不适宜高速的场合。

（3）实现同样的运动规律构件数目较多。

3.2 平面四杆机构的类型及演化

3.2.1 平面四杆机构的基本形式

所有运动副均为转动副的平面四杆机构称为铰链四杆机构,它是平面四杆机构中最基本的形式。图 3-1 所示为铰链四杆机构,其中 AD 杆为机架,与机架相连的杆称为连架杆,如 AB 杆和 CD 杆。其中能做整周回转运动的连架杆称为曲柄;只能在小于 360°的范围内摆动的连架杆称为摇杆。做平面复杂运动的杆称为连杆,如 BC 杆。

根据机构中有无曲柄和有几个曲柄,铰链四杆机构又有 3 种基本形式。

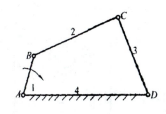

图3-1 铰链四杆机构

1. 曲柄摇杆机构

两连架杆中一个为曲柄而另一个为摇杆的铰链四杆机构称为曲柄摇杆机构。

曲柄摇杆机构可将回转运动转变为摇杆的摆动,图 3-2 所示为雷达天线调整机构;也可将摆动转变为回转运动或实现所需的运动轨迹,图 3-3 所示的脚踏砂轮机构和图 3-4 所示的颚式破碎机。

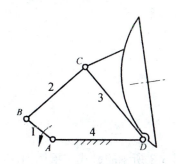

图 3-2 雷达天线调整机构

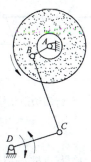

图 3-3 脚踏砂轮机构

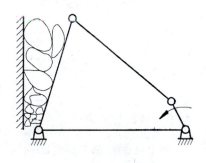

图 3-4 颚式破碎机

2. 双曲柄机构

两个连架杆都是曲柄的铰链四杆机构称为双曲柄机构。

双曲柄机构可将原动曲柄的等速转动转换成从动曲柄的等速或变速转动。

图 3-5 所示的惯性筛就是利用双曲柄机构的例子。当曲柄 1 等速回转时,另一曲柄 3 变速回转,通过杆 5 带动滑块 6 上的筛子,使其具有所需的加速度,利用加速度产生的惯性力使物料颗粒在筛上往复运动,达到分筛的目的。

在双曲柄机构中，若相对的两杆长度分别相等，则称为平行双曲柄机构。当两曲柄转向相同时，它们的角速度时时相等，连杆也始终与机架平行，4 根杆形成一平行四边形，故又称平行四边形机构，如图 3-6 所示。

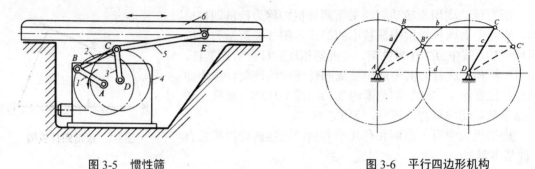

图 3-5 惯性筛　　　　　　　　　　　图 3-6 平行四边形机构

在图 3-7 所示的双曲柄机构中，虽然相对的边长相等，但其中一对边不平行，通常称这种机构为反平行四边形机构。可以作为车门的启闭机构使用。

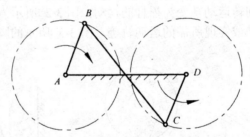

图 3-7 反平行四边形机构

3. 双摇杆机构

两个连架杆都是摇杆的铰链四杆机构称为双摇杆机构。图 3-8 所示的鹤式起重机构，可以保证货物水平移动。

在图 3-9 所示机构中，电动机安装在摇杆 4 上，铰链 A 处装有一个与连杆 1 固结在一起的蜗轮。电动机转动时，电动机轴上的蜗杆带动蜗轮迫使连杆 1 绕 A 点做整周转动，从而使连架杆 2 和 4 做往复摆动，以达到风扇摇头的目的。

两摇杆长度相等的双摇杆机构，称为等腰梯形机构。图 3-10 所示为汽车前轮转向机构。车子转弯时，与前轮轴固定的两个摇杆的摆角不相等，如果在任意位置都能使两前轮的轴线的交点 O 落在后轮轴线的延长线上，则当整个车子转向时，保证 4 个轮子都是纯滚动，从而可以避免轮胎因滑动而产生过大磨损。

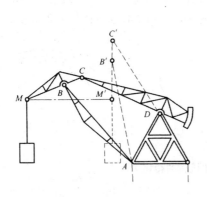

图 3-8 鹤式起重机构

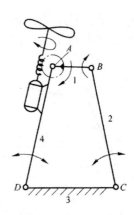

图 3-9 电风扇摇头机构
1—连杆；2—连架杆；3—机架；4—摇杆

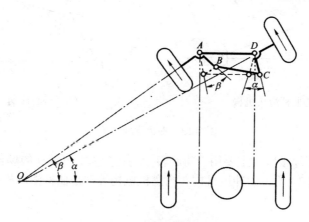

图 3-10 汽车前轮转向机构

3.2.2 平面四杆机构的演化形式

在平面连杆机构中，除了上述 3 种形式的铰链四杆机构之外，在实际机器中还广泛采用其他形式的四杆机构。这些四杆机构可认为是通过改变某些构件的形状、改变构件的相对长度、改变某些运动副的尺寸，或者选择不同的构件作为机架等方法，由四杆机构的基本形式，即铰链四杆机构，演化而来的。

1. 改变构件的形状和相对尺寸演化而成的四杆机构

如图 3-11 所示，通过将摇杆改变为滑块，摇杆长度增至无穷大，可得到曲柄滑块机构，根据滑块导路是否通过固定铰链中心 A，可分为对心曲柄滑块机构和偏心曲柄滑块机构。滑块运动的导路中心线与曲柄的转动中心的距离 e 称为偏心距，如图 3-12 所示。

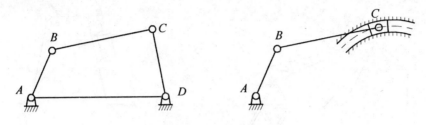

图 3-11 曲柄滑块机构的转化

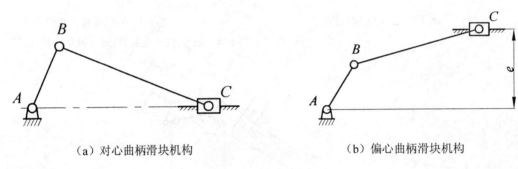

（a）对心曲柄滑块机构　　　　　　（b）偏心曲柄滑块机构

图 3-12 曲柄滑块机构

曲柄滑块机构用途很广，主要用于将回转运动转变为往复运动的场合。图 3-13 所示的自动送料机构、图 3-14 所示的冲压机构、内燃机机构等都是曲柄滑块机构的应用。

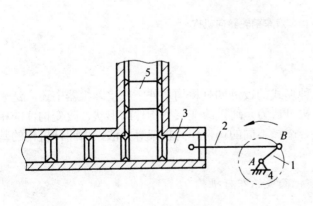

图 3-13 自动送料机构

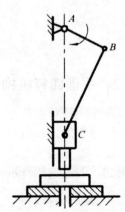

图 3-14 冲压机构

2. 通过改变运动副的尺寸而演化成的四杆机构

在图 3-15（a）所示的曲柄滑块机构中，当转动副 B 的半径扩大到超过曲柄的长度时，则曲柄演化为一个几何中心与转动中心不重合（偏心距用 e 表示）的圆盘，如图 3-15（b）所示，该圆盘称为偏心轮，偏心轮转动中心与型心间的距离等于曲柄的长度。此机构称为偏心轮机构。偏心轮机构广泛应用于各种机床和夹具中。

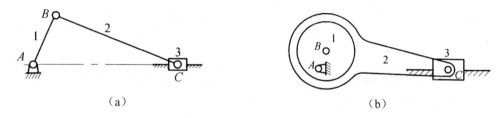

(a)　　　　　　　　　　　(b)

图 3-15　曲柄滑块机构的演化

3. 曲柄滑块机构通过选用不同构件作为机架而演化成的四杆机构

（1）摆动导杆机构

取构件 1 为机架，当构件 2 做整周转动时，导杆 3 只能做往复摆动，该机构称为摆动导杆机构，如图 3-16 所示。牛头刨床的主运动机构是摆动导杆机构的应用实例，如图 3-17 所示。

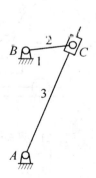

图 3-16　摆动导杆机构
1—机架；2—构件；3—导杆

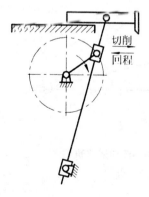

图 3-17　牛头刨床主运动机构

（2）转动导杆机构

取构件 1 为机架，当构件 2 做整周转动时，导杆 3 也做整周回转，该机构称为转动导杆机构，如图 3-18 所示。简易刨床的主运动机构是转动导杆机构的应用实例，如图 3-19

所示。

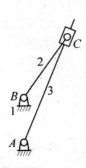

图 3-18　转动导杆机构

1—机架；2—构件；3—导杆

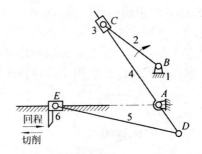

图 3-19　简易刨床主运动机构

（3）曲柄摇块机构

当曲柄滑块机构中取构件 2 为机架时，可转化为曲柄摇块机构，如图 3-20 所示。构件 1 是绕 B 点做整周回转的，滑块 3 是绕机架上 C 点往复摆动的摇块，故称为曲柄摇块机构。曲柄摇块机构常用于摆缸式内燃机或液压驱动装置中。图 3-21 所示为汽车吊车机构，其中摆缸即摇块，活塞即导杆，油缸下端进压力油推动活塞上移，使与车身固结的构件 AB 绕 B 点转动，达到起吊重物的目的。

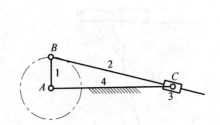

图 3-20　曲柄摇块机构

1—均件；2—机架；3—滑块

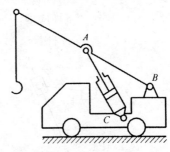

图 3-21　汽车吊车

（4）移动导杆机构

当曲柄滑块机构中取滑块为机架时，即可转化为移动导杆机构，如图 3-22 所示。手动压水机是移动导杆机构的应用实例，如图 3-23 所示。

第 3 章 平面连杆机构

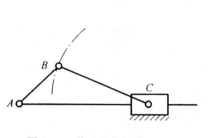

图 3-22 移动导杆机构

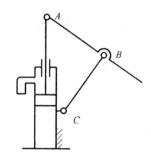

图 3-23 手动压水机机构

3.3 铰链四杆机构曲柄存在的条件

铰链四杆机构的 3 种基本形式的区别在于它的连架杆是否为曲柄。平面四杆机构中是否存在曲柄，取决于机构中各构件间的相对尺寸关系。

平面四杆机构在什么条件下具有曲柄的研究是平面连杆机构为例的一个重要问题。下面就以铰链四杆机构为例来分析曲柄存在的条件。

在图 3-24 所示的铰链四杆机构中，各杆的长度分别为 a，b，c，d。设 $a<d$，若 AB 杆能绕 A 整周回转，则 AB 杆应能够占据与 AD 共线的两个位置 AB' 和 AB''。由图可见，为使 AB 杆能转至位置 AB'，各杆长度应满足

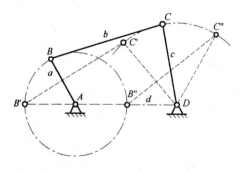

图 3-24 铰链四杆机构中曲柄存在的条件

$$a+d \leq b+c$$

而为使 AB 杆能转至 AB''，各杆长度关系应满足：

$$b \leq (d-a)+c$$

或

$$c \leq (d-a)+b$$

由上述 3 式及其两两相加可以得到

$$\begin{cases} a+d \leq b+c \\ a+b \leq c+d \\ a+c \leq d+b \\ a \leq b, a \leq c, a \leq d \end{cases}$$

若 $d<a$，同样可得到

$$\begin{cases} d+a \leq b+c \\ d+b \leq c+a \\ d+c \leq a+b \\ d \leq a, d \leq b, d \leq c \end{cases}$$

由此可以得出铰链四杆机构曲柄存在条件为：
（1）连架杆和机架中必有一杆是最短杆；
（2）最短杆与最长杆长度之和不大于其他两杆长度之和。

上述两个条件必须同时满足，否则机构不存在曲柄。综上所述，可以得到以下两个推论：

（1）若四杆机构中最短杆与最长杆长度之和大于其余两杆长度之和，则该机构不可能有曲柄存在，机构成为双摇杆机构；

（2）若四杆机构中最短杆与最长杆长度之和不大于其他两杆长度之和，当最短杆是连架杆时，机构为曲柄摇杆机构；当最短杆的对边是机架时，机构为双摇杆机构；当最短杆是机架时，机构为双曲柄机构。

3.4 平面四杆机构的基本工作特性

3.4.1 压力角与传动角

1. 基本概念

在图 3-25 所示的曲柄摇杆机构中，若不考虑运动副的摩擦力及构件的重力和惯性力的影响，同时连杆上不受其他外力，则原动件 AB 经过连杆 BC 传递到 CD 上 C 点的力 P，将沿 BC 方向。力 P 可以分解为沿点 C 速度方向的分力 P_t 和沿 CD 方向的分力 P_n，而 P_n 不能推动从动件 CD 运动，只能使 C、D 运动副产生径向压力，P_t 才是推动 CD 运动的有效分力。由图可知：

$$P_t = P\cos\alpha = P\sin\gamma$$

式中 α 是从动件上力作用点 C 的受力方向与该点绝对速度方向之间所夹的锐角，人们称之

第3章 平面连杆机构

为机构在此位置的压力角。$\gamma = 90° - \alpha$ 是压力角的余角,即从动件上力作用点 C 的受力方向与速度的垂线方向之间所夹的锐角,人们称之为机构在此位置的传动角。

显然 α 越小(γ 越大),有效分力 P_t 越大,P_n 越小,机构的传力性能越好。所以,机构中常用压力角的大小及变化情况来描述机构传动性能的优劣。

在机构运动过程中,传动角 γ 的大小一般是变化的。为了保证机构具有良好的传力性能,应考虑满足最小传动角的要求,应使最小传动角 γ_{min} 不小于某一许用值 $[\gamma]$。一般取 $[\gamma]=40°\sim 50°$。传递功率较大时,取较大值。而在控制机构和仪表中,可取较小值,甚至可以小于 $40°$。

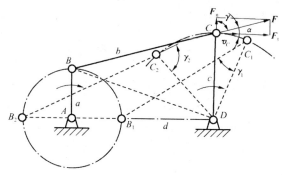

图 3-25 压力角与传动角

2. 常用平面四杆机构最小传动角的机构位置

(1)曲柄摇杆机构:当曲柄为主动件时,最小传动角出现在曲柄与机架共线的两个位置之一。

(2)偏置曲柄滑块机构:当曲柄为主动件时,最小传动角出现在曲柄与滑块导路中心线垂直的位置。

(3)摆动导杆机构:曲柄为主动件时,曲柄运动到任何位置时的传动角均相等,$\gamma=90°$。

3.4.2 急回特性和行程速比系数

某些以曲柄为主动件的平面四杆机构中,当曲柄匀速转动时,从动件的工作行程与回程的时间不相等,工作行程的时间长,回程的时间短。这可缩短辅助时间,提高生产效率。机构的这种性质称为急回特性。

例如,生产中使用牛头刨床进行刨削工作时,就是把慢速行程作为机器的工作行程,而将快速行程作为回程以提高机器的生产率。所以急回运动在机构设计中具有十分重要的意义。

下面就以曲柄摇杆机构为例来分析机构的急回特性。

在图 3-26 所示的曲柄摇杆机构中，设曲柄 AB 为原动件，曲柄每转一周，有两个位置与连杆共线，这时摇杆 CD 分别位于两个极限位置 C_1D 和 C_2D，其夹角为 ψ。曲柄摇杆机构的这两个位置称为极位。机构处在两个极位时，原动件 AB 的两个位置 AB_1 和 AB_2 所夹的锐角 θ 称为极位夹角。此时摇杆两位置的夹角 ψ 称为摇杆最大摆角。

当曲柄以等加速度 ω 顺时针转过 $\phi_1 = 180° + \theta$ 时，摇杆由位置 C_1D 运动到 C_2D，称为工作行程。设所需时间为 t_1，C 点平均速度为 V_1；当曲柄继续转过 $\phi_2 = 180° - \theta$ 时，摇杆又从 C_2D 转回到 C_1D，称空回行程，所需时间为 t_2，C 点的平均速度为 V_2。摇杆往复摆动的摆角虽然均为 ψ，但对应的曲柄转角不同，$\alpha_1 > \alpha_2$，而曲柄是做等角速度回转，所以 $t_1 > t_2$，从而 $V_2 > V_1$，也就是回程速度要快。

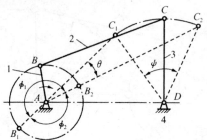

图 3-26 曲柄摇杆机构急回特性分析

为了表明急回运动的急回程度，通常用行程速度变化系数（或称行程速比系数）K 来衡量，即

$$K = \frac{V_2}{V_1} = \frac{t_1}{t_2} = \frac{a_1}{a_2} = \frac{180° + \theta}{180° - \theta}$$

由此可以看出，当曲柄摇杆机构有极位夹角 θ 时，就有急回运动特性，而且 θ 角越大，K 值就越大，机构的急回特性就越显著。

在进行机构设计时，若预先给出 K 值，则可以求出 θ 值，即

$$\theta = \frac{K-1}{K+1} \times 180°$$

3.4.3 死点位置

在有些机构中，运动中会出现 $\gamma = 0°$ 的情况，这时，无论在原动件上施加多大的力都不能使机构运动，机构的这一位置称为死点位置。

图 3-26 所示的曲柄摇杆机构，设 CD 杆为原动件，当摇杆处于两个极限位置（C_1D 和 C_2D）时，连杆与从动件曲柄共线，就出现 $\gamma = 0°$ 的情况，这时 CD 通过连杆作用于 AB 上的力恰好通过其回转中心 A，所以无论这时施加多大的力也不能推动从动件曲柄回转。

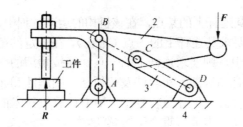

图 3-27 夹紧机构

死点是曲柄摇杆机构的固有特性,构件在运动中通过死点时还可能产生运动位置不确定的现象。可以证明在曲柄滑块机构中,当滑块为原动件时存在两个死点位置。双曲柄机构无死点位置。

在工程上,为了使机构能够顺利通过死点而正常运转,必须采取适当的措施,如发动机上安装飞轮加大惯性力,或利用机构的组合错开死点位置,如机车车轮的联动装置。

在工程上也常利用死点位置来实现一定工作要求,如图 3-27 所示的夹紧机构等。

3.5 用作图法设计平面四杆机构

3.5.1 平面四杆机构的设计方法

连杆机构的设计就是根据使用要求选定机构的形式,并确定机构中各构件的尺寸。为了使机构设计得合理、可靠,还通常应满足一些相应的附加条件,如结构条件及最小传动角等。

按照机器的用途和性能要求的不同,对连杆机构的设计可能提出许多种各不相同的设计要求。但是,所有提出的这些设计要求,可以将其归纳为两大类问题。

1. 满足给定的位置要求或者运动规律的要求(位置设计)

例如,要求其连杆能够占据某些给定的位置;要求其连架杆的转角能够满足给定的对应关系;或者在原动件规律一定的条件下,其从动件能够准确地或近似地满足给定的运动规律等。

例如,在飞机起落架的设计中,就要求在放下或收回时连杆应当占据给定的两个位置;在车门开关机构中,其两个连架杆的转角应满足大小相等、转向相反的要求;在牛头刨床的主运动机构设计中,要求满足给定的行程速比系数 K 的设计要求等。

2. 满足预期的轨迹要求(轨迹设计)

四杆机构的运动过程中,其连杆上的不同点将沿不同的轨迹运动,而所谓根据轨迹要求设计四杆机构,就是要求其连杆上的某点,在该机构的运动过程中,能够实现给定的轨迹。

如在起重机机构中,要求其连杆上的一点(吊钩),在一定的范围内能够做近似水平方向的运动;而在搅拌机构中,则要求连杆上的一点,能按预期的卵形轨迹运动。

连杆机构的设计方法有图解法、实验法及解析法。图解法和实验法比较直观易懂,但设计精度较低。解析法精度高,但计算较复杂。随着计算机技术的发展,解析法和图解法均能获得非常高的设计精度。本节着重介绍图解法。

3.5.2 图解法设计平面四杆机构

1. 按照连杆预定位置设计四杆机构

条件:给定连杆两位置或三位置设计四杆机构

该机构的设计实质上就是确定两固定铰 A、D 的位置。

当给定连杆两位置 B_1C_1、B_2C_2 时,如图 3-28 所示。由于 B、C 两点的轨迹都是圆弧,故知转动副 A、D 分别在 $\overline{B_1B_2}$ 和 $\overline{C_1C_2}$ 的垂直平分线上,也就是说 A、D 可以在其垂直平分线上任意选取。显然,在这种情况下,该机构的设计有无数个答案,此时可以根据结构条件或其他辅助条件来确定 A、D 的位置。

如果给定连杆 BC 的 3 个位置,如图 3-28 所示,其答案就是唯一的。

图 3-29 所示为铸造车间振实造型机工作台的翻转机构,就是实现连杆两预定位置的应用实例。当翻台(即连杆 BC)在振实台上振实造型时,处于图示实线 B_1C_1 位置。而需要起模时,要求翻台能转过 180°到达图示托台上方虚线 B_2C_2 位置,以便托台上升接触砂箱起模。若已知连杆 BC 的长度,B_1C_1 和 B_2C_2 在坐标系中的坐标,并要求固定铰链中心 A、D 位于 x 轴线上,此时可以选定一比例尺,按上述方法确定 AB、CD、AD 的长度。

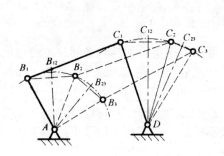

图 3-28 给定连杆的 3 个位置

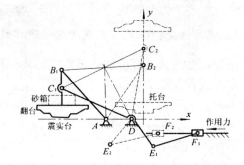

图 3-29 振实造型机工作台的翻转机构

2. 按给定连架杆对应位置设计四杆机构

求解这一类问题,是利用机构反转法,即把两连架杆假想地当作连杆和机架,这样两连架杆间的相对运动就化为连杆相对于机架的运动，其图解法与前述相同。

如图 3-30 所示，已知连架杆 AB 和机架 AD 的长度，AB 的 3 个位置及连架杆 CD 上一直线的 3 个位置 DE_1、DE_2、DE_3，要求出 CD 上的活动铰链 C 的位置。

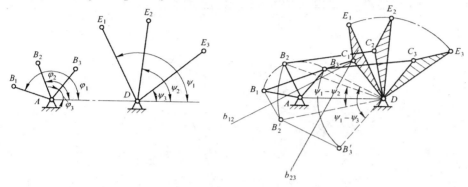

图 3-30　按给定连架杆对应位置设计四杆机构

将连架杆 CD 的第一位置 DE_1 当作机架，将四边形 AB_2E_2D 和 AB_3E_3D 分别刚性地绕 D 点转到 DE_2、DE_3 与 DE_1 重合位置，则点 B_2、B_3 转到新的位置 B_2'、B_3'。分别作 B_1B_2'、$B_2'B_3'$ 的中垂线，两中垂线的交点即为活动铰点 C_1 的位置。显然该机构有唯一解。

若给定连架杆的两个位置，则机构有无穷解。

对于曲柄滑块机构，其作图法原理与上述相同。

3. 按给定行程速比系数 K 设计四杆机构

对于有急回运动的四杆机构，设计时应满足行程速比系数 K 的要求。在这种情况下，可以利用机构的极限位置的几何关系，再结合其他辅助条件进行设计。

下面分别介绍曲柄摇杆、曲柄滑块、曲柄导杆 3 类机构的设计方法。

（1）曲柄摇杆机构

如图 3-31 所示，已知摇杆 CD 长度及摆角 ψ，行程速比系数 K。要求设计曲柄摇杆机构。步骤如下：

① 由 $\theta = 180° \times \dfrac{K-1}{K+1}$ 公式，求出极位夹角 θ。

② 任选固定铰 D 的位置，并作出摇杆两极限位置 C_1D 和 C_2D，夹角为 ψ。

③ 联接 C_1C_2，作 $\angle C_1C_2O = \angle C_2C_1O = 90° - \theta$，得交点 O，以 O 为圆心，$OC_1$ 为半径作圆（称为 θ 圆）。

④ 在 θ 圆上任取一点 A 为固定铰，则 $\angle C_1AC_2 = \dfrac{1}{2} \angle C_1OC_2 = \theta$。

⑤ 联接 AC_1、AC_2，则 AC_1、AC_2 分别为曲柄与连杆重叠拉直共线位置，即
$$a+b=AC_2, \quad b-a=AC_1$$

⑥ 由上式可以求得 $a=\dfrac{AC_2-AC_1}{2}$，$b=\dfrac{AC_2+AC_1}{2}$。

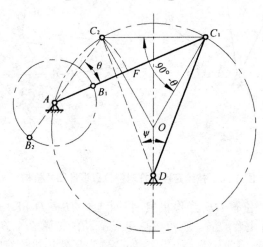

图 3-31　按给定行程速比系数设计曲柄摇杆机构

作图法为：

以 A 为圆心，以 AC_2 为半径画弧交 AC_1 于 F，C_1F 线段的一半即为曲柄长度。以 A 为圆心，曲柄长度为半径画圆，交 AC_2 延长线于 B_2，则 B_1、B_2 即为活动铰接点的位置。

(2) 曲柄滑块机构

设已知行程速比系数 K、行程 H、偏心距 e，要求设计此偏心曲柄机构。

图解法与前述相类似。

先由 K 求出 θ；作一直线 $C_1C_2=H$；

作 $\angle C_1C_2O=\angle C_2C_1O=90°-\theta$，交于 O 点；以 O 为圆心，以 OC_1 为半径作出 θ 圆；作直线 $EF /\!/ C_1C_2$，间距为 e，交 θ 圆于 A 点。重复前述第 5、6 步骤即可求得机构，如图 3-32 所示。

(3) 曲柄导杆机构

设已知摆动导杆机构中，机架的长度为 d，行程速比系数为 K，要求设计该机构。

如图 3-33 所示的导杆机构，可以看出该机构的极位夹角 θ 与导杆摆角 ψ 相等。首先由 K 求出 θ；然后选择一点 D，作 $\angle mDn=\theta$；再作角平分线，在平分线上取 $DA=d$，可以求得曲柄回转中心 A，过 A 点作导杆任一极限位置垂线 AC_1，则 AC_1 即为曲柄长度。

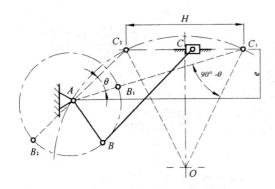 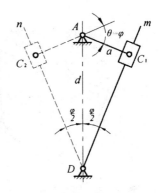

图 3-32 设计曲柄滑块机构　　　　图 3-33 设计摆动导杆机构

复 习 题

3-1 铰链四杆机构有哪几种类型？如何判别？它们各有什么运动特点？

3-2 加大四杆机构原动件的驱动力，能否使该机构越过死点位置？应采用什么方法越过死点位置？

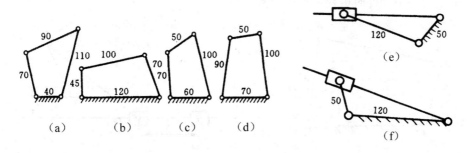

图 3-34 题 3-3 用图

3-3 根据图 3-34 中注明的尺寸，判别各四杆机构的类型。

3-4 图 3-35 所示各四杆机构中，原动件 1 做匀速顺时针转动，从动件 3 由左向右运动时，要求：
（1）各机构的极限位置图，并量出从动件的行程；
（2）计算各机构行程速度变化系数；
（3）作出各机构出现最小传动角（或最大压力角）时的位置图，并量出其大小。

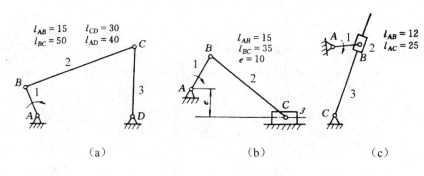

图 3-35 题 3-4 用图

3-5 如图 3-35 所示各四杆机构中，构件 3 为原动件、构件 1 为从动件，试作出该机构的死点位置。

3-6 图 3-36 所示铰链四杆机构 $ABCD$ 中，AB 长为 a，欲使该机构成为曲柄摇杆机构、双摇杆机构，a 的取值范围分别为多少？

3-7 图 3-37 所示的偏心曲柄滑块机构，已知行程速度变化系数 $K=1.5$ mm，滑块行程 $H=50$ mm，偏距 $e=20$ mm，试用图解法求：

（1）曲柄长度和连杆长度；
（2）曲柄为主动件时机构的最大压力角和最大传动角；
（3）滑块为主动件时机构的死点位置。

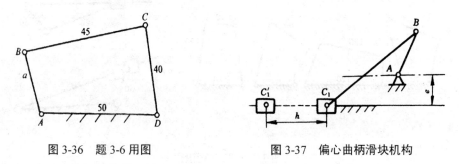

图 3-36 题 3-6 用图　　　　图 3-37 偏心曲柄滑块机构

3-8 已知铰链四杆机构（如图 3-38 所示）各构件的长度，试问：
（1）这是铰链四杆机构基本形式中的何种机构？
（2）若以 AB 为主动件，此机构有无急回特性？为什么？
（3）当以 AB 为主动件时，此机构的最小传动角出现在机构何位置（在图上标出）？

3-9 参照图 3-39 设计一加热炉门启闭机构。已知炉门上两活动铰链中心距为 500 mm，炉门打开时，门面朝上，固定铰链设在垂直线 yy 上，其余尺寸如图所示。

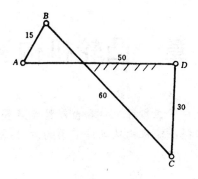

图 3-38 题 3-8 用图

3-10 参照图 3-40 设计一牛头刨床刨刀驱动机构。已知 $l_{AC}=300$ mm，行程 $H=450$ mm，行程速度变化系数 $K=2$。

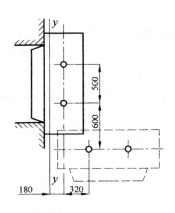

图 3-39 题 3-9 用图

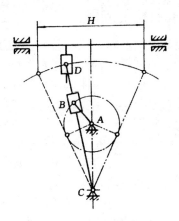

图 3-40 题 3-10 用图

第 4 章　凸轮机构设计

学习目标　凸轮机构广泛应用在各种机械和自动控制装置中，通过对本章的学习，熟悉凸轮机构的应用及分类；掌握凸轮机构从动件常用的运动规律、盘形凸轮轮廓曲线设计方法和凸轮机构基本尺寸的确定方法。

4.1　凸轮机构的应用及分类

4.1.1　凸轮机构的应用

凸轮机构是由凸轮、从动件、机架及附属装置组成的一种高副机构。其中凸轮是一个具有曲线轮廓或凹槽的构件，通常做连续的等速转动、摆动或移动。从动件在凸轮轮廓的控制下，按预定的运动规律做往复移动或摆动。

在各种机器中，为了实现各种复杂的运动要求，广泛地使用着凸轮机构。下面先看两个凸轮使用的实例。

图 4-1 所示为内燃机的配气凸轮机构，凸轮 1 做等速回转，其轮廓将迫使推杆 2 做往复摆动，从而使气门开启和关闭（关闭时借助于弹簧 3 的作用来实现），以控制助燃物质进入汽缸或废气的排出。

图 4-2 所示为自动机床中用来控制刀具进给运动的凸轮机构。刀具的一个进给运动循环包括：刀具以较快的速度接近工件；刀具等速前进切削工件；完成切削动作后，刀具快速退回；刀具复位后停留一段时间等待更换工件等动作。然后重复上述运动循环。这样一个复杂的运动规律是由一个做等速回转运动的圆柱凸轮通过摆动从动件来控制实现的。其运动规律完全取决于凸轮凹槽曲线形状。

由上述例子可以看出，从动件的运动规律是由凸轮轮廓曲线决定的，只要凸轮轮廓设计得当，就可以使从动件实现任意给定的运动规律。

凸轮机构的从动件是在凸轮控制下，按预定的运动规律运动的，这种机构具有结构简单、运动可靠等优点。但由于是高副机构，接触应力较大，易于磨损。因此，多用于载荷较小的控制或调节机构中。

第 4 章 凸轮机构设计

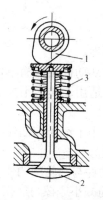

图 4-1 内燃机配气机构
1—凸轮；2—推杆；3—气门；4—弹簧

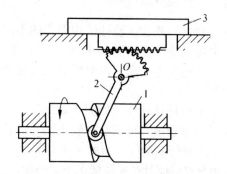

图 4-2 自动机床中控制刀具进给运动

4.1.2 凸轮机构的分类

根据凸轮及从动件的形状和运动形式的不同，凸轮机构的分类方法有以下 5 种。

1. 按凸轮的形状分类

（1）盘形凸轮：如图 4-1 所示，这种凸轮是一个具有变化向径的盘形构件，当它绕固定轴转动时，可推动从动件在垂直于凸轮轴的平面内运动。

（2）圆柱凸轮：如图 4-2 所示，这种凸轮是在圆柱端面上作出曲线轮廓或在圆柱面上开出曲线凹槽。当其转动时，可使从动件在与圆柱凸轮轴线平行的平面内运动。这种凸轮可以看成是将凸轮卷绕在圆柱上形成的。

（3）移动凸轮：如图 4-3 所示，当盘状凸轮的向径变为无穷大时，则凸轮相当于做直线移动，称作移动凸轮。当移动凸轮做直线往复运动时，将推动推杆在同一平面内做上下往复运动。有时，也可以将凸轮固定，而使推杆相对于凸轮移动。

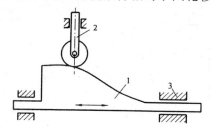

图 4-3 移动凸轮机构

由于盘形凸轮和移动凸轮运动平面与从动件运动平面平行，故称平面凸轮，而将圆柱凸轮称为空间凸轮。

2. 按从动件的形状分类

根据从动件与凸轮接触处结构形式的不同，从动件可分为3类。

（1）尖顶从动件：如图 4-4（a）、（b）、（f）所示，这种从动件结构简单，但尖顶易于磨损（接触应力很高），但可实现较复杂的运动规律。故只适用于传力不大的低速凸轮机构中。

（2）滚子推杆从动件：如图 4-4（c）、（d）、（g）所示，由于滚子与凸轮间为滚动摩擦，所以不易磨损，可以实现较大动力的传递，应用最为广泛。

（3）平底推杆从动件：如图 4-4（e）、（h）所示，这种从动件与凸轮间的作用力方向不变，受力平稳。而且在高速情况下，凸轮与平底间易形成油膜而减小摩擦与磨损。其缺点是：不能与具有内凹轮廓的凸轮配对使用；而且，也不能与移动凸轮和圆柱凸轮配对使用。

3. 按推杆的运动形式分类

（1）直动推杆：做往复直线移动的推杆称为直动推杆。若直动推杆的尖顶或滚子中心的轨迹通过凸轮的轴心，则称为对心直动推杆，否则称为偏心直动推杆；推杆尖顶或滚子中心轨迹与凸轮轴心间的距离 e 称为偏心距（如图 4-4（a）、（b）、（c）、（d）、（e）所示）。

（2）摆动推杆：做往复摆动的推杆称为摆动推杆（如图 4-4（f）、（g）、（h）所示）。

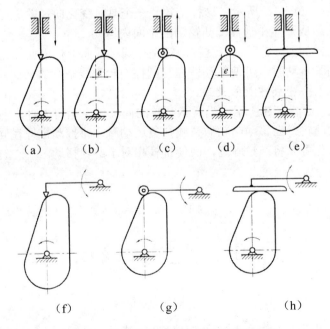

图 4-4　从动件的形状及推杆的运动形式

4. 按凸轮与推杆保持高副接触（锁合）的方式分类

凸轮机构是通过凸轮的转动而带动推杆（从动件）运动的。从动件和凸轮必须以一定方式始终保持接触，从动件才能随凸轮转动完成预定的运动规律。

常用的方法有以下两类。

（1）力锁合：在这类凸轮机构中，主要利用重力、弹簧力或其他外力使推杆与凸轮始终保持接触。如图 4-1 所示的内燃机配气机构。

（2）几何锁合：也叫形锁合，在这类凸轮机构中，是依靠凸轮和从动件推杆的特殊几何形状来保持两者的接触，如图 4-5 所示。

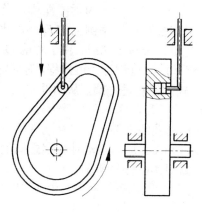

图 4-5　几何锁合

5. 按从动件导路与凸轮的相对位置分类

（1）对心凸轮机构从动件：导路中心线通过凸轮回转中心。

（2）偏心凸轮机构：从动件导路中心线不通过凸轮回转中心，而存在一偏置距离。

将不同类型的凸轮和推杆组合起来，可以得到各种不同的凸轮机构。

4.2　凸轮机构从动件常用的运动规律

通过上面的介绍已经知道，凸轮机构是由凸轮旋转或平移带动从动件进行工作的。所以设计凸轮结构时，首先就是要根据实际工作要求确定从动件的运动规律，然后依据这一运动规律设计出凸轮轮廓曲线。由于工作要求的多样性和复杂性，要求推杆满足的运动规律也是各种各样的。在本节中，将介绍几种常用的运动规律。为了研究这些运动规律，首先介绍一下凸轮机构的运动情况和有关的名词术语。

4.2.1 平面凸轮机构的工作过程和运动参数

图 4-6（a）所示为一对心直动尖顶从动件盘形凸轮机构。以凸轮轮廓的最小向径 r_b 为半径所作的圆称为基圆，r_b 为基圆半径，凸轮以等角速度 ω_1 逆时针转动。在图示位置，尖顶与 A 点接触，A 点是基圆与开始上升的轮廓曲线的交点，此时，从动件的尖顶离凸轮转动中心最近。当凸轮转动时，凸轮向径发生变化，从动件被凸轮轮廓推动产生位移。当凸轮逆时针转过 δ_0 角时，凸轮上 B 点转到 B' 点，将从动件推至离凸轮转动中心最远处，这一过程称为推程。与之对应的凸轮转角 δ_0 称为推程运动角，从动件上升的最大位移 h 称为行程。当凸轮继续转过 δ_s 时，由于轮廓 BC 段为一向径不变的圆弧，从动件停留在最远处不动，此过程称为远停程，对应的凸轮转角 δ_s 称为远停程角。当凸轮又继续转过 δ_0' 角时，凸轮向径由最大减至 r_b，从动件从最远处回到基圆上的 D 点，此过程称为回程，对应的凸轮转角 δ_0' 称为回程运动角。当凸轮继续转过 δ_s' 角时，由于轮廓 DA 段为向径不变的基圆圆弧，从动件继续停在距轴心最近处不动，此过程称为近停程，对应的凸轮转角 δ_s' 称为近停程角。此时，$\delta_0+\delta_s+\delta_0'+\delta_s'=2\pi$，凸轮刚好转过一圈，从动件完成一个"升→停→降→停"的运动循环。

上述过程可以用从动件的位移曲线来描述。以从动件的位移 s 为纵坐标，对应的凸轮转角为横坐标，将凸轮转角或时间与对应的从动件位移之间的函数关系用曲线表达出来的图形称为从动件的位移线图，如图 4-6（b）所示。

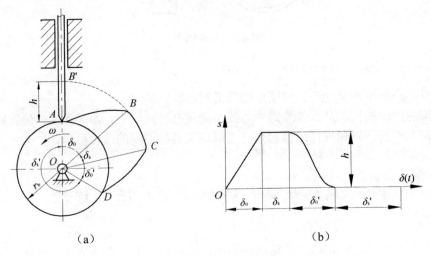

图 4-6 对心直动尖顶从动件盘形凸轮机构位移曲线

从动件在运动过程中，其位移 s、速度 v、加速度 a 随时间 t（或凸轮转角）的变化规律，称为从动件的运动规律。由此可见，从动件的运动规律完全取决于凸轮的轮廓形状。因此设计凸轮机构时，首先应根据工作要求和条件选择从动件的运动规律。

4.2.2 从动件的运动规律分析

常见的从动件运动规律有等速运动、等加速等减速运动、正弦加速度运动、余弦加速度运动等。本小节就以等加速等减速运动为例来介绍建立推杆运动规律的一般方法。

1. 等速运动规律

从动件推程或回程的运动速度为常数的运动规律,称为等速运动规律。其运动线图如图 4-7 所示。

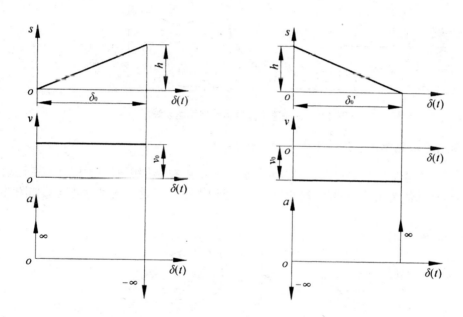

图 4-7 等速运动规律运动线

由图可知,从动件在推程(或回程)开始和终止的瞬间,速度有突变,其加速度为无穷大,产生的惯性力在理论上也为无穷大,致使凸轮机构产生强烈的冲击、噪声和磨损,这种冲击为刚性冲击。因此,等速运动规律只适用于低速、轻载的场合。

2. 等加速等减速运动规律

从动件在一个行程 h 中,前半行程做等加速运动,后半行程做等减速运动,这种运动规律称为等加速等减速运动规律。通常加速度和减速度的绝对值相等,其运动线图如图 4-8 所示。

由运动线图可知,这种运动规律的加速度在 A、B、C 这 3 处存在有限的突变,也会产生有限的惯性力,致使凸轮机构产生有限的冲击,这种冲击称为柔性冲击。与等速运动规律相比，其冲击程度大为减小。因此，等加速等减速运动规律适用于中速、中载的场合。

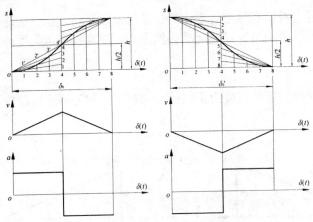

图 4-8 等加速等减速运动规律运动线图

3. 简谐运动规律（余弦加速度运动规律）

当一质点在圆周上做匀速运动时，它在该圆直径上投影的运动规律称为简谐运动。因其加速度运动曲线为余弦曲线，故也称为余弦运动规律，其运动规律运动线图如图 4-9 所示。

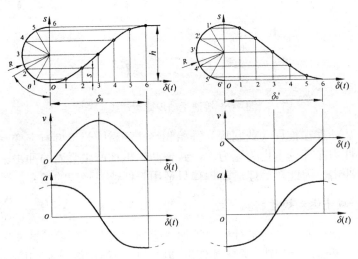

图 4-9 余弦加速度运动规律运动线图

由加速度线图可知，此运动规律在行程的始末两点加速度存在有限突变，故也存在柔性冲击，只适用于中速场合。但当从动件做无停歇的升—降—升连续往复运动时，则得到连续的余弦曲线，柔性冲击被消除，这种情况下可用于高速场合。

4. 摆线运动规律（正弦加速度运动规律）

当一圆沿纵轴做匀速纯滚动时，圆周上某定点 A 的运动轨迹为一摆线，而定点 A 运动时在纵轴上投影的运动规律即为摆线运动规律。因其加速度按正弦曲线变化，故又称为正弦加速度运动规律，其运动规律运动线图如图 4-10 所示。

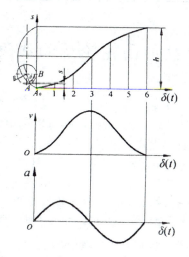

图 4-10　正弦加速度运动规律运动线图

从动件按正弦加速度规律运动时，在全行程中无速度和加速度的突变，因此不产生冲击，适用于高速场合。

以上介绍了从动件常用的运动规律，实际生产中还有更多的运动规律，如复杂多项式运动规律、改进型运动规律等，了解从动件的运动规律，便于在凸轮机构设计时，根据机器的工作要求进行合理选择。

4.2.3　运动规律的特性比较及选择

从动件运动规律都有其速度 v_{max}、加速度的最大值 a_{max}，这些特征值在一定程度上反映了运动规律的特性。因此，在选择从动件运动规律时，应该对运动规律产生的最大速度 v_{max} 和加速度的最大值 a_{max} 及其影响进行分析比较。如果 v_{max} 过大，则动量 mv 也越大，从动件易出现极大的冲击，危及设备和操作者的人身安全。若 a_{max} 越大，则惯性力越大，对机构的强度和耐磨性要求也越高。表 4-1 中列出了常用的几种运动规律的特征值、冲击特性和推荐应用范围。

表 4-1 从动件运动规律特性比较

运动规律	$h\omega/\varphi_0 \times$	$h\omega^2/\varphi_0^2 \times$	冲 击	推荐应用范围
等速运动	1.00	∞	刚性	低速轻载
等加速等减速运动	2.00	4.00	柔性	中速轻载
余弦加速度	1.57	4.93	柔性	中速中载
正弦加速度	2.00	6.28		高速轻载

4.3 盘形凸轮轮廓曲线设计

在合理地选择了从动件运动规律以后，结合一些具体条件可以进行凸轮轮廓的设计。根据选定的推杆运动规律来设计凸轮具有的廓线时，可以利用图解法直接绘制出凸轮廓线，也可以用解析法列出凸轮廓线的方程式，定出凸轮廓线上各点的坐标，或计算出凸轮的一系列向径的值，以便据此加工出凸轮廓线。用图解法设计凸轮廓线，简单易行，而且直观，但误差较大，对精度要求较高的凸轮，如高速凸轮、靠模凸轮等，则往往不能满足要求。所以，现代凸轮廓线设计都以解析法为主，其加工也容易采用先进的加工方法，如线切割机、数控铣床及数控磨床来加工。但是，图解法可以直观地反映设计思想、原理。所以从教学角度，本节主要介绍图解法，并简单介绍解析法。

但是，不论是作图法还是解析法，其基本原理都是相同的。所以下面首先介绍一下凸轮廓线设计方法的基本原理。

4.3.1 用图解法设计凸轮廓线的基本原理

为了说明凸轮廓线图解法的基本原理，首先对已有的凸轮机构进行分析。

图 4-11 所示为一对心直动尖顶推杆盘形凸轮机构，当凸轮以角速度 ω 绕轴心 O 等速回转时，将推动推杆运动。图 4-11（b）所示为凸轮回转 φ 角时，推杆上升至位移 s 的瞬时位置。

现在为了讨论凸轮廓线设计的基本原理，设想给整个凸轮机构加上一个公共角速度（$-\omega$），使其绕凸轮轴心 O 转动。根据相对运动原理，可知凸轮与推杆间的相对运动关系并不发生改变，但此时凸轮将静止不动，而推杆则一方面和机架一起以角速度 $-\omega$ 绕凸轮轴心 O 转动，同时又在其导轨内按预期的运动规律运动。由图 4-11（c）可见，推杆在复合运动中，其尖顶的轨迹就是凸轮廓线。

利用这种方法进行凸轮的设计称为反转法，其基本原理就是理论力学中所讲过的相对运动原理。

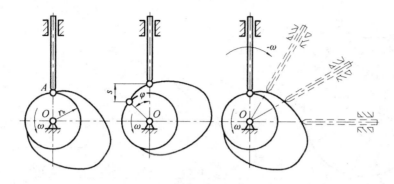

图 4-11 反转法求凸轮轮廓上的点

4.3.2 用图解法设计凸轮廓线

针对不同形式的凸轮机构，其作图法也有所不同。下面以 3 类推杆形式分别给予介绍，要注意理解 3 类机构设计的异同之处。

1. 对心直动尖顶推杆盘形凸轮机构

若已知凸轮的基圆半径 $r_b = 25$ mm，凸轮以等角速度 ω 逆时针方向回转。推杆的运动规律如表 4-2 所列。

表 4-2 从动件运动规律特性

序号	凸轮运动角（φ）	推杆的运动规律
1	0～120°	等速上升 $h = 20$ mm
2	120°～150°	推杆在最高位置不动
3	150°～210°	等速下降 $h = 20$ mm
4	210°～360°	推杆在最低位置不动

利用图解法设计凸轮廓线的作图步骤如下：

（1）选取适当的比例尺 μ_l，取 r_b 为半径作圆；

（2）先作相应于推程的一段凸轮廓线。为此，根据反转法原理，将凸轮机构按 $-\omega$ 进行反转，此时凸轮静止不动，而推杆绕凸轮顺时针转动。在基圆上从 A 点开始，按顺时针方向先量出推程运动角 120°，再按一定的分度值（凸轮精度要求高时，分度值取小些）将推程运动角分成若干等分，并依据推杆的运动规律算出各分点时推杆的位移值 s。本题中取分度值为 15°。将位移线图中推程运动角等分同样的分数，可求各等分点推杆的位移 s，如图 4-12 所示。

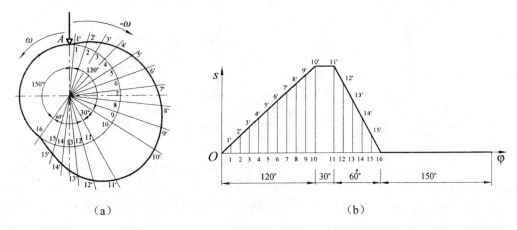

图 4-12 对心直动尖顶推杆盘形凸轮机构设计

(3) 确定推杆在反转运动中所占据的每个位置。为此，根据反转法原理，从 A 点开始，将运动角按顺时针方向按 15°一个分点进行等分，则各等分径向线 $01, 02, \cdots, 08$ 即为推杆在反转运动中所依次占据的位置。

(4) 确定出推杆在复合运动中其尖顶所占据的一系列位置。根据图中各等分点位移数值 s，沿径向等分线由基圆向外量取，得到 $1', 2', \cdots, 8'$ 点，即为推杆在复合运动中其尖顶所占据的一系列位置。

(5) 用光滑曲线联接 $A \to 8'$，即得推杆升程时凸轮的一段廓线。

(6) 凸轮再转过 30°时，由于推杆停在最高位置不动，故该段廓线为一圆弧。以 O 为圆心，以 $O8'$ 为半径画一段圆弧 $8'9'$。

(7) 当凸轮再转过 60°时，推杆等速下降，其廓线可仿照上述步骤进行。

(8) 最后，凸轮转过其余的 150°时，推杆静止不动，该段又是一段圆弧。

按以上作图法绘制的光滑封闭曲线即为凸轮廓线，如图 4-12 所示。

2. 对心直动滚子推杆盘形凸轮机构

对于这种类型的凸轮机构，由于凸轮转动时滚子（滚子半径 r_T）与凸轮的相切点不一定在推杆的位置线上，但滚子中心位置始终处在该线上，推杆的运动规律与滚子中心一致，所以其廓线的设计需要分两步进行。

(1) 将滚子中心看作尖顶推杆的尖顶，按前述方法设计出廓线 β_0，这一廓线为理论廓线。

(2) 以理论廓线上的各点为圆心、以滚子半径 r_T 为半径作一系列的圆，这些圆的内包络线 β 即为所求凸轮的实际廓线，如图 4-13 所示。

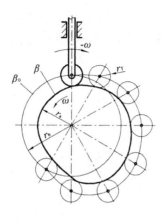

图 4-13 对心直动滚子推杆盘形凸轮机构设计

3. 对心直动平底推杆盘形凸轮机构

在设计这类凸轮机构的凸轮廓线时，也要按两步进行。

（1）把平底与推杆轴线的交点 A 看作尖顶推杆的尖顶，按照前述方法，求出尖顶的一系列位置，将其连成曲线，即为凸轮的理论廓线。

（2）过以上各交点 A 按推杆平底与推杆轴线的夹角作一系列代表平底的直线，这一系列位置的包络线即为所求凸轮的实际廓线。

求出凸轮廓线后，根据平底推杆的一系列位置，选择出推杆平底的最小尺寸不应小于 l_{max} 的两倍。如图 4-14 所示。

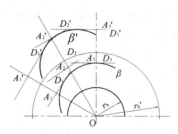

图 4-14 对心直动平底推杆盘形凸轮机构设计

4.4 凸轮机构基本尺寸的确定

凸轮的基圆半径 r_b 直接决定着凸轮机构的尺寸。在前面曾经介绍凸轮廓线设计时，都是假定凸轮的基圆半径已经给出。而实际上，凸轮的基圆半径的选择要考虑许多因素，首先要考虑到凸轮机构中的作用力,保证机构有较好的受力情况。为此,需要就凸轮的基圆半径和其他有关尺寸对凸轮机构受力情况的影响加以讨论。

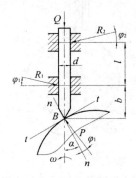

图 4-15 凸轮机构受力分析

4.4.1 凸轮机构中的作用力及凸轮机构压力角 α

图 4-15 所示为一直动尖顶推杆盘状凸轮机构的推杆在推程任意位置时的受力情况分析。

其中 Q 为推杆所承受的外载荷,P 为凸轮作用于推杆上的驱动力,而 R_1、R_2 为导轨对推杆作用的总反力;φ_1 和 φ_2 为摩擦角。凸轮的压力角为凸轮廓线上传力点 B 的法线与推杆(从动件)上点 B 的速度方向所夹的锐角。对于滚子从动件,滚子中心可视作 B 点。

若取推杆为分离体,则根据平面力系的平衡条件可以得到

$$\begin{cases} \sum F_x = 0, P\sin(\alpha+\varphi_1) - (R_1 - R_2)\cos\varphi_2 = 0 \\ \sum F_y = 0, Q - P\cos(\alpha+\varphi_1) + (R_1 + R_2)\sin\varphi_2 = 0 \\ \sum M_z = 0, R_1 b\cos\varphi_2 - R_2(l+b)\cos\varphi_2 = 0 \end{cases}$$

从中消去 R_1 和 R_2,整理后可得

$$P = \frac{Q}{\cos(\alpha+\varphi_1) - (1+\frac{2b}{l})\sin(\alpha+\varphi_1)\tan\varphi_2}$$

由上式可知,压力角 α 是影响凸轮机构受力情况的一个重要参数。在其他条件相同的情况下,α 越大、则分母越小、P 力将越大。当 α 增大到某一数值时,分母将减小为零,作用力 P 将增至无穷大,此时该凸轮机构将发生自锁现象。而这时的压力角人们称为临界压力角 α_c,其值为

$$\alpha_c = \arctan\left(\frac{1}{(1+2b/l)\tan\varphi_2}\right) - \varphi_1$$

第 4 章 凸轮机构设计

由此可见,为使凸轮机构工作可靠,受力情况良好,必须对压力角进行限制。最基本的要求是 $\alpha_{\max} < \alpha_c$。

由上式可以看出,提高 α_c 的有效途径是增大导路长度 l,减小悬臂长度 b。

根据理论分析和实践经验,为提高机构效率,改善受力情况,通常规定 $\alpha_{\max}$ 小于许用压力角 $[\alpha]$,而 $[\alpha]$ 远小于 α_c,即

$$\alpha_{\max} \leq [\alpha] << \alpha_c$$

根据实践经验,常用的许用压力角数值为:

(1)工作行程时,对于直动推杆,取 $[\alpha] = 30°$;对于摆动推杆,取 $[\alpha] = 35° \sim 45°$;
(2)回程时,取 $[\alpha] = 70° \sim 80°$。

4.4.2 凸轮基圆半径的确定

对于一定类型的凸轮机构,在推杆运动规律选定之后,该凸轮的机构压力角与凸轮基圆半径的大小直接相关。

图 4-16 所示为一偏置尖顶直动推杆盘形凸轮机构。由"三心定理"可知,如经过凸轮与推杆接触点 B 作凸轮廓线在该点的法线 nn,则其与过凸轮轴心 O 与推杆导轨相垂直的 OP 线交点 P 即为推杆与凸轮的相对速度瞬心。根据瞬心的定义有 $v_P = v = \omega \cdot \overline{OP}$

所以

$$\overline{OP} = \frac{v}{\omega} = \frac{ds/dt}{d\varphi/dt} = \frac{ds}{d\varphi}$$

由图中可得

$$\tan \alpha = \frac{\overline{OP} \pm e}{\sqrt{r_b^2 - e^2} + s} = \frac{ds/d\varphi \pm e}{\sqrt{r_b^2 - e^2} + s}$$

式中的"±"号按以下原则确定:当偏心距 e 和瞬心 P 在凸轮轴心同侧时取"−"号;反之取"+"号。

由上式可知,在偏心距 e 一定时,推杆的运动规律已知(即 $ds/d\varphi$)的条件下,加大基圆半径 r_b,可以减小压力角 α,从而改善机构的传力特性,但这时机构的总体尺寸将会增大。为了既满足 $\alpha_{\max} \leq [\alpha]$ 的条件,又使机构的总体尺寸不会过大,就要合理地确定凸轮基圆的半径值。

对于直动推杆盘形凸轮机构,如果限定推程的压力角 $\alpha \leq [\alpha]$,则由上式可以导出基圆半径的计算公式,即

$$r_b \geq \sqrt{(\frac{ds/d\varphi \mp e}{\tan[\alpha]} - s)^2 + e^2}$$

从而由上式可知,当从动件的运动规律确定后,凸轮基圆半径 r_b 越小,则机构的压力角越大。合理地选择偏心距 e 的方向,可使压力角减小,改善传力性能。

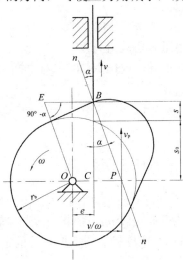

图 4-16 凸轮基圆半径的确定

所以,通常在设计凸轮机构时,应该根据具体的条件抓住主要矛盾合理解决:如果对机构的尺寸没有严格要求,可将基圆取大些,以便减小压力角;反之,则应尽量减小基圆半径尺寸。但应注意使压力角满足 $\alpha \leq [\alpha]$。

在实际设计中,凸轮基圆半径 r_b 的确定不仅受到 $\alpha \leq [\alpha]$ 的限制,而且还要考虑到凸轮的结构与强度要求。因此,常利用下面的经验公式选取 r_b:

$r_b \geq 1.8 r_0 + (7 \sim 10)$ mm,其中 r_0 为凸轮轴的半径。

待凸轮廓线设计完毕后,还要检验 $\alpha \leq [\alpha]$。

4.4.3 滚子半径(r_T)的确定

对于滚子从动件中滚子半径的选择,要考虑其结构、强度及凸轮廓线的形状等诸多因素。这里主要说明廓线与滚子半径的关系。

图 4-17 所示为一内凹的凸轮轮廓曲线,β 为实际轮廓,β_0 为理论轮廓。实际轮廓的曲率半径 ρ_a 等于理论轮廓的曲率半径 ρ 与滚子半径 r_T 之和,即 $\rho_a = \rho + r_T$。这样,不论滚子半径大小如何,凸轮的工作廓线总是可以平滑地作出。

对于图 4-19(b)中的外凸轮,$\rho_a = \rho - r_T$,则实际轮廓的曲率半径为零实际轮廓上将出现尖点。当 $\rho < r_T$ 时，则 ρ_a 为负值，这时实际的轮廓出现交叉，从动轮将不能按照预期的运动规律运动，这种现象称为运动"失真"。因此，对于外凸的凸轮，应使滚子的半径 r_T 小于理论轮廓的最小曲率半径 $\rho_{\min}$。另一方面，要考虑强度、结构等因素，滚子的半径也不能太小，通常取 $r_T = (0.1 \sim 0.5) r_b$，其中 r_b 为基圆半径。

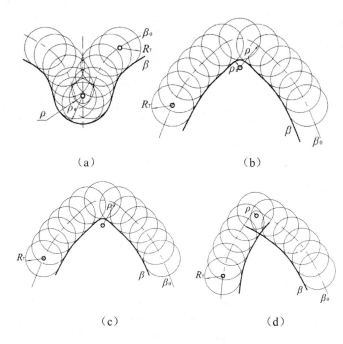

图 4-17 滚子半径的影响

4.5 凸轮机构常用材料及结构设计

凸轮机构要求能实现预定的运动，承受连续工作载荷的作用，尺寸紧凑，易于加工装配，并且成本低、寿命长。

凸轮机构的失效形式通常为凸轮工作表面的擦伤、点蚀与光亮磨损。擦伤主要由于表面粗糙度和润滑不充分造成表面材料损失。点蚀与时间和应力有关，是由于表面疲劳引起裂纹扩展，造成表层材料小片剥落。光亮磨损介于损伤和点蚀之间，与润滑油的化学性质有关。一般可采用接触强度高的材料、降低表面粗糙度以及合适的润滑方式来防止失效。

4.5.1 凸轮和从动件的常用材料

凸轮的材料要求工作表面有较高的硬度，芯部有较好的韧性。一般尺寸不大的凸轮用 45 钢或 40Cr 钢，并进行调质或表面淬火，硬度为 52～58 HRC。要求更高时，可采用 15 钢或 20Cr 钢渗碳淬火，表面硬度为 56～62 HRC，渗碳深度为 0.8～1.5 mm。更加重要的凸轮可采用 35CrMo 钢等进行渗碳，硬度为 60～67 HRC，以增强表面的耐磨性。尺寸大或轻载的凸轮可采用优质灰铸铁，载荷较大时可采用耐磨铸铁。

在家用电器、办公设备、仪表等产品中常用塑料作凸轮材料。一般使用共聚甲醛、聚砜、聚碳酸酯等，主要利用其成形简单、耐水、耐磨等优点。

从动件接触端面常用的材料有 45 钢，也可用 T8、T10，淬火硬度为 55～59 HRC；要求较高时可以使用 20Cr 进行渗碳淬火等处理。

4.5.2 结构设计

1. 凸轮的结构及其在轴上的固定

盘形凸轮的结构通常分为整体式和组合式。

整体式结构如图 4-18 所示，它具有加工方便、精度高和刚性好的优点。凸轮轮廓尺寸的推荐值为

$$d_1 = (1.5 \sim 2)d_0, \quad L = (1.2 \sim 1.6)d_0$$

对于大型低速凸轮机构的凸轮，或经常调整轮廓形状的凸轮，常用组合式凸轮结构，如图 4-19 所示。图 4-21（a）所示为凸轮与轮毂分开的结构，利用圆弧槽可调整轮盘与轮毂的相对角度；图 4-21（b）所示为可以通过调整凸轮盘之间的相对位置来改变从动件在最远位置停留的时间。

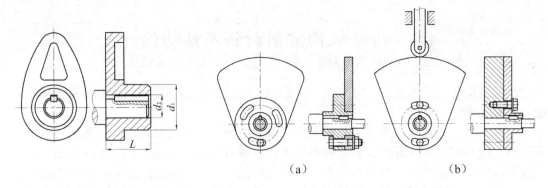

图 4-18 整体式凸轮结构　　　　图 4-19 组合式凸轮结构

凸轮与轴的固定可采用紧定螺钉、键及销钉等方式，如图 4-20 所示。精度要求不高的

情况下可采用键固定,如图 4-22(a)所示。销固定如图 4-22(b)所示,通常是在装配时调整好凸轮位置后,配钻定位销,或用紧定螺钉定位后,再用锥销固定。

2. 从动件结构

(1)从动件导路如图 4-21 所示。图 4-21(a)所示为单面导路,悬臂部分不宜过大,应满足 $L_1 < \dfrac{L}{2}$,图 4-21(b)所示为双面导路,有利于改善从动件的工作性能。

(2)滚子结构图 4-22 所示,图中为滚子的几种装配结构,滚子与销为滑动配合,一般选用 $\dfrac{\mathrm{H8}}{\mathrm{f8}}$。

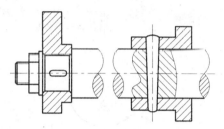

图 4-20 凸轮与轴的固定

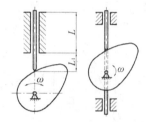

图 4-21 从动件导路

尺寸不大时,也可直接用滚动轴承作为滚子。对于集合锁合的凸轮机构,滚子与凸轮上凹槽的配合,一般选用 $\dfrac{\mathrm{H12}}{\mathrm{h12}}$。滚子的主要尺寸一般取:

滚子销轴直径 d_k

$$d_k = (\tfrac{1}{3} \sim \tfrac{1}{2}) d_T$$

滚子宽度 b

$$b \geq \dfrac{d_T}{4} + 5$$

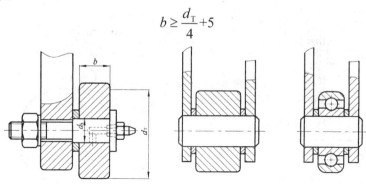

图 4-22 滚子结构

复习题

4-1 为什么凸轮机构广泛应用于自动、半自动机械的控制装置中？

4-2 凸轮轮廓的反转法设计依据的是什么原理？

4-3 试标出图 4-23 所示位移线图中的行程 h、推程运动角 δ_0、远停程角 δ_s、回程角 δ'_0、近停程角 δ'_s。

4-4 试写出图 4-24 所示凸轮机构的名称，并在图上作出行程 h、基圆半径 r_b、凸轮转角 δ_0、δ_s、δ'_0、δ'_s 以及 A、B 两处的压力角。

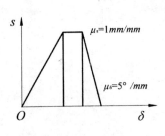

图 4-23 题 4-3 用图

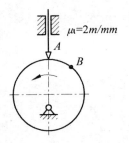

图 4-24 题 4-4 用图

4-5 图 4-25 所示是一偏心圆凸轮机构，O 为偏心圆的几何中心，偏心距 $e=15$ mm，$d=60$ mm，试在图中标出：

（1）凸轮的基圆半径、从动件的最大位移 H 和推程运动角 δ 的值；

（2）凸轮转过 90°时从动件的位移 s。

4-6 图 4-26 所示为一滚子对心直动从动件盘形凸轮机构。试在图中画出该凸轮的理论轮廓曲线、基圆半径、推程最大位移 H 和图示位置的凸轮机构压力角。

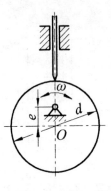

图 4-25 题 4-5 用图

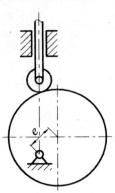

图 4-26 题 4-6 用图

4-7 标出图 4-27 中各凸轮机构图示 A 位置的压力角和再转过 45°时的压力角。

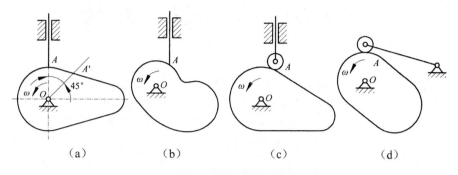

图 4-27 题 4-7 用图

4-8 设计一尖顶对心直动从动件盘形凸轮机构。凸轮顺时针匀速转动，基圆半径 r_b=40 mm，h=30 mm，从动件的运动规律为

δ	0~90°	90°~180°	180°~240°	240°~360°
运动规律	等速上升	停止	等加速等减速下降	停止

4-9 若将上题改为滚子从动件，设已知滚子半径 r_T=10 mm，试设计其凸轮的实际轮廓曲线。

第 5 章　间歇运动机构

学习目的　在机器工作时，当主动件做连续运动时，常需要从动件产生周期性的运动和停歇，实现这种运动的机构，称为间歇运动机构。它们广泛应用于自动机床的进给机构、送料机构、刀架的转位机构、精纺机的成形机构等。通过对本章的学习，要求掌握几类间歇运动机构的组成及运动特点，熟悉其应用场合。

5.1　棘轮机构

5.1.1　棘轮机构的工作原理和类型

如图 5-1（a）所示，棘轮机构是由棘轮、棘爪及机架所组成。主动杆 1 空套在与棘轮 3 固连的从动轴上。驱动棘爪 4 与主动杆 1 用转动副 A 相连。当主动杆 1 逆时针方向转动时，驱动棘爪 4 便插入棘轮 3 的齿槽，使棘轮跟着转过某一角度。这时止回棘爪 5 在棘轮的齿背上滑过。当主动杆 1 顺时针方向转动时，止回棘爪 5 阻止棘轮发生顺时针方向转动，同时棘爪 4 在棘轮的齿背上滑过，所以此时棘轮静止不动。这样，当主动杆 1 做连续的往复摆动时，棘轮 3 和从动轴便做单向的间歇转动。主动杆 1 的摆动可由凸轮机构、连杆机构或电磁装置等得到。

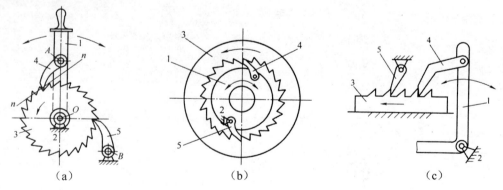

图 5-1　棘轮机构类型

1—主动杆；2—机架；3—棘轮；4，5—棘爪；6—转动副

按照结构特点，常用的棘轮机构有下列两大类。

1. 轮齿式棘轮机构

轮齿式棘轮机构有外啮合[见图 5-1（a）]、内啮合[见图 5-1（b）]两种形式。当棘轮的直径为无穷大时，变为棘条[见图 5-1（c）]，此时棘轮的单向转动变为棘条的单向移动。

根据棘轮的运动又可分为以下几种。

（1）单向式棘轮机构可分为单动式和双动式两种，图 5-1 所示为单动式棘轮机构，它的特点是摇杆向一个方向摆动时，棘轮沿同一方向转过某一角度；而摇杆反向摆动时，棘轮静止不动。图 5-2 所示为双动式棘轮机构，当摇杆往复摆动时，都能使棘轮沿单一方向转动。单向式棘轮采用的是不对称齿形，常用的有锯齿形齿[见图 5-3（a）]、直线形三角齿[见图 5-3（b）]及圆弧形三角齿[见图 5-3（c）]。

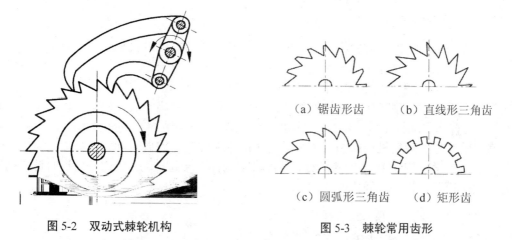

图 5-2　双动式棘轮机构　　　　　图 5-3　棘轮常用齿形

（2）双向式棘轮机构（见图 5-4）。它的特点是当棘爪 1 在图示位置时，棘轮 2 沿逆时针方向间歇运动；若将棘爪提起（销子拔出），并绕本身轴线转 180°后放下（销子插入），则可实现棘轮沿顺时针方向间歇运动。

双向式的棘轮一般采用矩形齿[见图 5-3（d）]。

轮齿式棘轮机构在回程时，棘爪在齿面上滑过，故有噪声，平稳性较差，且棘轮的步进转角又较小。如要调节棘轮的转角，可以改变棘爪的摆角或改变拨过棘轮齿数的多少。如图 5-5 所示，在棘轮上加一遮板，变更遮板的位置，即可使棘爪行程的一部分在遮板上滑过，不与棘轮的齿接触，从而改变棘轮转角的大小。

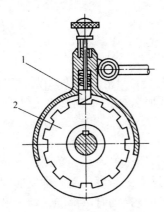 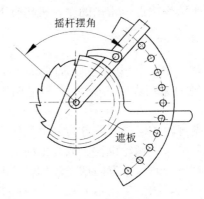

图 5-4 双向式棘轮机构
1—棘爪；2—棘轮

图 5-5 调节棘轮的转角

2. 摩擦式棘轮机构

图 5-6 所示为摩擦式棘轮机构，它的工作原理与轮齿式棘轮机构相同，只不过用偏心扇形块代替棘爪，用摩擦轮代替棘轮。当主动杆 1 逆时针方向摆动时，扇形块 2 楔紧摩擦轮 3 成为一体，使摩擦轮 3 也一同逆时针方向转动，这时止回扇形块 4 打滑；当主动杆 1 顺时针方向转动时，扇形块 2 在摩擦轮 3 上打滑，这时止回扇形块 4 楔紧，以防止摩擦轮 3 倒转。这样当主动杆 1 做连续反复摆动时，摩擦轮 3 便得到单向的间歇运动。

常用的摩擦式棘轮机构如图 5-7 所示，当构件 1 顺时针方向转动时，由于摩擦力的作用使滚子 2 楔紧在构件 1、3 的狭隙处，从而带动构件 3 一起转动；当构件 1 逆时针方向转动时，滚子松开，构件 3 静止不动。

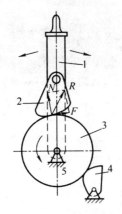 

图 5-6 摩擦式棘轮机构原理
1—主动杆；2，4—扇形块；3—摩擦轮

图 5-7 摩擦式棘轮机构
1，3—构件；2—滚子

5.1.2 棘轮机构的优、缺点和应用

轮齿式棘轮机构运动可靠，从动棘轮的转角容易实现有级的调节，但在工作过程中有噪声和冲击，棘齿易磨损，在高速时尤其严重，所以常用在低速、轻载下实现间歇运动。如图 5-8 所示。例如，在运动中由一对齿轮传到曲柄 1，再经连杆 2 带动摇杆 3 做往复摆动；摇杆 3 上装有棘爪，从而推动棘轮 4 作单向间歇转动；由于棘轮与螺杆固连，从而又使螺母 5（工作台）做进给运动。若改变曲柄的长度，就可以改变棘爪的摆角，以调节进给量。

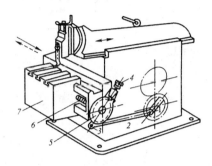

图 5-8　牛头刨床横向进给机构

棘轮、棘爪机构还可以用来实现快速的超越运动，如图 5-9 所示。运动由蜗杆 1 传到蜗轮 2，通过装在蜗轮 2 上的棘爪 3 使棘轮 4 逆时针方向转动，棘轮与输出轴 5 固连，由此得到输出轴 5 的慢速转动。当需要输出轴 5 快速转动时，可逆时针转动手轮，这时由于手动速度大于由蜗轮、蜗杆传动的速度，所以棘爪在棘轮上打滑，从而在蜗杆、蜗轮继续转动的情况下，可用快速手动来实现超越运动。

此外，棘轮机构还可以用来做计数器，如图 5-10 所示。当电磁铁 1 的线圈通入脉冲直流信号电流时，电磁铁吸动衔铁 2，把棘爪 3 向右拉动，棘爪在棘轮 5 的齿上滑过；当断开信号电流时，借助弹簧 4 的恢复力作用，使棘爪向左推动，这时棘轮转过一个齿，表示计入一个数字，重复上述动作，便可实现数字计入运动。

 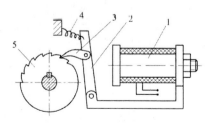

图 5-9　实现快速超越运动　　　　　　　　图 5-10　做计数器
1—蜗杆；2—蜗轮；3—棘爪；4—棘轮；5—输出轴　　1—电磁铁；2—衔铁；3—棘爪；4—弹簧；5—棘轮

在起重机、绞盘等机械装置中，还常利用棘轮机构使提升的重物能停止在任何位置上，以防止由于停电等原因造成事故。

摩擦式棘轮机构传递运动较平稳，无噪声，从动构件的转角可作无级调节，常用来做超越离合器，在各种机械中实现进给或传递运动。但运动准确性差，不宜用于运动精度要求高的场合。

5.2 槽轮机构

5.2.1 槽轮机构的工作原理和类型

如图 5-11 所示，槽轮机构由具有径向槽的槽轮 2 和具有圆销的构件 1 及机架所组成。当构件 1 的圆销 G 未进入槽轮 2 的径向槽时，由于槽轮 2 的内凹锁住弧 S_2 被构件 1 的外凸圆弧 S_1 卡住，故槽轮 2 静止不动。图 5-11 所示为圆销 G 开始进入槽轮径向槽的位置，这时锁住弧 S_2 被松开，因而圆销 G 能驱使槽轮沿与构件 1 相反的方向转动。当圆销 G 开始脱出槽轮的径向槽时，槽轮的另一内凹锁住弧又被构件 1 的外凸圆弧卡住，致使槽轮 2 又静止不动，直至构件 1 的圆销 G 再进入槽轮 2 的另一径向槽时，两者又重复上述的运动循环。这样，当主动构件 1 做连续转动时，槽轮 2 便得到单向的间歇转动。

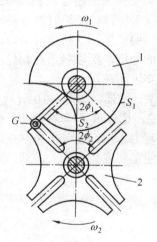

图 5-11 外槽轮机构

1—构件；2—槽轮

平面槽轮机构有两种形式：一种是外槽轮机构，如图 5-11 所示，其槽轮上径向槽的开口是自圆心向外，主动构件与槽轮转向相反；另一种是内槽轮机构，如图 5-12 所示，其槽轮上径向槽的开口是向着圆心的,主动构件与槽轮的转向相同,这两种槽轮机构都用于传递平行轴的运动。

图 5-13 所示为球面槽轮机构,它是用于传递两垂直相交轴的间歇运动机构,从动槽轮呈半球形,主动拨盘的轴线与圆柱销的轴线都通过球心 O,当主动拨盘连续转动时,球面槽轮得到间歇转动。

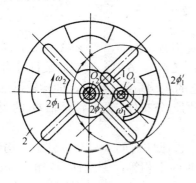

图 5-12 内槽轮机构
1—构件;2—槽轮

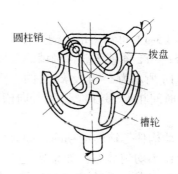

图 5-13 球面槽轮机构
1—主动构件;2—从动槽轮;3—销

5.2.2 槽轮机构的运动系数

在图 5-11 所示的外槽轮机构中,为了使槽轮开始转动瞬时和终止转动瞬时的角速度为零,以避免刚性冲击,圆销开始进入径向槽或自径向槽脱出时,径向槽的中心线应切于圆销中心运动的圆周,因此,设 z 为均匀分布的径向槽数,则由图 5-11 得槽轮 2 转动时构件 1 的转角 $2\varphi_1$ 为

$$2\varphi_1 = \pi - 2\varphi_2 = \pi - \frac{2\pi}{z}$$

在一个运动循环内,槽轮 2 运动的时间 t_d 与构件 1 运动的时间 t 之比称为运动系数 τ。当构件 1 等速转动时,这个时间比可以用转角比来表示。对于只有一个圆销的槽轮机构,t_d 和 t 各对应于构件 1 回转 $2\varphi_1$ 和 2π,因此,槽轮机构的运动系数 τ 为

$$\tau = \frac{t_d}{t} = \frac{2\varphi_1}{2\pi} = \frac{\pi - \dfrac{2\pi}{z}}{2\pi} = \frac{z-2}{2z} \tag{5-1}$$

由于运动系数 τ 必须大于零(因 $\tau=0$ 表示槽轮始终不动),所以由式(5-1)可知,径向槽的数目 z 应大于 2。又由式(5-1)可知,这种槽轮机构的运动系数总小于 0.5,也就是说,槽轮运动的时间总小于静止的时间。

如果主动构件 1 装上若干个圆销,则可以得到 $\tau>0.5$ 的槽轮机构。设均匀分布的圆销

数目为 k，则此时槽轮在一个循环中的运动时间比只有一个圆销时增加 k 倍，因此

$$\tau = \frac{kt_d}{t} = \frac{k(z-2)}{2z} \tag{5-2}$$

由于运动系数 τ 应小于 1（因 $\tau=1$ 表示槽轮 2 与构件 1 一样做连续转动，不能实现间歇运动，所以由式（5-2）得

$$k < \frac{2z}{z-2} \tag{5-3}$$

由式（5-3）可算出槽轮槽数确定后所允许的圆销数。例如，当 $z=3$ 时，圆销的数目可为 1～5；当 $z=4$ 或 5 时，圆销的数目可为 1～3；又当 $z\geq 6$ 时，圆销的数目可为 1 或 2。

图 5-14 所示为 $z=4$ 及 $k=2$ 的外槽轮机构，它的运动系数 $\tau=0.5$，即槽轮运动的时间与静止的时间相等。这时，除了径向槽和圆销都是均匀分布外，两圆销至轴 O_1 的距离也是相等的。

在主动构件等速转动期间，如果要使槽轮每次停歇的时间不相等，则主动构件 1 上的圆销应作不均匀分布；如果要使槽轮每次运动时间不相等，则应使圆销的回转半径不相等。图 5-15 所示为在主动构件等速转动时槽轮每次停歇和运动的时间均不相等的槽轮机构。

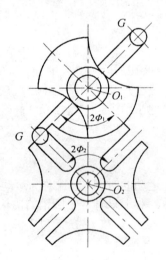

图 5-14 停歇时间相等的槽轮机构

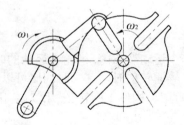

图 5-15 停歇时间不相等的槽轮机构

对于图 5-12 所示的内槽轮机构，当槽轮 2 运动时，构件 1 所转过角度 $2\varphi_1'$ 为

$$2\phi_1' = 2\pi - 2\phi_1 = 2\pi - (\pi - 2\phi_2) = \pi + 2\phi_2 = \pi + \frac{2\pi}{z}$$

所以运动系数 τ 为

$$\tau = \frac{2\phi_1'}{2\pi} = \frac{z+2}{2z} = \frac{1}{2} + \frac{1}{z} \tag{5-4}$$

由式（5-4）可知，内槽轮机构的运动系数总大于 0.5。又因 τ 应小于 1，所以 $z>2$，也就是说，径向槽的数目最少应为 3，内槽轮机构永远只可以用一个圆销，因为根据

$$\tau = \frac{2\phi_1'}{2\pi}k = \frac{k(z+2)}{2z} < 1, \quad k < \frac{2z}{z+2}$$

则当 $z \geqslant 3$ 时，k 总小于 2。

5.2.3 槽轮机构的优、缺点和应用

槽轮机构结构简单，工作可靠，在进入和脱离啮合时运动较平稳，能准确控制转动的角度。但槽轮的转角大小不能调节，而且在槽轮转动的始末位置加速度变化较大、有冲击。所以槽轮机构一般应用在转速不高的间歇转动装置中。

在实际应用中，常常需要槽轮轴转角大于或小于 $\dfrac{2\pi}{z}$，这时可在槽轮轴与输出轴之间增加一级齿轮传动，如图 5-17 所示。如果是减速齿轮传动，则输出轴每次转角小于 $\dfrac{2\pi}{z}$；如果是增速齿轮传动，则输出轴每次转角大于 $\dfrac{2\pi}{z}$。改变齿轮的传动比就可以改变输出轴的转角。同时，增加一级齿轮传动还可以使槽轮转位所产生的冲击主要由中间轴吸收，使运转更为平稳。

5.3 不完全齿轮机构

5.3.1 不完全齿轮机构的工作原理和类型

不完全齿轮机构是由普通渐开线齿轮机构演化而来的一种间歇运动机构。它与普通渐开线齿轮机构不同之处 1/6 是轮齿不布满整个圆周，如图 5-16 所示。图示当主动轮 1 转一周时，从动轮 2 转周，从动轮每转停歇六次。当从动轮停歇时，主动轮 1 上的锁住弧 S_1 与从动轮 2 上的锁住弧 S_2 互相配合锁住，以保证从动轮停歇在预定的位置。

不完全齿轮机构的类型有外啮合（见图 5-16）和内啮合（见图 5-17）两种。与普通渐开线齿轮一样，外啮合的不完全齿轮机构两轮转向相反；内啮合的不完全齿轮机构两轮转向相同。当轮 2 的直径为无穷大时，变为不完全齿轮齿条（见图 5-18），这时轮 2 的转动变为齿条的移动。

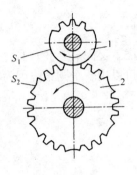
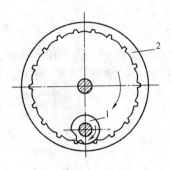

图 5-16　外啮合

1—主动轮；2—从动轮

图 5-17　内啮合

1—主动轮；2—从动轮

5.3.2　不完全齿轮机构的优、缺点和应用

不完全齿轮机构与槽轮机构相比，其从动轮每转一周的停歇时间、运动时间及每次转动的角度变化范围都较大，设计较灵活。但其加工工艺较复杂，而且从动轮在运动的开始与终止时冲击较大，故一般用于低速、轻载的场合，如在自动机和半自动机中用于工作台的间歇转位，以及要求具有间歇运动的进给机构、计数机构等。

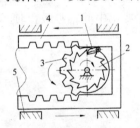

图 5-18　插秧机的秧箱移行机构

图 5-18 所示为插秧机的秧箱移行机构。该机构由与摆杆固连的棘爪 1、棘轮 2、与棘轮固连的不完全齿轮 3、上下齿条 4（秧箱）组成。当构件 1 顺时针方向摆动时，2、3 不动，秧箱 4 停歇，这时秧爪（图中未示出）取秧；当取秧完毕，构件 1 逆时针方向摆动，2 与 3 一同逆时针方向转动，3 与上齿条 4 啮合，使 4 向左移动，即秧箱向左移动。当秧箱移到终止位置（图示位置），齿轮 3 与下齿条 4 啮合，使秧箱自动换向，向右移动。

5.4　凸轮间歇运动机构

5.4.1　圆柱形凸轮间歇运动机构

图 5-19 所示为圆柱形凸轮间歇运动机构。凸轮 1 呈圆柱形，滚子 3 均匀分布在转盘 2 的端面，滚子中与转盘中心的距离等于 R_2。当凸轮转过角度 δ_t 时，转盘以某种运动规律转过的角度 $\delta_{2max}=2\pi/z$（式中 z 为滚子数目）；当凸轮继续转过其余 $(2\pi-\delta_t)$ 时，转盘静止不

动。当凸轮继续转动时，第二个圆销与凸轮槽相作用，进入第二个运动循环。这样，当凸轮连续转动时，转盘实现单向间歇转动。这种机构实质上是一个摆杆长度等于 R_2、只有推程和远休止角的摆动从动件圆柱凸轮机构。

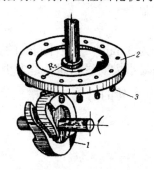 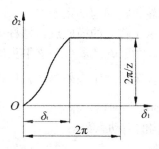

图 5-19　圆柱形凸轮间歇运动机构

1—凸轮；2—转盘；3—滚子

5.4.2　蜗杆形凸轮间歇运动机构

另一种是如图 5-20 所示的蜗杆形凸轮间歇运动机构。凸轮形状如同圆弧面蜗杆一样，滚子均匀分布在转盘的圆柱面上，犹如蜗轮的齿。这种凸轮间歇运动机构可以通过调整凸轮与转盘的中心距来消除滚子与凸轮接触面间的间隙以补偿磨损。

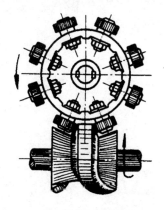

图 5-20　蜗杆形凸轮间歇运动机构

凸轮间歇运动机构的优点是运转可靠、传动平稳、转盘可以实现任何运动规律，还可以用改变凸轮推程运动角来得到所需要的转盘转动与停歇时间的比值。

凸轮间歇运动机构常用于传递交错轴间的分度运动和需要间歇转位的机械装置中。

复习题

5-1 内啮合槽轮机构能不能采用多圆柱销拨盘？

5-2 何谓槽轮机构的运动系数？

5-3 牛头刨床工作台的横向进给螺杆的导程为 3 mm，与螺杆固连的棘轮齿数 $z=40$，问棘轮的最小转动角度 Φ 是多少？该牛头刨床的最小横向进给量 s 是多少？

5-4 在六角车床的六角头外槽轮机构中，已知槽轮的槽数 $z=6$，槽轮静止时间 $t_j=\dfrac{5}{6}s/r$，运动时间是静止时间的两倍，求：

（1）槽轮机构的运动系数 τ；

（2）圆销数 k。

5-5 已知外槽轮机构的槽数 $z=4$，主动件 1 的角速度 $\omega_1=10 \text{ rad/s}$，试求：

（1）主动件 1 在什么位置时槽轮的角加速度最大？

（2）槽轮的最大角加速度是多少？

第 6 章 螺纹连接与螺纹传动

学习目的 螺纹连接和螺旋传动都是利用具有螺纹的零件进行工作的,前者作为紧固连接件用,后者则作为传动件用。本章主要讨论螺纹连接的结构、计算和设计,重点介绍单个螺栓连接的强度计算。通过对本章的学习,要求掌握螺纹连接的种类、特点和应用及强度设计方法,了解螺纹传动的方式和特点。

6.1 螺纹的形成及主要参数

6.1.1 螺纹的形成

如图 6-1 所示,将一底边长度等于 πd_2 的直角三角形绕在一直径为 d_2 的圆柱体上,并使底边和圆柱体底边重合,则其斜边在圆柱体表面形成一条空间曲线,这条空间曲线称为螺旋线,角 ψ 称螺纹升角。

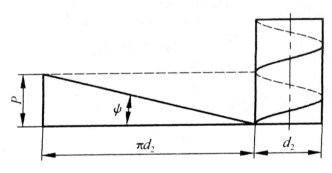

图 6-1 螺纹的形成

6.1.2 螺纹的主要参数

现以图 6-2 所示的圆柱普通螺纹为例说明螺纹的主要几何参数。

(1) 大径 d。与外螺纹牙顶或内螺纹牙底相重合的假想圆柱体的直径,是螺纹的最大直径。在有关螺纹的标准中称为公称直径。

(2) 小径 d_1。与外螺纹牙底或内螺纹牙顶相重合的假想圆柱体的直径,是螺纹的最小直径，常作为强度计算直径。

（3）中径 d_2。在螺纹的轴向剖面内，牙厚和牙槽宽相等处的假想圆柱体的直径。

（4）螺距 P。相邻两螺纹牙对应点之间的轴向距离。

（5）导程 S。螺纹上任一点沿螺旋线旋转一周所移动的轴向距离。设螺旋线数为 n，则 $S = nP$。

（6）螺旋升角 ψ。中径 d_2 圆柱上，螺旋线的切线与垂直螺纹轴线的平面的夹角。

（7）牙型角 α。轴向截面内螺纹牙型相邻两侧边的夹角称为牙型角。牙型侧边与螺纹轴线的垂线间的夹角称为牙侧角 β。对于对称牙型，$\beta = \dfrac{\alpha}{2}$。

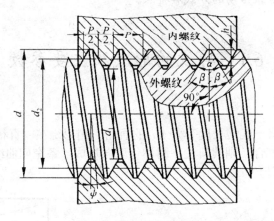

图 6-2　螺纹的几何参数

6.2　螺纹的种类、特点和应用

6.2.1　螺纹的种类

螺纹有外螺纹和内螺纹之分，二者共同组成螺纹副用于连接和传动。

螺纹有米制和英制两种，我国除管螺纹外都采用米制螺纹。

螺纹轴向剖面的形状称为螺纹的牙型，常用的螺纹牙型有三角形、矩形、梯形和锯齿形等。其中三角形螺纹主要用于连接，其余则多用于传动。

按螺旋线绕行方向的不同，螺纹可分为右旋螺纹和左旋螺纹，如图 6-3 所示。机械中常用右旋螺纹。

根据螺旋线的数目，还可将螺纹分为单线（单头）螺纹和多线（多头）螺纹，如图 6-3 所示。

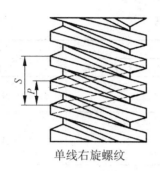 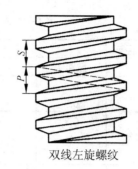

单线右旋螺纹　　　　双线左旋螺纹

图 6-3　不同线数的右、左旋螺纹

6.2.2　常用螺纹的特点和应用

1. 三角形螺纹

三角形螺纹主要有普通螺纹和管螺纹。

（1）普通螺纹。即米制三角形螺纹，其牙型角 $\alpha = 60°$，螺纹大径为公称直径，以 mm 为单位。同一公称直径下有多种螺距，其中螺距最大的称为粗牙螺纹，其余的称为细牙螺纹，如图 6-4 所示。

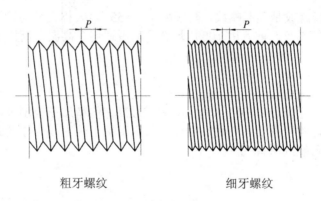

粗牙螺纹　　　　细牙螺纹

图 6-4　粗牙螺纹和细牙螺纹

普通螺纹的当量摩擦系数较大，自锁性能好，螺纹牙根的强度高，广泛用于各种紧固连接。一般连接多用粗牙螺纹。细牙螺纹螺距小、升角小、自锁性能好，但螺纹牙根的强度低、耐磨性差、易滑脱，常用于细小零件、薄壁零件或受冲击、振动和交变载荷的连接，还可以用于微调机构的调整。

普通粗牙螺纹的基本尺寸见表 6-1。

表 6-1 普通粗牙螺纹的基本尺寸　　　　　　　　（单位：mm）

公称直径（大径） D、d	粗牙 螺距 P	中径 D_2、d_2	小径 D_1、d_1	细牙 螺距 P
3	0.5	2.675	2.459	0.35
4	0.7	3.545	3.242	
5	0.8	4.480	4.134	0.5
6	1	5.350	4.918	
8	1.25	7.188	6.647	
10	1.5	9.026	8.376	1.25, 1, 0.75
12	1.75	10.863	10.106	1.5, 1.25, 1, 0.5
(14)	2	12.701	11.835	1.5, 1
16	2	14.701	13.835	
(18)	2.5	16.376	15.294	2, 1.5, 1
20	2.5	18.376	17.294	
(22)	2.5	20.376	19.294	
24	3	22.052	20.752	
(27)	3	25.052	23.752	
30	3.5	27.727	26.211	

（2）管螺纹。管螺纹是英制螺纹，其牙型角 $\alpha = 55°$，公称直径为管子的内径。可分为圆柱管螺纹和圆锥管螺纹。前者用于低压场合，后者适用于高温、高压或密封性要求较高的管连接。

2. 矩形螺纹

牙型为正方形，牙型角 $\alpha = 0°$。其传动效率最高，但精加工较困难，牙根强度低，且螺旋副磨损后的间隙难以补偿，使传动精度降低。常用于传力或传导螺旋。矩形螺纹未标准化，已逐渐被梯形螺纹所替代。

3. 梯形螺纹

牙型为等腰梯形，牙型角 $\alpha = 30°$。其传动效率略低于矩形螺纹，但工艺性好，牙根强度高，螺旋副对中性好，可以调整间隙。广泛用于传力或传导螺旋，如机床的丝杠、螺旋举重器等。

4. 锯齿形螺纹

工作面的牙侧角为 $3°$，非工作面的牙侧角为 $30°$。它综合了矩形螺纹效率高和梯形螺纹牙根强度高的特点，但仅能用于单向受力的传力螺旋。

6.3 螺纹连接的基本类型和螺纹连接件

6.3.1 螺纹连接的基本类型

螺纹连接有以下 4 种基本类型。

1. 螺栓连接

螺栓连接是将螺栓穿过被连接件上的光孔并用螺母锁紧。这种连接结构简单，装拆方便，应用广泛。

螺栓连接有普通螺栓连接和铰制孔用螺栓连接两种。图 6-5（a）所示为普通螺栓连接，其结构特点是螺栓杆与被连接件孔壁之间有间隙，工作载荷只能使螺栓受拉伸。图 6-5（b）所示为铰制孔螺栓连接，被连接件上的铰制孔和螺栓的光杆部分多采用基孔制过渡或过盈配合，螺栓杆受剪切力和挤压力。

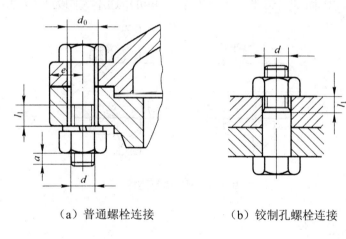

（a）普通螺栓连接　　（b）铰制孔螺栓连接

图 6-5　螺栓连接

2. 双头螺柱连接

双头螺柱多用于被连接件之一较厚或为了结构紧凑而采用盲孔的连接，如图 6-6 所示。双头螺柱连接用于被连接零件需经常拆卸的场合。

3. 螺钉连接

螺钉直接旋入被连接件的螺纹孔中，省去了螺母，如图 6-7 所示，因此结构上比较简单。但这种连接不宜经常拆装，以免被连接件的螺纹孔磨损而修复困难。

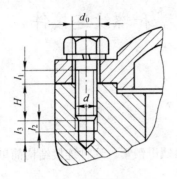 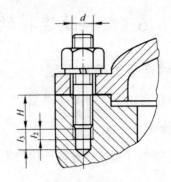

图 6-6 双头螺柱连接   图 6-7 螺钉连接

4. 紧定螺钉连接

图 6-8 所示为紧定螺钉连接。将紧钉螺钉旋入一零件的螺纹孔中,并用螺钉端部顶住或顶入另一零件,以固定两个零件的相对位置,并可传递不大的力和转矩。

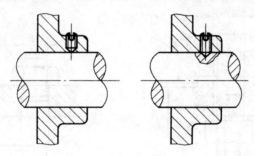

图 6-8 紧定螺钉连接

6.3.2 标准螺纹连接件

螺纹连接件的种类很多,大都已标准化,设计时可根据有关标准选用。

1. 螺栓

螺栓的头部形状很多,最常用的有六角头和小六角头两种,如图 6-9 所示。冷镦工艺生产的小六角头螺栓具有材料利用率高、生产率高、力学性能高和成本低等优点,但由于头部尺寸较小,不宜用于拆装频繁、被连接件强度低和易锈蚀的场合。

2. 双头螺柱

双头螺柱旋入被连接件螺纹孔的一端称为座端,另一端为螺母端。其公称长度为 L,

如图 6-10 所示。

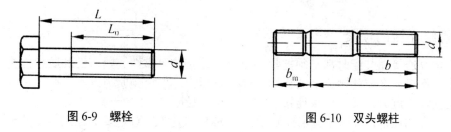

图 6-9 螺栓 　　　　　　　图 6-10 双头螺柱

3. 螺钉、紧定螺钉

螺钉、紧定螺钉的头部有内六角头、十字槽头等多种形式，以适应不同的拧紧程度。紧定螺钉末端要顶住被连接件之一的表面或相应的凹坑，其末端具有平端、锥端、圆尖端等各种形状。

4. 螺母

螺母的形状有六角形、圆形（如图 6-11 所示）等。六角螺母有 3 种不同厚度，薄螺母用于尺寸受到限制的地方，厚螺母用于经常拆装、易于磨损的场合，圆螺母常用于轴上零件的轴向固定。

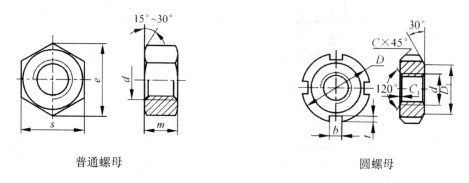

普通螺母　　　　　　　　　　圆螺母

图 6-11 螺母

5. 垫圈

垫圈的作用是增加被连接件的支承面积以减阴雨小接触处的压强（尤其被连接件材料较差时）和避免拧紧螺母时擦伤被连接件的表面。普通垫圈成环状。

普通螺纹连接件，按制造精度分为粗制和精制两类。粗制的螺纹连接件多用于建筑、木结构及其他次要场合，精制的螺纹广泛应用于机器设备中。

6.4 螺纹连接的预紧和防松

6.4.1 螺纹连接的预紧

一般螺纹连接在装配时都必须拧紧,以增强连接的可靠性、紧密性和防松能力。连接件在承受工作载荷之前就预加上的作用力称为预紧力。如果预紧力过小,则会使连接不可靠;如果预紧力过大,又会导致连接过载、甚至被拉断。

对于一般的连接,可凭经验来控制预紧力 F_0 的大小,但对重要的连接就要严格控制其预紧力。

预紧时,扳手力矩 T 是用于克服螺纹副相对转动的阻力矩 T_1 和螺母与被连接件支承面之间的摩擦阻力矩 T_2,如图 6-12 所示。

拧紧时扳手力矩为

$$T = T_1 + T_2$$
$$= F_0 \tan(\psi + \rho_v)\frac{d_2}{2} + \frac{1}{3}f_c F_0 \frac{D_1^3 - d_0^3}{D_1^2 - d_0^2}$$
$$= KF_0 d \tag{6-1}$$

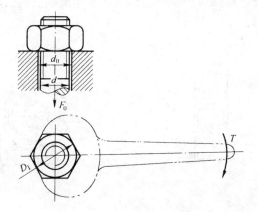

图 6-12 扳手拧紧螺母

式中 　F_0——预紧力,N;
　　　　d——螺纹的公称直径,mm;
　　　　K——拧紧力矩系数,常取 0.2;
　　　　ψ——螺纹升角;
　　　　ρ_v——当量摩擦角;
　　　　f_c——螺母与被连接件支承面之间的摩擦系数。

由式（6-1）可知，预紧力 F_0 的大小取决于拧紧力矩 T。

预紧力的大小可根据螺栓的受力情况和连接的工作要求决定，螺栓的预紧力一般为材料屈服极限的 50%～70%。

通常螺纹连接拧紧的程度是凭人工经验来决定的。为了能保证装配质量，重要的螺纹连接应按计算值控制拧紧力矩。小批量生产时可使用带指针刻度的测力矩扳手。大量生产多采用风扳机，当输出力矩达到所调节的额定值时，离合器便会打滑而自动脱开，并发出响声。

6.4.2 螺纹连接的防松

连接用的三角形螺纹具有自锁性，在静载荷和工作温度变化不大时不会自动松脱。但是在冲击、振动和变载荷的作用下，预紧力可能在某一瞬间消失，连接仍有可能松动。高温环境的螺纹连接，由于温度变形差异等原因，也可能发生松脱现象，因此设计时必须考虑防松。

螺纹连接防松的根本问题在于防止螺旋副的相对转动，防松方法很多，常用的防松方法如表 6-2 所列。

表 6-2 常用的防松方法

利用附加摩擦力防松	弹簧垫圈材料为弹簧钢，装配后垫圈被压平，其反弹力使螺纹间保持压紧力和摩擦力	利用两螺母的对顶作用使螺栓始终受到附加的拉力和附加的摩擦力。结构简单，可用于低速、重载场合	螺母中嵌有尼龙圈，拧上后尼龙圈内孔被胀大，箍紧螺栓
采用专门防松元件防松	槽形螺母拧紧后，用开口销穿过螺栓尾部小孔和螺母的槽，也可用普通螺母拧紧后再配钻开口销孔	使垫片内翅嵌入螺栓（轴）的槽内，拧紧螺母后将垫片外翅之一折嵌于螺母的一个槽内	将垫片折边以固定螺母和被连接件的相对位置
其他方法防松	端铆、冲点、点焊和黏合法防松		

6.5 单个螺栓连接的强度计算

单个螺栓连接的强度计算是螺纹连接设计的基础。根据连接的工作情况，可将螺栓按受力形式分为受拉螺栓和受剪螺栓，两者失效形式各不相同。螺栓的主要失效形式有：螺栓杆拉断；受剪螺栓连接螺纹连接件中较弱零件表面的压溃和螺杆的剪断；经常拆装时因磨损而发生滑扣。

设计准则是针对具体的失效形式，通过对螺栓的相应部位进行相应强度条件的设计计算（或强度校核）而提出的。螺栓的其他部位及螺母、垫圈等的尺寸，一般可从手册中查出，不必进行强度计算。螺栓连接的计算主要是确定螺纹小径 d_1，然后按标准选定螺纹的公称直径（大径）d 及螺距 P 等。

本节关于螺栓连接的强度计算方法，对双头螺柱和螺钉连接也同样适用。

6.5.1 受拉螺栓连接

静载荷下这种连接的主要失效形式为螺纹部分的塑性变形和断裂。为了简化计算，取螺纹的小径为危险截面的直径，其强度计算方法按工作情况分述如下。

1. 松螺栓连接

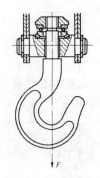

图 6-13 松螺栓连接

这种连接在承受工作载荷以前螺栓不拧紧，即不受力，如图 6-13 所示的起重吊钩尾部的松螺栓连接。

螺栓工作时受轴向力 F 作用，其强度条件为

$$\sigma = \frac{F}{A} = \frac{4F}{\pi d_1^2} \leq [\sigma] \tag{6-2}$$

式中　d_1——螺栓危险截面的直径（即螺纹的小径），mm；
　　　$[\sigma]$——松连接螺栓的许用拉应力，MPa，查表 6-5。

由式 (6-2) 可得设计公式为

$$d_1 \geq \sqrt{\frac{4F}{\pi [\sigma]}} \tag{6-3}$$

计算得出 d_1 值后再从有关设计手册中查得螺纹的公称直径 d。

2. 紧螺栓连接

（1）只受预紧力的紧螺栓连接

螺栓拧紧后，其螺纹部分不仅受因预紧力 F_0 的作用而产生的拉伸应力 σ，还受因螺纹摩擦力矩 T_1 的作用而产生的扭转剪应力 τ，使螺栓螺纹部分处于拉伸与扭转的复合应

力状态。

螺栓危险截面上的拉伸正应力为
$$\sigma = \frac{F_0}{\dfrac{\pi \cdot d_1^2}{4}}$$

螺栓危险截面上的扭转剪应力为
$$\tau = \frac{T_1}{\dfrac{\pi \cdot d_1^3}{16}} = \frac{F_0 \tan(\psi + \rho_v) \cdot \dfrac{d_2}{2}}{\dfrac{\pi \cdot d_1^3}{16}}$$

对于常用的（M10～M68）普通螺纹，取 d_1、d_2 和 ψ 的平均值，并取 $\tan \rho_v = f_v = 0.15$，得 $\tau \approx 0.5\sigma$。按照第四强度理论（最大变形理论）可求出当量应力 σ_e 为

$$\sigma_e = \sqrt{\sigma^2 + 3\tau^2} = \sqrt{\sigma^2 + 3(0.5\sigma)^2} \approx 1.3\sigma$$

故螺栓螺纹部分的抗拉强度条件为
$$\sigma_e = 1.3\sigma \leqslant [\sigma]$$

即
$$\frac{1.3 F_0}{\dfrac{\pi \cdot d_1^2}{4}} \leqslant [\sigma] \tag{6-4}$$

设计公式为
$$d_1 \geqslant \sqrt{\frac{4 \times 1.3 F_0}{\pi [\sigma]}} \tag{6-5}$$

式中　$[\sigma]$——紧螺栓的许用拉应力，MPa，见表 6-5。

由此可见，紧连接螺栓的强度也可按纯拉伸计算，但考虑螺纹摩擦力矩 T_1 的影响，需将拉力增大 30%。

（2）承受横向外载荷的紧螺栓连接

图 6-14 所示为一普通螺栓连接，被连接件承受垂直于螺栓轴线的横向载荷 F_R。由于处于拧紧状态，螺栓受预紧力 F_0 的作用，被连接件受到压力，在接合面之间就产生摩擦力 $F_0 \cdot f$（f 为接合面间的摩擦系数）。若满足不滑动条件

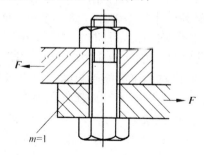

图 6-14　承受横向载荷的普通螺栓连接

$$F_0 f \geqslant F_R$$

则连接不发生滑动。若考虑连接的可靠性及接合面的数目，则上式可改成

$$F_0 f m = K_f F_R$$

$$F_0 = \frac{K_f F_R}{fm} \qquad (6\text{-}6)$$

式中 K_f —— 可靠性系数，取 $K_f = 1.1 \sim 1.3$；

F_R —— 横向外载荷，N；

f —— 接合面间的摩擦系数，对于钢和铸铁被连接件可取 $f = 0.1 \sim 0.15$；

m —— 接合面的数目。

由式（6-6）求出 F_0 值后，可按式（6-5）计算螺栓强度。

从式（6-6）来看，当 $f = 0.15$、$K_f = 1.2$、$m = 1$ 时，$F_0 \geqslant 8F_R$，即预紧力应为横向载荷的 8 倍，所以螺栓连接靠摩擦力来承担横向载荷时，其尺寸是较大的。为避免上述缺点，可用键、套筒或销承担横向载荷，而螺栓仅起连接作用，如图 6-15 所示。

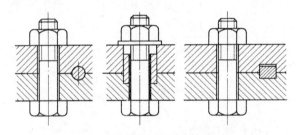

图 6-15　承受横向外载荷的减载装置

（3）承受轴向静载荷的紧螺栓连接

在图 6-16 所示的汽缸体中，设流体压强为 p，螺栓数为 n，则汽缸端盖螺栓组中每个螺栓平均承受的轴向工作载荷为

$$F = \frac{p \cdot \pi D^2}{4n}$$

图 6-17 所示为汽缸端盖螺栓组中一个螺栓连接的受力与变形情况。图 6-17（a）所示为螺栓未被拧紧，螺栓与被连接件均不受力时的情况。图 6-17（b）所示为螺栓被拧紧后，螺栓受预紧力 F_0，被连接件受预紧压力 F_0 的作用而产生压缩变形 δ_1 的情况。图 6-17（c）所示为螺栓受到轴向外载荷（由汽缸内压力而引起的）F 作用时的情况，螺栓被拉伸，变形增量为 δ_2，根据变形协调条件，δ_2 即等于被连接件压缩变形的减少量。此时被连接件受到的压缩力将减小为 F_0'，称为残余预紧力。显然，为了保证被连接件间密封可靠，应使 $F_0' > 0$，即 $\delta_1 > \delta_2$。此时螺栓受的轴向总拉力 F_Σ 应为其所受的工作载荷 F 与残余预紧力 F_0' 之和，即

$$F_\Sigma = F + F_0' \tag{6-7}$$

不同的应用场合,对残余预紧力有着不同的要求,一般可参考以下经验数据来确定:对于一般的连接,若工作载荷稳定,取 $F_0' = (0.2\sim 0.6)F$;若工作载荷不稳定,取 $F_0' = (0.6\sim 1.0)F$;对于汽缸、压力容器等有紧密性要求的螺栓连接,取 $F_0' = (1.5\sim 1.8)F$。

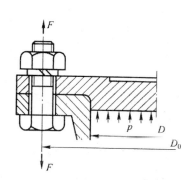

图 6-16 汽缸端盖螺栓

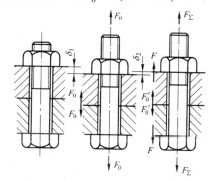

图 6-17 螺栓的受力与变形

当选定残余预紧力 F_0' 后,即可按式(6-7)求出螺栓所受的总拉力 F_Σ,同时考虑到可能需要补充拧紧及扭转剪应力的作用,将 F_Σ 增加 30%,则螺栓危险截面的拉伸强度条件为

$$\sigma = \frac{1.3F_\Sigma}{\dfrac{\pi \cdot d_1^2}{4}} \leq [\sigma] \tag{6-8}$$

设计公式为

$$d_1 \geq \sqrt{\frac{4\times 1.3F_\Sigma}{\pi[\sigma]}} \tag{6-9}$$

式中各符号的含义同前。

根据变形协调条件,可导出预紧力 F_0 和残余预紧力 F_0' 的关系为

$$F_0 = F_0' + (1-K_C)F$$

式中 K_C 称为相对刚性系数,其大小与螺栓及被连接件的材料、尺寸和结构有关,可参照表 6-3 选取。

表 6-3 螺栓的相对刚性系数

垫片类别	金属垫片或无垫片	皮革垫片	铜皮石棉垫片	橡胶垫片
K_C	0.2~0.3	0.7	0.8	0.9

6.5.2 受剪切螺栓连接

如图 6-18 所示,这种连接在装配时螺栓杆与孔壁之间采用过渡配合,无间隙,螺母不必拧得很紧。工作时螺栓连接承受横向外载荷 F_R,螺栓在连接接合面处受剪切作用,螺栓杆与被连接件孔壁相互挤压,因此,应分别按挤压及剪切强度进行计算。螺栓杆与孔壁之间的挤压强度条件为

$$\sigma_p = \frac{F_R}{d_s \cdot \delta} \leq [\sigma_p] \tag{6-10}$$

螺栓杆与孔壁之间的剪切强度条件为

$$\tau = \frac{F_R}{m \cdot \dfrac{\pi \cdot d_s}{4}} \leq [\tau] \tag{6-11}$$

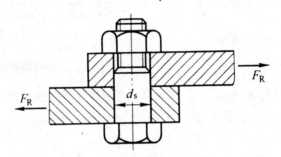

图 6-18 受剪切螺栓连接

式中 F_R ——横向外载荷,N;
 d_s ——螺栓杆直径,mm;
 m ——螺栓受剪面的数目;
 δ ——螺栓杆与孔壁接触面的最小长度,mm;
 $[\tau]$ ——螺栓材料的许用剪应力,MPa,见表 6-5;
 $[\sigma_p]$ ——螺栓与孔壁较弱材料的许用挤压应力,MPa,见表 6-5。

6.5.3 螺纹连接件的材料和许用应力

1. 螺纹连接件的材料

螺纹连接件的常用材料有 Q215、Q235、15、35 和 45 钢,重要和特殊用途的螺纹连接件可采用 15Cr、40Cr、30CrMnSi 等力学性能较高的合金钢。其性能见表 6-4。

表 6-4　螺纹连接件常用材料的力学性能　　　　　　　　　（单位：MPa）

钢号	Q215（A2）	Q235（A3）	35	45	40Cr
强度极限 σ_B	335~410	375~460	530	600	980
屈服极限 σ_S ($d≤16$~100 mm)	185~215	205~235	315	355	785

注：螺栓直径 d 小时，取偏高值。

2. 螺栓连接的许用应力

螺栓连接的许用应力[σ]和安全系数 S 见表 6-5 和表 6-6。

表 6-5　紧螺栓连接的许用应力

紧螺栓连接的受载情况		许用应力
受轴向载荷、横向载荷		$[\sigma] = \dfrac{\sigma_S}{S}$ 控制预紧力时 $S=1.2$~1.5；不能严格控制预紧力时 S 查表 6-6
铰制孔用螺栓受横向载荷	静载荷	$[\tau] = \dfrac{\sigma_S}{2.5}$ $[\sigma_p] = \dfrac{\sigma_S}{1.25}$ （被连接件为钢） $[\sigma_p] = \dfrac{\sigma_S}{2 \sim 2.5}$ （被连接件为铸铁）
	动载荷	$[\tau] = \dfrac{\sigma_S}{3 \sim 3.5}$ $[\sigma_p]$——按静载荷的$[\sigma_p]$值降低 20%~30%

表 6-6　紧螺栓连接的安全系数 S（不能严格控制预紧力时）

材料	静载荷		变载荷	
	M6~M16	M16~M30	M6~M16	M16~M30
碳素钢	4~3	3~2	10~6.5	6.5
合金钢	5~4	4~2.5	7.6~5	5

例 6-1　如图 6-16 所示的汽缸与汽缸端盖的螺栓连接，已知汽缸内径 $D = 200$ mm，汽缸内气体的工作压力 $p = 1.2$ MPa，缸盖与缸体之间采用橡胶垫圈密封。若螺栓数目 $n = 10$，螺栓分布圆周直径 $D_0 = 260$ mm，试确定螺栓直径。

解：1. 确定每个螺栓所受的轴向工作载荷 F

$$F = \dfrac{p \cdot \pi D^2}{4n} = \dfrac{1.2 \times \pi \times 200^2}{4 \times 10} \text{N} = 3\,770 \text{ N}$$

2. 计算每个螺栓的总拉力 F_Σ

根据汽缸盖螺栓连接的紧密性要求,残余预紧力 $F_0'=1.8F$,则由式(6-7)计算螺栓的总拉力

$$F_\Sigma = F + F_0' = F + 1.8F = 2.8F = 2.8 \times 3\,770\,\text{N} = 10556\,\text{N}$$

3. 确定螺栓的公称直径 d

(1)螺栓材料选用 35 号钢,由表 6-4 查得 $\sigma_S = 315$ MPa,若装配时不控制预紧力,则螺栓的许用应力与螺栓的直径有关,故采用试算法。试选螺栓直径 $d = 16$mm,由表 6-6 查得安全系数 $S=3$,则许用应力

$$[\sigma] = \frac{\sigma_S}{S} = \frac{315}{3}\,\text{MPa} = 105\,\text{MPa}$$

(2)由式(6-9)计算螺栓的小径 d_1

$$d_1 \geq \sqrt{\frac{4 \times 1.3 F_\Sigma}{\pi[\sigma]}} = \sqrt{\frac{4 \times 1.3 \times 10556}{\pi \times 105}} = 12.90(\text{mm})$$

根据 d_1 的计算值,查手册得螺杆的大径取标准值 $d = 16$ mm 与试选值相符,故适用。其标记方法为:M16×L GB 5782—86。

6.6 滑动螺旋传动和滚动螺旋传动简介

6.6.1 滑动螺旋传动

滑动螺旋传动主要用来把回转运动变为直线运动,同时传递运动和动力。按其使用要求的不同可分为 3 类。

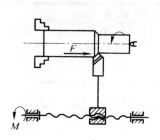

图 6-19 传动螺旋

(1)传力螺旋。以传递动力为主,要求以较小的转矩产生较大的轴向力。这种螺旋传动一般为间歇性工作,工作速度不高,且要求具有自锁性,广泛应用于各种起重或加压装置中,如螺旋千斤顶。

(2)传动螺旋。以传递运动为主,要求具有较高的传动精度,有时也承受较大的轴向力。一般需在较长时间内连续工作,且工作速度较高,常用作机床刀架或工作台的进给机构(见图 6-19)。

(3)调整螺旋。用于调整并固定零件或部件之间的相对位置。调整螺旋不经常转动,一般在空载下进行调整,如机床、仪器和测量装置中微调机构的螺旋。

滑动螺旋螺杆和螺母的材料除要求有足够的强度和耐磨性外,还要求两者配合时摩擦系数小。一般螺杆可选用 Q275、45、50 钢等;重要的可选用 40Cr、65Mn 钢等,并进行热处理。常用的螺母材料有铸造锡青铜 ZCuSn10P1 和 ZCuSn5Pb5Zn5,重载低速时可选用强度高的铸造铝青铜 ZCuAl10Fe3;在低速轻载、特别是不经常运转时,也可选用耐磨铸铁。

滑动螺旋传动的失效形式主要是螺纹磨损,因此通常先由耐磨性条件算出螺杆的直径和螺母高度,并参照标准确定各主要参数,而后对可能发生的其他失效逐一进行校核。

6.6.2 滚动螺旋传动

在螺杆和螺母之间设有封闭滚道,滚道间充以钢珠,这样就使螺旋面的摩擦成为滚动摩擦,这种螺旋传动称为滚动螺旋或滚珠丝杠。

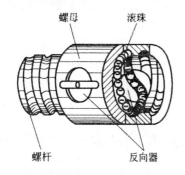

图 6-20 内循环式

滚动螺旋按滚道回路形式的不同,分为内循环(见图 6-20)和外循环(见图 6-21)两种。钢珠在回路过程中离开螺旋表面的称为外循环,钢珠在整个循环过程中始终不脱离螺旋表面的称为内循环。内循环螺母上开有侧孔,孔内镶有反向器将相邻两螺纹滚道连通起来,钢珠越过螺纹顶部进入相邻滚道,形成一个循环回路。因此一个循环回路里只有一圈钢珠和一个反向器。一个螺母常设置 2~4 个回路。外循环螺母只需前后各设一个反向器即可,但为了缩短回路滚道的长度也可在一个螺母中分为两或三个回路。

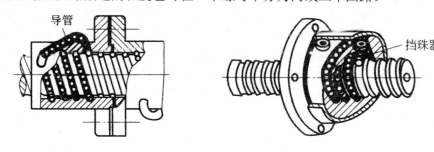

图 6-21 外循环式

6.6.3 滚动螺旋传动的特点

（1）主要优点：
① 摩擦损失小，效率在 90%以上。
② 磨损很小，还可以用调整方法消除间隙并产生一定的预变形来增加刚度，因此传动精度高。
③ 不具有自锁性，可以变直线运动为旋转运动，其效率也可以达到 80%以上。

（2）主要缺点：
① 结构复杂，制造困难。
② 有些机构中为防止逆转需另加自锁机构。
③ 承载能力较滑动螺旋小。

滚动螺旋早已在汽车和拖拉机的转向机构中得到普遍应用；目前广泛应用在要求高效率、高精度的传动场合，如飞机机翼和起落架的控制、水闸的升降和数控机床等。

复习题

6-1 采用双螺母防松时，两个螺母的厚度是否一样？为什么？若不一样，则应该哪一个厚？

6-2 在紧密压力容器的紧螺栓连接中，为使螺母拧紧时更贴紧于被连接件，是否可将金属垫片更换成橡胶垫片？为什么？

6-3 根据牙型不同，螺纹可分为哪几种？各有何特点？如何应用？

6-4 被连接件受横向载荷时，螺栓是否一定受到剪切力？

6-5 铰制孔用螺栓连接有何特点？用于承受何种载荷？

6-6 起重滑轮松螺栓连接如图 6-22 所示，已知作用在螺栓上的工作载荷 $F= 50$ kN，螺栓材料为 Q235，试确定螺栓的直径。

6-7 如图 6-23 所示，一钢制液压油缸，油压 $p = 3$ MPa，油缸内径 $D = 160$ mm，为保证气密性要求螺栓间距不得大于 $4.5d$（d 为螺栓大径），试计算此油缸的螺栓连接和螺栓分布圆直径 D_0。

6-8 图 6-24 所示，的凸缘联轴器，允许传递的最大转矩 T 为 1 500 N·m（静载荷），材料为 HT250，联轴器用 4 个 M16 铰制孔用螺栓连成一体，螺栓材料为 35 钢，试选取合适的螺栓长度，并校核其剪切和挤压强度（联轴器凸缘宽度为 23 mm，螺栓轴线到联轴器轴线的距离为 75 mm）。

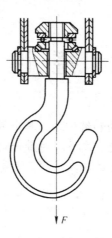

图 6-22 题 6-6 用图

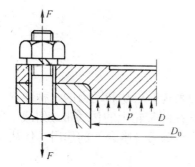

图 6-23 题 6-7 用图

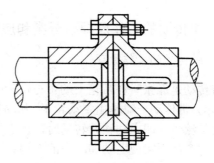

图 6-24 题 6-8 用图

第7章 挠性传动

学习目标 挠性传动包括带传动和链传动。其中带传动是一种常用的机械传动形式,它的主要作用是传递转矩和改变转速。本章将对带传动、链传动的工作情况进行分析,并给出带传动的设计准则和计算的经验方法及步骤,使学生掌握V带传动的特点和设计计算方法,了解链传动的结构特点。

7.1 带传动

7.1.1 带传动的工作原理、分类和应用

1. 带传动的工作原理

带传动是靠张紧在带轮上的带与带轮间的摩擦力来传递运动和动力的一种装置。如图7-1所示,带传动一般是由主动轮1、从动轮3和张紧在两带轮上的传动带2组成。当原动机驱动带轮1(即主动轮)转动时,由于带与带轮间摩擦力(啮合)的作用,使从动轮3一起转动,从而实现运动和动力的传递。

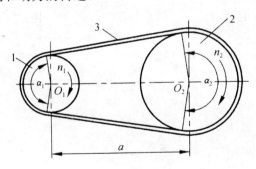

图7-1 带传动
1—主动轮;2—传动带;3—从动轮;4—机架

2. 带传动的类型

(1)按传动原理分类

摩擦带传动：靠传动带与带轮间的摩擦力实现传动，如 V 带传动、平带传动等。

啮合带传动：靠带内侧凸齿与带轮外缘上的齿槽相啮合实现传动，如同步带传动。

（2）按用途分类

传动带：传递动力用。

输送带：输送物品用。

（3）按传动带的截面形状分类

平带：平带的截面形状为矩形，内表面为工作面，如图 7-2（a）所示。常用的平带有胶带、编织带和强力锦纶带等。

V 带：V 带的截面形状为梯形，两侧面为工作面，如图 7-2（b）所示。传动时 V 带与轮槽两侧面接触，在相同的压紧力的作用下，V 带的摩擦力比平带大，传递功率也较大，且结构紧凑。

在同样压紧力 F_Q 的作用下，根据力的平衡条件，V 带侧面与带轮槽面间的法向压力为

$$2F_N = \frac{F_Q}{\sin\frac{\varphi}{2}}$$

式中 φ——带轮的槽角。

当 $\varphi = 40°$ 时，$\sin\frac{\varphi}{2} \approx 0.342$，则 V 带依靠其工作面的摩擦力所能传递的圆周力 F（与图面垂直）为

$$F = 2F_N \cdot f = F_Q \frac{f}{\sin\frac{\varphi}{2}} \approx 3F_Q \cdot f$$

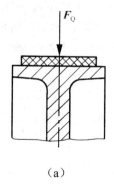 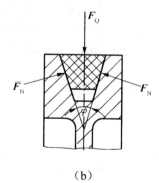

（a）　　　　　　　　　　　（b）

图 7-2　平带和 V 带比较

即在同样的 F_Q 力与摩擦系数的条件下，V 带传递的动力是平带的 3 倍。这就是 V 带传动

获得广泛应用的主要原因之一。

圆形带：横截面为圆形，如图 7-3 所示。只用于小功率传动。

多楔带：它是在平带基体上由多根 V 带组成的传动带，如图 7-4 所示。多楔带结构紧凑，可传递较大的功率。

同步齿形带：纵截面为齿形，如图 7-5 所示。

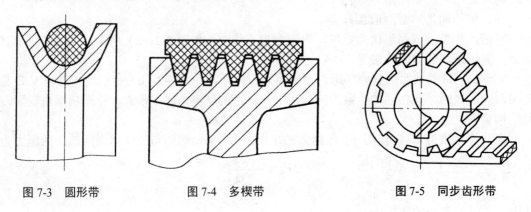

图 7-3　圆形带　　　　　图 7-4　多楔带　　　　　图 7-5　同步齿形带

3. 带传动的特点和应用

带传动属于挠性传动，其传动的优点是：适于中心距较大的传动；具有良好的挠性，可缓和冲击、吸收振动；过载时带会在带轮上打滑而起到保护其他传动件免受损坏的作用；结构简单，制造、安装和维护较方便，成本低廉。

传动的缺点是：传动的外廓尺寸较大；需要张紧装置；由于带的滑动，不能保证恒定的传动比；带的寿命一般较短，不宜在易燃易爆场合下工作；传动效率较低。

一般情况下，摩擦带传动的功率 $P \leqslant 100$ kW，带速 $v=5\sim25$ m/s，平均传动比 $i \leqslant 5$，效率为 94%～97%。高速带传动的带速可达 60～100 m/s，传动比 $i \leqslant 7$。同步齿形带的带速为 40～50m/s，传动比 $i \leqslant 10$，传递功率可达 200 kW，效率高达 98%～99%。

7.1.2　V 带和 V 带轮的结构

V 带有普通 V 带、窄 V 带、宽 V 带、汽车 V 带、大楔角 V 带等。其中以普通 V 带和窄 V 带应用较广，本章主要讨论普通 V 带传动。

1. 普通 V 带的结构和尺寸标准

标准 V 带都制成无接头的环形带，其横截面结构如图 7-6 所示。V 带由包布层、伸张层、强力层、压缩层组成。强力层的结构形式有帘布芯结构和绳芯结构两种。

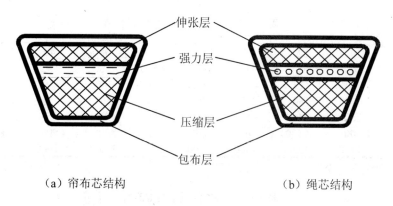

(a) 帘布芯结构　　　　　　　　(b) 绳芯结构

图 7-6　V 带的构造

帘布芯结构抗拉强度高，但柔韧性及抗弯曲强度不如绳芯结构好。绳芯结构 V 带适用于转速高、带轮直径较小的场合。

V 带和 V 带轮有两种尺寸制，即基准宽度制和有效宽度制，本书采用基准宽度制。

普通 V 带的尺寸已标准化，按截面尺寸由小至大的顺序分为 Y、Z、A、B、C、D、E 7 种型号（见表 7-1）。在同样条件下，截面尺寸大则传递的功率大。

表 7-1　V 带的截面尺寸

带型		节宽 b_p/mm	基本尺寸			带的质量 q/kg/m
普通 V 带	窄 V 带		顶宽 b/mm	带高 h/mm	楔角 θ/(°)	
Y		5.3	6	4		0.04
Z	SPZ	9.5	10	6 9		0.06 0.07
A	SPA	11.0	13	9 10	40	0.10 0.12
B	SPB	14.0	17	11 14		0.17 0.20
C	SPC	19.0	22	14 18		0.30 0.37
D		27.0	32	19		0.60
E			38	25		0.87

V 带绕在带轮上产生弯曲，外层受拉伸变长，内层受压缩变短，两层之间存在一长度不变的中性层。中性层面称为节面，节面的宽度称为节宽 b_p（见表 7-1 插图）。普通 V 带的截面高度 h 与其节宽 b_p 的比值已标准化（为 0.7）。带轮上和 V 带节宽 b_p 相对应的带轮直径称为基准直径，用 d_d 表示，基准直径系列见表 7-2；各种型号 V 带轮的最小基准直径见表 7-3。V 带在规定的张紧力下，位于带轮基准直径上的周线长度称为基准长度 L_d，它用于带传动的几何计算。V 带的基准长度 L_d 已标准化，如表 7-4 所列。

表 7-2 V 带轮的基准直径系列

基准直径 d_d							
20	22.4	25	28	31.5	35.5	40	45
50	63	71	80	(85)	90	(95)	100
(106)	112	(118)	125	(132)	140	150	160
(170)	180	200	(212)	224	236	250	(265)
280	315	355	(375)	400	425	450	(475)
500	(530)	560	630	710	800	900	1000
1120	1250	1400	1500	1600	1800	2000	(2500)

注：括号内数值尽量少用。

表 7-3 V 带轮的最小基准直径

型号	Y	Z	A	B	C	D	E	SPZ	SPA	SPB	SPC
d_d	20	50	75	125	200	355	500	63	90	140	224

表 7-4 V 带轮的基准长度系列及长度修正系数

基准长度 L_d/mm	长度修正系数 K_L										
	普通 V 带							窄 V 带			
	Y	Z	A	B	C	D	E	SPZ	SPA	SPB	SPC
200	0.81										
224	0.82										
250	0.84										
280	0.87										
315	0.89										
355	0.92										
400	0.96	0.87									
450	1.00	0.89									
500	1.02	0.91									
560		0.94									
630		0.96	0.81					0.82			
710		0.99	0.82					0.84			
800		1.00	0.85	0.81				0.86	0.81		
900		1.03	0.87	0.84				0.88	0.83		
1000		1.06	0.89					0.90	0.85		
1120		1.08	0.91	0.86				0.93	0.87		
1250		1.11	0.93	0.88				0.94	0.89	0.82	
1400		1.14	0.96	0.90	0.83			0.96	0.91	0.84	
1600		1.16	0.99	0.92	0.86			1.00	0.93	0.86	
1800		1.18	1.01	0.95				1.01	0.95	0.88	

(续表)

基准长度 L_d/mm	长度修正系数 K_L							
	普通V带				窄V带			
2000	1.03	0.98	0.88		1.02	0.96	0.90	0.81
2240	1.06	1.00	0.91		1.05	0.98	0.92	0.83
2500	1.09	1.03	0.93	0.83	1.07	1.00	0.94	0.86
2800	1.11	1.05	0.95	0.86	1.09	1.02	0.96	0.88
3150	1.13	1.07	0.97		1.11	1.04	0.98	0.90
3550	1.17	1.09	0.99	0.89		1.06	1.00	0.92
4000	1.19	1.13	1.02	0.91	1.13	1.08	1.02	0.94
4500		1.15	1.04	0.93		1.09	1.04	0.96
5000		1.18	1.07	0.96			1.06	0.98
5600			1.09	0.98	0.95		1.08	1.00
6300			1.12	1.00	0.97		1.10	1.02
7100			1.15	1.03	1.00		1.12	1.04
8000			1.18	1.06	1.02		1.14	1.06
9000			1.21	1.08	1.05			1.08
10000			1.23	1.11	1.07			1.10
11200				1.14	1.10			1.12
12500				1.17	1.12			1.14
14000				1.20	1.15			
16000				1.22	1.18			

窄V带的截面高度 h 与其节宽 b_P 之比为 0.9。窄V带的强力层采用高强度绳芯。按国家标准，窄V带的截面尺寸分为 SPZ、SPA、SPB、SPC4 种型号（见表 7-1）。窄V带具有普通V带的特点，并且能承受较大的张紧力。当窄V带带高与普通V带相同时，其带宽较普通V带约小 1/3，而承载能力可提高 1.5～2.5 倍，因此适用于传递大功率且传动装置结构要求紧凑的场合。

2. 普通V带轮的结构

（1）带轮的设计要求和带轮材料

带轮应有足够的强度和刚度，便于制造重量轻、质量分布均匀、结构工艺性好、无过大的铸造内应力的传动装置；带轮工作表面应光滑，以减小带的磨损。$v > 5$ m/s 时要进行静平衡，$v > 25$ m/s 时要进行动平衡。

带轮材料常采用铸铁、钢、铝合金或工程塑料等，灰铸铁应用最广。当带速 $v \leq 25$ m/s 时采用 HT 150；当带速 $v = 25～30$ m/s 时采用 HT 200；当带速 $v \geq 25～45$ m/s 时采用球墨铸铁或铸钢，也可采用锻钢或钢板冲压后焊接带轮。

（2）带轮的结构

带轮由轮缘、腹板（轮辐）和轮毂 3 部分组成。带轮轮槽尺寸见表 7-5。

表 7-5　基准宽度制 V 带轮的轮槽尺寸

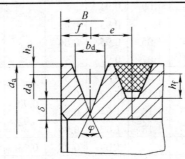

项目		符号	带型						
			Y	Z SPZ	A SPA	B SPB	C SPC	D	E
基准宽度		b_d	5.3	8.5	11.0	14.0	19.0	27.0	32.0
基准线上槽深		h_{amax}	1.6	2.0	2.75	3.5	4.8	8.1	9.6
基准线下槽深		h_{fmin}	4.7	7.0 9.0	8.7 11.0	10.8 14.0	14.3 19.0	19.9	23.4
槽间距		e	8±0.3	12±0.3	15±0.3	19±0.4	25.5±0.5	37±0.6	44.5±0.7
槽边距		f_{min}	6	7	9	11.5	16	23	28
最小轮缘厚		δ_{min}	5	5.5	6	7.5	10	12	15
圆角半径		r_1	0.2～0.5						
带轮宽		B	$B=(z-1)e+2f$　　z 为轮槽数						
外径		d_a	$da=d_d+2h_a$						
轮槽角 φ	32°	相应的 基准直径 d_d	≤60	—	—	—	—	—	—
	34°		—	≤80	≤118	≤190	≤315	—	—
	36°		>60	—	—	—	—	≤475	≤600
	38°		—	>80	>118	>190	>315	>475	>600
极限偏差			±30′						

注：槽间距 e 的极限偏差适用于任何两个轮槽对称中心面的距离，不论相邻还是不相邻。

带轮按腹板（轮辐）结构的不同可分为以下几种形式：实心带轮（S 型），如图 7-7（a）所示；腹板带轮（P 型），如图 7-7（b）所示；孔板带轮（H 型），如图 7-7（c）所示；椭圆轮辐带轮（E 型），如图 7-7（d）所示。带轮的结构尺寸见表 7-6。

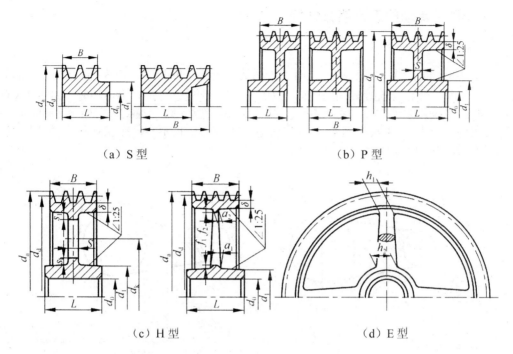

(a) S 型　　　　　　　　(b) P 型

(c) H 型　　　　　　　　(d) E 型

图 7-7　带轮结构

表 7-6　普通 V 带轮的结构尺寸　　　　　　　　　　（单位：mm）

结构尺寸	计 算 公 式						
d_1	$d_1 = (1.8 \sim 2) d_0$，d_0 为轴的直径						
d_2	$d_2 = d_d - 2(h_f + \delta)$						
d_k	$d_k = 0.5(d_1 + d_2)$						
d_0	$d_0 = (0.2 \sim 0.3)(d_2 - d_1)$						
L	$L = (1.5 \sim 2) d_0$，当 $B < 1.5 d_0$ 时，$L = B$						
S	型号	Y	Z	A	B	C	D	E
	S_{min}	6	8	10	14	18	22	28
h_1	$h_1 = (F \cdot d_d / 0.8 z_e)^{1/3}$ f——有效拉力，N d_d——带轮基准直径，mm z_e——轮辐数						
h_2	$0.8 h_1$						
a_1	$0.8 h_1$						
a_2	$0.4 h_1$						
f_1	$0.2 h_1$						
f_2	$0.2 h_2$						

7.1.3 摩擦带传动的工作能力分析

1. 带传动中的受力分析

如图 7-8（a）所示，带传动静止时，带两边承受相等的拉力，称为初拉力 F_0，当带传动工作时，由于带与带轮接触面间的摩擦力的作用，带两边的拉力不再相等，如图 7-8（b）所示。此时，绕入主动轮的一边被拉紧，拉力由 F_0 增大到 F_1，称为紧边；绕入从动轮的一边被放松，拉力由 F_0 减小到 F_2，称为松边。如带的总长不变，则紧边拉力的增量 F_1-F_0 应等于松边拉力的减少量 F_0-F_2，即

$$F_0 = \frac{1}{2}(F_1 + F_2) \tag{7-1}$$

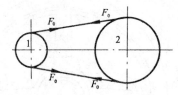
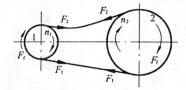

图 7-8 带传动的工作原理

1—主动轮；2—从动轮

带两边的拉力之差称为带传动的有效拉力，也就是带所传递的圆周力 F，即

$$F = F_1 - F_2 \tag{7-2}$$

圆周力 F（N）、带速 v（m/s）和传递功率 P（kW）之间的关系为

$$P = \frac{Fv}{1\,000} \tag{7-3}$$

若带所需传递的圆周力超过带与轮面间的极限摩擦力总和时，带与带轮将发生显著的相对滑动，这种现象称为打滑。经常出现打滑将使带的磨损加剧、传动效率降低、动轮速度急剧下降致使传动失效，因此应尽量避免带的打滑现象出现。

当带与带轮表面即将打滑，带与带轮间的摩擦力达到最大值，即有效圆周力达到最大值。此时，若忽略离心力的影响，紧边拉力 F_1 和松边拉力 F_2 的关系可用欧拉公式表示，即

$$\frac{F_1}{F_2} = e^{f\alpha} \tag{7-4}$$

式中 F_1、F_2——分别为紧边拉力和松边拉力，N；

e——自然对数的底，$e \approx 2.718$；

f——带与带轮间的摩擦系数；

α——包角，即带与小带轮接触弧所对的中心角，rad。

由式（7-1）、式（7-2）和式（7-4）可得

$$F = F\left(1 - \frac{1}{e^{f\alpha}}\right) = F_1\left(1 - \frac{1}{e^{f\alpha_1}}\right) \tag{7-5}$$

公式（7-5）表明，增大包角和增大摩擦系数，都可提高带传动所能传递的圆周力。因小带轮包角 α_1 小于大带轮包角 α_2，故计算带传动所能传递的圆周力时，式（7-5）中应取 α_1。

2. 带传动的应力分析

传动时，带中应力由以下 3 部分组成。

（1）紧边和松边拉力产生的拉应力

紧边拉应力 $\quad\quad\quad \sigma_1 = \dfrac{F_1}{A}$

松边拉应力 $\quad\quad\quad \sigma_2 = \dfrac{F_2}{A}$

式中　A——带的横截面的面积，mm^2。

（2）离心力产生的离心拉应力 σ_c

工作时，绕在带轮上的传动带随带轮做圆周运动，产生离心拉力 F_c，即

$$F_c = qv^2$$

式中　q——带单位长度内的质量，kg/m，各种型号 V 带的 q 值见表 7-7；

　　　v——传动带的速度，m/s；

　　　F_c——作用于全带上，产生的离心拉应力为

$$\sigma_o = \frac{F_c}{A} = \frac{qv^2}{A}$$

表 7-7　基准宽度制 V 带每米长的质量和带轮最小基准直径

带型	Y	Z	A	B	C	D	E	SPZ	SPA	SPB	SPC
q/kg/m	0.02	0.06	0.10	0.17	0.30	0.62	0.90	0.07	0.12	0.20	0.37
d_{dmin}/mm	20	50	75	125	200	355	500	63	90	140	224

（3）弯曲应力 σ_b

传动带绕过带轮时发生弯曲，从而产生弯曲应力。由材料力学知带的弯曲应力为

$$\sigma_b \approx E \frac{h}{d}$$

式中　E——带的弹性模量，MPa；

　　　h——带的高度，mm；

　　　d——带轮直径；mm；对于 V 带轮，则为其基准直径。

弯曲应力 σ_b 只发生在带上包角所对的圆弧部分。h 越大、d 越小，则带的弯曲应力越

大,故一般 $\sigma_{b1} > \sigma_{b2}$ (σ_{b1} 为带在小带轮上部分的弯曲应力,σ_{b2} 为带在大带轮上部分的弯曲应力)。因此为避免弯曲应力过大,小带轮的直径不能过小。

带在工作时的应力分布情况如图 7-9 所示。由此可知,带是在变应力情况下工作的,故易产生疲劳破坏。当带在紧边进入小带轮时应力达到最大值,其值为

$$\sigma_{max} = \sigma_1 + \sigma_c + \sigma_{b1}$$

为保证带具有足够的疲劳寿命,应满足

$$\sigma_{max} = \sigma_1 + \sigma_c + \sigma_{b1} \leq [\sigma] \tag{7-6}$$

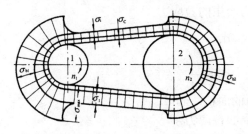

图 7-9 带的应力分布

式中 $[\sigma]$——带的许用应力。

$[\sigma]$ 是在 $\alpha_1 = \alpha_2 = 180°$、规定的带长和应力循环次数、载荷平稳等条件下通过试验确定的。

3. 带传动的弹性滑动和传动比

传动带是弹性体,受到拉力后会产生弹性伸长,伸长量随拉力大小的变化而改变。带由紧边绕过主动轮进入松边时,带的拉力由 F_1 减小为 F_2,其弹性伸长量也由 λ_1 减小为 λ_2。这说明带在绕经带轮的过程中,相对于带轮面向后收缩了 $\Delta\lambda(\Delta\lambda = \lambda_1 - \lambda_2)$,带与带轮面间出现了局部相对滑动,导致带的速度逐渐小于主动轮的圆周速度,如图 7-10 所示。而当带由松边绕过从动轮进入紧边时,拉力增加,带逐渐被拉长,沿轮面产生向前的弹性滑动,使带的速度逐渐大于从动轮的圆周速度。这种由于带的弹性变形而产生的带与带轮间的滑动称弹性滑动。

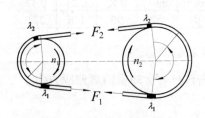

图 7-10 带传动的弹性滑动

弹性滑动和打滑是两个截然不同的概念。打滑是由过载引起的全面滑动,应当避免。而弹性滑动是由拉力差引起的,只要传递圆周力,出现紧边和松边,就一定会发生弹性滑动,所以弹性滑动是不可避免的。

带的弹性滑动使从动轮的圆周速度 v_2 低于主动轮圆周速度 v_1,其速度的降低率用滑动率 ε 表示,即

$$\varepsilon = \frac{v_1 - v_2}{v_1} = \frac{\pi d_1 n_1 - \pi d_2 n_2}{\pi d_1 n_1}$$

式中 n_1，n_2——分别为主、从动轮的转速，r/min；
　　　d_1，d_2——分别为主、从动轮的直径，mm；
对于 V 带传动则为带轮的基准直径。

由此得带传动的传动比为

$$i = \frac{n_1}{n_2} = \frac{d_2}{d_1}(1-\varepsilon) \tag{7-7}$$

从动轮的转速为

$$n_2 = \frac{n_1 d_1 (1-\varepsilon)}{d_2} \tag{7-8}$$

因带传动的滑动率 $\varepsilon = 0.01 \sim 0.02$，其值甚微，在一般计算中可不予考虑。

7.1.4　V 带传动的设计

1. 单根 V 带传递的功率

带在带轮上打滑或发生疲劳损坏（脱层、撕裂或拉断）时，就不能传递动力。因此带传动的设计依据是保证带不打滑及具有一定的疲劳寿命。

由式（7-5）和式（7-6），在载荷平稳、包角 $\alpha = 180°$（即 $i=1$）、带长 L_d 为特定长度、抗拉体为化学纤维绳芯结构的条件下，求得的常用单根普通 V 带的基本额定功率 P_0，见表 7-8 至表 7-11。

表 7-8　Z 型单根 V 带的基本额定功率 P_0　　　　　　　　（单位：kW）

小带轮转速 n_1/r·min⁻¹	小带轮的基准直径 d_{d1}/mm						带速 v/m·s⁻¹
	50	56	63[①]	71[①]	80[①]	90	
400	0.06	0.06	0.08	0.09	0.14	0.14	
730[②]	0.09	0.11	0.13	0.17	0.20	0.22	
800	0.10	0.12	0.15	0.20	0.22	0.24	
980[②]	0.12	0.14	0.18	0.23	0.26	0.28	5
1200	0.14	0.17	0.22	0.27	0.30	0.33	
1460[②]	0.16	0.19	0.25	0.31	0.36	0.37	
1600	0.17	0.20	0.27	0.33	0.39	0.40	
2000	0.20	0.25	0.32	0.39	0.44	0.48	10
2400	0.22	0.30	0.37	0.46	0.50	0.54	
2800[②]	0.26	0.33	0.41	0.50	0.56	0.60	15
3200	0.28	0.35	0.45	0.54	0.61	0.64	

（续表）

小带轮转速 n_1/r·min^{-1}	小带轮的基准直径 d_{d1}/mm						带速 v/m·s^{-1}
	50	56	63[1]	71[1]	80[1]	90	
3600	0.30	0.37	0.47	0.58	0.64	0.68	
4000	0.32	0.39	0.49	0.61	0.67	0.72	20
4500	0.33	0.40	0.50	0.62	0.67	0.73	
5000	0.34	0.41	0.50	0.62	0.66	0.73	25
5500	0.33	0.41	0.49	0.61	0.64	0.65	
6000	0.31	0.40	0.48	0.56	0.61	0.56	

①为优先采用的基准直径。
②为常用转速。

表 7-9　A 型单根 V 带的基本额定功率 P_0　　（单位：kW）

小带轮转速 n_1/r·min^{-1}	小带轮的基准直径 d_{d1}/mm								带速 v/m·s^{-1}
	75	80	90[1]	100[1]	112[1]	125[1]	140	160	
200	0.16	0.18	0.22	0.26	0.31	0.37	0.43	0.51	
400	0.27	0.31	0.39	0.47	0.56	0.67	0.78	0.94	5
730[2]	0.42	0.49	0.63	0.77	0.93	1.11	1.31	1.56	
800	0.45	0.52	0.68	0.83	1.00	1.19	1.41	1.69	
980[2]	0.52	0.61	0.79	0.97	1.18	1.40	1.66	2.00	10
1200	0.60	0.71	0.93	1.14	1.39	1.66	1.96	2.36	
1460[2]	0.68	0.81	1.07	1.32	1.62	1.93	2.29	2.74	
1600	0.73	0.87	1.15	1.42	1.74	2.07	2.45	2.94	15
2000	0.84	1.01	1.34	1.66	2.04	2.44	2.87	3.42	20
2400	0.92	1.12	1.50	1.87	2.30	2.74	3.22	3.80	
2800[2]	1.00	1.22	1.64	2.05	2.51	2.98	3.48	4.06	25
3200	1.04	1.29	1.75	2.19	2.68	3.16	3.65	4.19	30
3600	1.08	1.34	1.83	2.28	2.78	3.26	3.72		
4000	1.09	1.37	1.87	2.34	2.83	3.28	3.67		
4500	1.07	1.36	1.88	2.33	2.79	3.17			
5000	1.02	1.31	1.82	2.25	2.64				
5500	0.96	1.21	1.70	2.07					
6000	0.80	1.06	1.50	1.80					

①为优先采用的基准直径。
②为常用转速。

表 7-10　B 型单根 V 带的基本额定功率 P_0　　　　　　　　（单位：kW）

小带轮转速 n_1/r·min^{-1}	小带轮的基准直径 d_{d1}/mm								带速 v/m·s^{-1}
	125	140[①]	160[①]	180[①]	200	224	250	280	
200	0.48	0.59	0.74	0.88	1.02	1.19	1.37	1.58	5
400	0.84	1.05	1.32	1.59	1.85	2.17	2.50	2.89	10
730[②]	1.34	1.69	2.16	2.61	3.06	3.59	4.14	4.77	
800	1.44	1.82	2.32	2.81	3.30	3.86	4.46	5.13	
980[②]	1.67	2.13	2.72	3.30	3.86	4.50	5.22	5.93	15
1200	1.93	2.47	3.17	3.85	4.50	5.26	6.04	6.90	20
1460[②]	2.20	2.83	3.64	4.41	5.15	5.99	6.85	7.78	
1600	2.33	3.00	3.86	4.68	5.46	6.33	7.20	8.13	25
1800	2.50	3.23	4.15	5.02	5.83	6.73	7.63	8.46	
2000	2.64	3.42	4.40	5.30	6.13	7.02	7.87	8.60	30
2200	2.76	3.58	4.60	5.52	6.35	7.19	7.97		
2400	2.85	3.70	4.75	5.67	6.47	7.25			
2800[②]	2.96	3.85	4.80	5.76	6.43				
3200	2.94	3.83	4.80						
3600	2.80	3.63							
4000	2.51	3.24							
4500	1.93								

①为优先采用的基准直径。
②为常用转速。

表 7-11　C 型单根 V 带的基本额定功率 P_0　　　　　　　　（单位：kW）

小带轮转速 n_1/r·min^{-1}	小带轮的基准直径 d_{d1}/mm								带速 v/m·s^{-1}
	200[①]	224[①]	250[①]	280[①]	315[①]	355	400[①]	450	
200	1.39	1.70	2.03	2.42	2.86	3.36	3.91	4051	5
300	1.92	2.37	2.85	3.40	4.04	4.75	5.54	6.40	
400	2.41	2.99	3.62	4.32	5.14	6.05	7.06	8.20	10
500	2.87	3.58	4.33	5.19	6.17	7.27	8.52	9.81	
600	3.30	4.12	5.00	6.00	7.14	8.45	9.82	11.29	15
730[②]	3.80	4.78	5.82	6.99	8.34	9.79	11.52	12.98	
800	4.07	5.12	6.23	7.52	8.92	10.46	12.10	13.80	20
980[②]	4.66	5.89	7.18	8.65	10.23	11.92	13.67	15.39	25 30
1200	5.29	6.71	8.21	9.81	11.53	13.31	15.04	16.59	

（续表）

小带轮转速 n_1/r·min^{-1}	小带轮的基准直径 d_{d1}/mm								带速 v/m·s^{-1}
	200[①]	224[①]	250[①]	280[①]	315[①]	355	400[①]	450	
1460[②]	5.86	7.47	9.06	10.74	12.48	14.12			
1600	6.07	7.75	9.38	11.06	12.72	14.19			
1800	6.28	8.00	9.63	11.22	12.67				
2000	6.34	8.06	9.62	11.04					
2200	6.26	7.92	9.34						
2400	6.02	7.57							
2600	5.61								
2800[②]	5.01								

①为优先采用的基准直径。
②为常用转速。

当实际工作条件与确定 P_0 值的特定条件不同时，应对查得的单根 V 带的基本额定功率 P_0 加以修正。修正后即得实际工作条件下单根 V 带所能传递的功率$[P_0]$，$[P_0]$的计算公式为

$$[P_0] = (P_0+\Delta P_0)K_\alpha K_L \tag{7-9}$$

$$\Delta P_0 = K_b n_1(1-\frac{1}{K_i}) \tag{7-10}$$

式中　ΔP_0——功率增量，考虑传动比 $i \neq 1$ 时，带在大轮上的弯曲应力较小，故在寿命相同的条件下，传递的功率应比基本额定功率 P_0 大；

K_α——包角系数，考虑 $\alpha \neq 180°$ 时 α 对传递功率的影响，查表 7-12；

K_L——为带长修正系数，考虑带为非特定长度时带长对传递功率的影响，查表 7-4；

K_b——弯曲影响系数，考虑 $i \neq 1$ 时不同带型弯曲应力差异的影响，查表 7-13；

n_1——小带轮转速，r/min；

K_i——动比系数，考虑 $i \neq 1$ 时带绕经两轮的弯曲应力差异对 ΔP_0 的影响，查表 7-14 和表 7-15。

表 7-12　包角系数

包角	180°	170°	160°	150°	140°	130°	120°	110°	100°	90°
K_α	1.00	0.98	0.95	0.92	0.89	0.86	0.82	0.78	0.74	0.69

表 7-13 弯曲影响系数 K_b

带 型		K_b
普通 V 带	Y	$0.020\,4 \times 10^{-3}$
	Z	$0.173\,4 \times 10^{-3}$
	A	$1.027\,5 \times 10^{-3}$
	B	$2.649\,4 \times 10^{-3}$
	C	$7.501\,9 \times 10^{-3}$
	D	$2.657\,2 \times 10^{-2}$
	E	$4.983\,3 \times 10^{-2}$
窄 V 带（基准宽度制）	SPZ	$1.283\,4 \times 10^{-3}$
	SPA	$2.786\,2 \times 10^{-3}$
	SPB	$5.726\,6 \times 10^{-3}$
	SPC	$1.388\,7 \times 10^{-2}$

表 7-14 普通 V 带传动比系数

i	K_i
1.00～1.01	1.000 0
1.02～1.05	1.009 6
1.06～1.11	1.026 6
1.12～1.18	1.047 3
1.19～1.26	1.065 4
1.27～1.38	1.080 4
1.39～1.57	1.095 9
1.58～1.94	1.109 3

表 7-15 窄 V 带传动比系数

i	K_i
1.00～1.01	1.000 0
1.02～1.04	1.013 6
1.05～1.08	1.027 6
1.09～1.12	1.041 9
1.13～1.18	1.056 7
1.19～1.24	1.071 9
1.25～1.34	1.087 5
1.35～1.51	1.103 6
1.52～1.99	1.120 2
≥2.00	1.137 3

2. V 带传动的设计步骤和方法

设计普通 V 带传动的原始数据为：传递的功率 P、两轮的转速 n_1 和 n_2（或传动比 i）及传动的工作情况等。确定 V 带的型号、长度和根数、传动中心距、带轮直径和零件图等。

（1）确定计算功率 P_c

计算功率 P_c 是根据传递的额定功率（如电机的额定功率）P，并考虑载荷性质以及每天运转时间的长短等因素的影响而确定的，即

$$P_c = K_A P \tag{7-11}$$

式中 K_A——工作情况系数，查表 7-16。

表 7-16　工作情况系数 K_A

工况		K_A					
		空、轻载启动			重载启动		
		每天工作小时数/h					
		<10	10~16	>16	<10	10~16	>16
载荷变动微小	液体搅拌机、通风机和鼓风机（≤7.5kW）、离心式水泵和压缩机、轻型输送机	1.0	1.1	1.2	1.1	1.2	1.3
载荷变动小	带式输送机（不均匀载荷）、通风机（>7.5kW）、旋转式水泵和压缩机（非离心式）、发电机、金属切削机床、印刷机、旋转筛、锯木机和木工机械	1.1	1.2	1.3	1.2	1.3	1.4
载荷变动较大	制砖机、斗式提升机、往复式水泵和压缩机、起重机、磨粉机、冲剪机床、橡胶机械、震动筛、纺织机械、重载输送机	1.2	1.3	1.4	1.4	1.5	1.6
载荷变动很大	破碎机（旋转式、颚式等）、磨碎机（球磨、棒磨、管磨）	1.3	1.4	1.5	1.5	1.6	1.8

注：1. 空、轻载启动—电动机（交流启动、△启动、直流并励），四缸以上的内燃机、装有离心式离合器或液力联轴器的动力机。重载启动—电动机（联机交流启动、直流复励或串励）、四缸以下的内燃机。

2. 反复启动、正反转频繁、工作条件恶劣等场合，K_A 乘以 1.2。

3. 增速传动时：增速比 1.25~1.74 时，K_A 乘以 1.05；增速比 1.75~2.49 时，K_A 乘以 1.11；增速比 2.5~3.49 时，K_A 乘以 1.18；增速比 ≥3.5 时，K_A 乘以 1.28。

（2）选择 V 带的型号

V 带的型号根据计算功率 P_c 和主动带轮转速 n_1，由图 7-11 选择。当坐标点在图中两种型号分界线附近时，可选两种型号分别计算，然后择优选择。

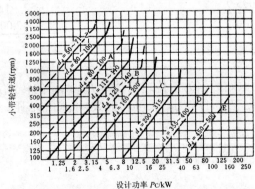

图 7-11　普通 V 带选型

(3) 确定带轮基准直径 d_{d1}、d_{d2}

带轮直径小可使传动结构紧凑，但另一方面弯曲应力大，使带的寿命降低。设计时应取小带轮的基准直径 $d_{d1} \geqslant d_{min}$，d_{min} 的值见表 7-3。忽略弹性滑动的影响，$d_{d2} = d_{d1} \times n_1 / n_2$，$d_{d1}$、$d_{d2}$ 宜取标准值（见表 7-2）。

(4) 验算带速 v

$$v = \frac{\pi d_{d1} n_1}{60 \times 1000} \tag{7-12}$$

一般 $v > 5$ m/s，常取 $v = 10 \sim 15$ m/s 为佳。对于普通 V 带应使 $v_{max} \leqslant 25 \sim 30$ m/s，对于窄 V 带应使 $v_{max} \leqslant 35 \sim 40$ m/s。如带速超过上述范围，应重选小带轮基准直径 d_{d1}。

(5) 初定中心距 a 基准长度 L_d

传动中心距小则结构紧凑，但传动带短，包角减小，进而导致带的单位时间绕转次数增多，降低了带的寿命。如果中心距过大则结构尺寸增大，当带速较高时带会产生颤动。设计时应根据具体的结构要求或按式（7-13）初步确定中心距 a_0，即

$$0.7(d_{d1} + d_{d2}) < a_0 < 2(d_{d1} + d_{d2}) \tag{7-13}$$

由带传动的几何关系可得带的基准长度计算公式为

$$L_0 = 2a_0 + \frac{\pi}{2}(d_{d1} + d_{d2}) + \frac{(d_{d2} - d_{d1})^2}{4a_0} \tag{7-14}$$

L_0 为带的基准长度计算值，查表 7-4 即可选定带的基准长度 L_d，而实际中心距 a_0 可由式（7-15）近似确定，即

$$a \approx a_0 + \frac{L_d - L_0}{2} \tag{7-15}$$

考虑到安装调整和补偿初拉力的需要，应将中心距设计成可调式，有一定的范围，一般取

$$a_{min} = a - 0.015 L_d$$
$$a_{max} = a + 0.03 L_d$$

(6) 校验小带轮包角 α_1

$$\alpha_1 = 180° - \frac{d_{d2} - d_{d1}}{a} \times 57.3° \tag{7-16}$$

一般应使 $\alpha_1 \geqslant 120°$（特殊情况下允许 $\geqslant 90°$），若不满足此条件，可适当增大中心距或减小两带轮的直径差，也可以在带的外侧加压带轮，但这样做会降低带的使用寿命。

(7) 确定 V 带根数 z

$$z \geqslant \frac{P_c}{[P_0]} = \frac{P_c}{(P_0 + \Delta P_0) \cdot K_\alpha \cdot K_L} \tag{7-17}$$

带的根数应取整数。为使各带受力均匀，根数不宜过多，一般应满足 $z < 10$。如计算结果超出范围，应改选 V 带型号或加大带轮直径后重新设计。

（8）单根 V 带的初拉力 F_0

单根 V 带所需的初拉力 F_0 为

$$F_0 = \frac{500P_c}{zv}\left(\frac{2.5}{K_\alpha}-1\right)+qv^2 \tag{7-18}$$

（9）带传动作用在带轮轴上的压力 F_Q（见图 7-12）

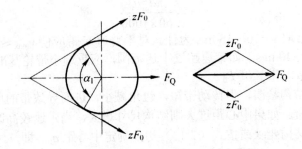

图 7-12 带传动作用在带轮轴上的压力

$$F_Q = 2F_0 z \sin\frac{\alpha_1}{2} \tag{7-19}$$

（10）带轮结构设计

参见本章 7.1.2 小节。设计出带轮结构后还要绘制带轮零件图。

（11）设计结果

列出带型号、带的基准长度 L_d、带的根数 z、带轮直径 d_{d1} 和 d_{d2}、中心距 a、轴压力 F_Q。

例 7-1 设计一破碎机用 V 带传动。已知：动力机为 Y112M-4 型异步电动机，电动机额定功率 $P=4$ kW，转速 $n_1=1\,440$ r/min，传动比 $i=2$，两班制工作，希望中心距不超过 600 mm。

解：（1）计算设计功率 P_c

由表 7-16 查得工作情况系数 $K_A=1.4$，故

$$P_c = K_A \cdot P = 1.4 \times 4\,\text{kW} = 5.6\,\text{kW}$$

（2）选择带型号

根据 $P_c=5.6$ kW，$n_1=1\,440$ r/min，由图 7-11 初步选用 A 型带。

（3）选取带轮基准直径 d_{d1}、d_{d2}

由表 7-2 和图 7-11 选取小带轮基准直径 $d_{d1}=125$ mm，

大带轮基准直径为（忽略滑动率 ε 的影响）

$$d_{d2} = \frac{n_1}{n_2}d_{d1} = i \cdot d_{d1} = 2 \times 125\,\text{mm} = 250\,\text{mm}$$

由表 7-2 取直径系列值：$d_{d2}=250$ mm

（4）验算带速 v
$$v = \frac{\pi d_{d1} n_1}{60 \times 1\,000} = \frac{\pi \times 125 \times 1\,440}{60 \times 1\,000} = 9.42 \text{(m/s)}$$
在 5～25 m/s 范围内，带速合适。

（5）确定中心距 a 和带的基准长度 L_d
中心距在 $0.7(d_{d1}+d_{d2}) < a_0 < 2(d_{d1}+d_{d2})$ 范围，初选中心距 $a_0 = 500$（mm）
由式（7-14）计算带长
$$L_0 = 2a_0 + \frac{\pi}{2}(d_{d1}+d_{d2}) + \frac{(d_{d2}-d_{d1})^2}{4a_0}$$
$$= 2 \times 500 + \frac{3.14}{2}(125+250) + \frac{(250-125)^2}{4 \times 500} = 1\,596.56 \text{(mm)}$$
查表 7-4 选取 A 型带的标准基准长度 $L_d = 1\,600$（mm）
由式（7-15）可得实际中心距
$$a \approx a_0 + \frac{L_d - L_0}{2} = 500 + \frac{1\,600 - 1\,596.56}{2} = 506 \text{(mm)}$$
中心距的变动范围为
$$a_{\min} = a - 0.015 L_d = 480 \text{ mm}$$
$$a_{\max} = a + 0.03 L_d = 554 \text{ mm}$$

（6）验算小带轮包角 α_1
$$\alpha_1 = 180° - \frac{d_{d2}-d_{d1}}{a} \times 57.3° = 180° - \frac{250-125}{506} \times 57.3° = 165.85° > 120°$$
包角合适。

（7）确定带的根数 z
因 $d_{d1}=125$ mm，带速 $v = 9.42$ m/s，传动比 $i = 2$
由表 7-9 用内插法得
$$P_0 = 1.91 \text{ kW}$$
由式（7-10） $\Delta P_0 = K_b n_1 (1 - \frac{1}{K_i}) = 0.17 \text{(kW)}$

由表 7-12 $K_\alpha = 0.965$，由表 7-4 $K_L = 0.99$，由式（7-17）得
$$z \geq \frac{P_c}{[P_0]} = \frac{P_c}{(P_0 + \Delta P_0) \cdot K_\alpha \cdot K_L} = \frac{5.6}{(1.91+0.17) \times 0.965 \times 0.99} = 2.82$$
取 $z = 3$ 根。

（8）确定初拉力 F_0
由式（7-18）得单根普通 V 带的初拉力

$$F_0 = \frac{500 P_c}{zv}(\frac{2.5}{K_\alpha}-1)+qv^2 = 500+\frac{5.6}{3\times 9.42}\times(\frac{2.5}{0.965}-1)+0.1\times 0.942^2 \approx 166.5(\text{N})$$

（9）计算带轮轴所受压力 F_Q

由式（7-19）得

$$F_Q = 2F_0 z \sin\frac{\alpha_1}{2} = 2\times 166.5\times 3\times \sin\frac{165.85°}{2} = 991.4(\text{N})$$

（10）带传动设计结果

选用 3 根 A−1600GB1171-89V 带，中心距为 506 mm，带轮直径 d_{d1}=125 mm，d_{d1}=250 mm。

7.1.5 带传动的张紧、安装与维护

1. 带传动的张紧

V 带并非完全弹性体，工作一段时间后，由于塑性变形而产生松弛，使初拉力 F_0 降低。为了保证带传动的正常工作，应定期检查初拉力，当发现初拉力 F_0 小于要求值时，必须重新张紧，所以应设置张紧装置。

常见的带的张轮方式有调整中心距方式与张紧轮方式两类。

（1）调整中心距方式

定期张紧：定期调整中心距以恢复张紧力。常见的张紧装置有滑道式[见图 7-13（a）]和摆架式[见图 7-13（b）]两种，一般通过调节螺钉调整中心距。滑道式适用于水平传动或倾斜不大的场合。

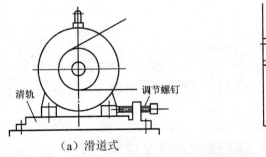
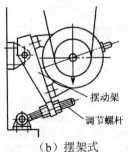

(a) 滑道式　　　　　　　　(b) 摆架式

图 7-13　带的定期张紧装置

自动张紧：自动张紧装置将装有带轮的电动机安装在浮动的摆架上，利用电机的自重张紧传动带，通过载荷的大小自动调节张紧力，如图 7-14 所示。

（2）张紧轮方式

调位式内张紧轮装置，如图 7-15 所示。

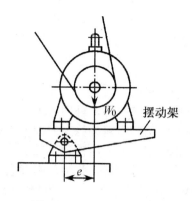

图 7-14 带的自动张紧装置   图 7-15 张紧轮装置

张紧轮一般设置在松边的内侧且靠近大轮处。若设置在外侧时,应使其靠近小带轮,这样可以增加小带轮的包角,提高带的疲劳强度。

2. 带传动的安装与维护

（1）带传动的安装

带轮的安装：

平行轴传动时,各带轮的轴线必须保持规定的平行度。各轮宽的中心线,V 带轮、多楔带轮的对应轮槽中心线,平带轮面凸弧的中心线均应共面且与轴线垂直,否则会加速带的磨损,降低带的寿命。

传动带的安装：

① 通常应通过调整各轮中心距的方法来装带和张紧。切忌硬用撬棍等工具将带强行撬入或撬出带轮。

② 在带轮轴间距不可调而又无张紧轮的场合下,安装聚酰胺基平带时,应在带轮边缘垫布以防刮破传动带,并应边转动带轮边套带。安装同步带时,要在多处同时缓慢将带移动,以保持带能平齐移动。

③ 同组使用的 V 带应型号相同、长度相等,不同厂家生产的 V 带、新旧 V 带不能同组使用。

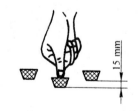

图 7-16 V 带的张紧程度

④ 安装 V 带时,应按规定的初拉力张紧。对于中等中心距的带传动,可凭经验张紧,带的张紧程度以大拇指能将带按下 15 mm 为宜。新带使用前,最好预先拉紧一段时间后再使用。

（2）带传动的维护

① 带传动装置外面应加防护罩,以保证安全,防止带与酸、碱或油接触而腐蚀传动带。

② 应定期检查胶带,如有一根松弛或损坏应全部更换新带。

③ 带传动的工作温度不应超过 60℃。
④ 如果带传动装置需闲置一段时间，应将传动带放松。

7.1.6 同步带传动简介

同步带的强力层中以多股绕制的钢丝绳或玻璃纤维绳为抗拉体，外面包覆聚氨酯或氯丁橡胶而组成。带内环面呈齿形，工作时，带内环面的凸齿与带轮外缘上的齿槽相啮合进行传动。带的强力层承载后变形小，带与带轮间没有相对滑动，从而保证了同步传动。

同步带传动具有以下优点：传动比恒定；结构紧凑；带薄而轻，强力层强度高，故带速可达 40 m/s，传动比可达 10，传递功率可达 200 kW；传动效率高，可达 0.98~0.99，因而应用日益广泛；初拉力较小，轴和轴承上所受的载荷小。主要缺点是制造、安装精度要求较高，故成本高。

当带在纵截面内弯曲时，在带中保持原长度不变的任意一条周线称为节线，节线长度为同步带的公称长度。

在规定的张紧力下，同步带纵截面上相邻两齿对称中心线间沿节线测量的距离称为同步带的节距 P_b（见图 7-17），它是同步带的一个主要参数。

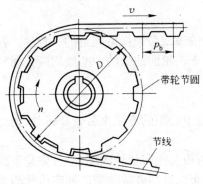

图 7-17 同步齿形带

7.2 链传动简介

7.2.1 链传动的组成和传动比

1. 组成

链传动广泛应用于矿山机械、农业机械、起重运输机械、机床传动及轻工机械中。链传动是由主动链轮 1、从动链轮 2、闭合挠性绕形链条 3 组成,如图 7-18 所示。它是通过链轮轮齿与链条啮合来传递运动和动力的,所以链传动属于有中间挠性件的啮合传动。

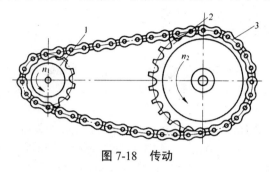

图 7-18 传动

1—主动链轮;2—从动链轮;3—链条

2. 传动比

设某链传动,主动链轮齿数为 z_1,转速为 n_1,从动链轮的齿数为 z_2,转速为 n_2,由图 7-18 观察可得,相同时间内主、从动链轮转过的齿数是相等的,即

$$n_1 z_1 = n_2 z_2$$

$$\frac{n_1}{n_2} = \frac{z_2}{z_1}$$

可见一对链传动的传动比为

$$i_{12} = \frac{n_1}{n_2} = \frac{z_2}{z_1}$$

7.2.2 链传动的特点和分类

1. 链传动的特点

链传动不同于挠性带的摩擦传动,也不同于齿轮的啮合传动。

(1) 与带传动相比,它有如下特点:

① 链传动能得到准确的平均传动比;

② 链条不需要太大的张紧力,故对轴的作用力小;

③ 传递的功率较大,低速时能传递较大的圆周力;

④ 链传动可在高温、油污、潮湿、日晒等恶劣环境下工作,但其传动平稳性差,不能保证恒定的瞬时链速和瞬时传动比;

⑤ 链的单位长度重量较大,工作时有周期性的动载荷和啮合冲击,引起噪声;

⑥ 链节的磨损会造成节距加长,甚至使链条脱落,速度高时,尤为严重,同时急速反

向性能差，不能用于高速。

因此链传动适用于：中心距较大的两平行轴间的低速传动或多根轴线的传动。

（2）与齿轮传动相比，它有如下特点：

① 结构简单，安装精度低；

② 传动中心距较大；

③ 缺点是瞬时传动比不恒定，平稳性较差，有冲击和噪声，不宜用于高速传动。

2. 链传动的分类

链传动根据用途的不同可分为传动链、起重链和牵引链。传动链用于一般机械中传递运动和动力，适用于中等速度（$v \leqslant 20$ m/s）；起重链用于起重机械中提升重物，速度 $v < 0.25$ m/s；牵引链用于运输机械中移动重物，工作速度不大于 2～4 m/s。

7.2.3 传动链的结构与标准

传动链有齿形链（如图 7-19 所示）和滚子链（如图 7-20 所示）两种。齿形链由于运转平稳，噪声小，又称为无声链，它主要用于高速（$v \leqslant 40$ m/s）、运动精度较高的传动中。

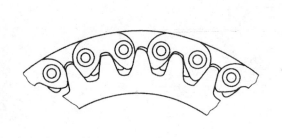
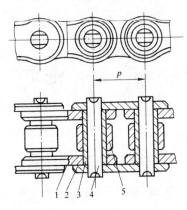

图 7-19　齿形链　　　　　图 7-20　滚子链

1. 滚子链的结构

如图 7-20 所示，滚子链由内链板 1、外链板 2、套筒 3、销轴 4、滚子 5 组成。滚子与套筒、销轴与套筒均为间隙配合而形成动链接；套筒与内链板、销轴与外链板均为过盈配合而形成内、外链节。

链条使用时要形成封闭环形，如链节数为偶数时，正好是内、外链板相接，可用开口销或弹簧卡固定销轴，如图 7-21（a）、(b) 所示。如链节数为奇数时，需要采用过渡链节，如图 7-21（c）所示，过渡链节链板受附加弯曲应力，应尽量避免使用。

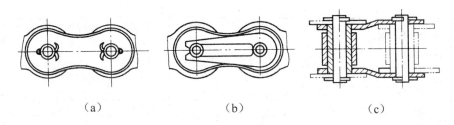

图 7-21 滚子链的接头形式

当传递的动力较大时,可采用双排链或多排链,如图 7-22 所示,其中双排链用得较多。

2. 滚子链的参数及标准

滚子链是标准件,由专业化工厂生产。我国目前使用的标准是 GB1243.1_83,分为 A、B 两个系列,常用 A 系列。基本参数和尺寸如表 7-17 所列。

链条上相邻两销轴中心的距离为链节距,用 P 表示,它等于链号乘以 25.4/16 mm。滚子链的标注方法为:链号——排数×链节数.标准代号。

如:08A——2×88.GB1243.1–83

表示 A 系列滚子链、节距 P=12.7 mm、双排、链数为 88。

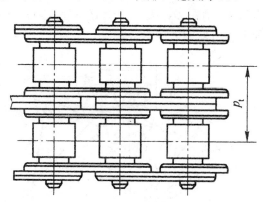

图 7-22 双排滚子链

表 7-17 A 系列滚子链的基本参数和尺寸（GB1243.1—1983）

链号	节距 p/mm	排距 p_t/mm	滚子外径 d'_r/mm	内链节内宽 b_1/mm	销轴直径 d_2/mm	内链板高度 h_2/mm	极限拉伸载荷（单排）F_Q/N	每米质量（单排）q/kg·m^{-1}
08A	12.70	14.38	7.95	7.85	3.96	12.07	13 800	0.60

（续表）

链号	节距 p/mm	排距 p_t/mm	滚子外径 d'_r/mm	内链节内宽 b_1/mm	销轴直径 d_2/mm	内链板高度 h_2/mm	极限拉伸载荷（单排）F_Q/N	每米质量（单排）q/kg·m^{-1}
10A	15.875	18.11	10.16	9.40	5.08	15.09	21 800	1.00
12A	19.05	22.78	11.91	12.57	5.94	18.08	31 100	1.50
16A	25.40	29.29	15.88	15.75	7.92	24.13	55 600	2.60
20A	31.75	35.76	19.05	18.90	9.53	30.18	86 700	3.80
24A	38.10	45.44	22.23	25.22	11.10	36.20	124 600	5.60
28A	44.45	48.87	25.40	25.22	12.70	42.24	169 000	7.50
32A	50.80	58.55	28.58	31.55	14.27	48.26	222 400	10.10
40A	63.50	71.55	39.68	37.85	19.84	60.33	347 000	16.10
48A	76.20	87.83	47.63	47.35	23.80	72.39	500 400	22.60

3. 链轮的结构

（1）链轮的齿形

根据国标 GB1244—1985 的规定，链轮端面齿形推荐采用"三圆弧一直线"的形状，如图 7-23 所示。

（2）链轮基本参数和主要尺寸

链轮的主要参数有齿数 z、节距 p、滚子外径 d_r、分度圆直径 d。如图 7-23 所示。分度圆直径是指链轮上销轴中心所处的被链条节距等分的圆。

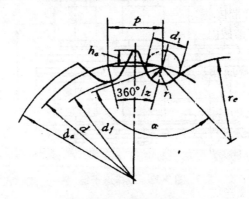

图 7-23　链轮端面齿形

主要尺寸的计算式如下

分度圆直径：$d = \dfrac{p}{\sin\dfrac{180°}{z}}$

齿顶圆直径：$d_a = p(0.54 + \cot\frac{180°}{z})$

齿根圆直径：$d_f = d - d_r$

链轮的直径小时通常制成实心式，直径较大时制成孔板式，直径很大时（≥200 mm）制成组合式，可将齿圈焊接到轮毂上或采用螺栓联接。

链轮轮齿应有足够的接触强度和耐磨性，常用材料为中碳钢（35、45 钢），不重要场合则用 Q235A、Q275A 钢，高速重载时采用合金钢，低速时大链轮可采用铸铁。由于小链轮的啮合次数多，小链轮的材料应优于大链轮，并应进行热处理。

复 习 题

7-1 带传动的主要类型有哪些？各有何特点？试分析摩擦带传动的工作原理。

7-2 V 带的截面角 $\theta = 40°$，为什么 V 带轮的轮槽角 φ 却有 32°、34°、36°、38° 等 4 个值？若带轮直径减小，轮槽角是增大还是减小，为什么？

7-3 平带传动中，带轮的轮面常制成凸弧面的，这是为什么？

7-4 什么是有效拉力？什么是初拉力？它们之间有何关系？

7-5 带速越高，带的离心力越大，不利于传动。但在多极传动中，常将带传动放在高速级，为什么？

7-6 小带轮的包角对带传动有何影响？为什么只给出小带轮包角的公式？

7-7 带传动工作时，带截面上产生哪些应力？应力沿全带长是如何分布的？最大应力在何处？

7-8 带传动的弹性滑动和打滑是怎样产生的？它们对传动有何影响？是否可以避免？

7-9 一般来说带传动的打滑多发生在大带轮上还是小带轮上？为什么？

7-10 在 V 带传动的设计过程中，为什么要校验带速 5 m/s ≤ v ≤ 25 m/s 和包角 α_1 ≥ 120°？

7-11 带传动张紧的目的是什么？张紧轮应安放在松边还是紧边上？内张紧轮应靠近大带轮还是小带轮？

7-12 滚子链传动有哪些优、缺点？

7-13 链传动的传动链条节数通常取为偶数，为什么？

7-14 设计 V 带传动时，若算出的带根数 z 太多，则减少 z 的有效办法是什么？

7-15 带传动功率 $P = 5$ kW，已知 $n_1 = 400$ r/min，$d_1 = 450$ mm，$d_2 = 650$ mm，中心距 $a = 1.5$ m，$f_v = 0.2$，求带速 v、包角 α 和有效拉力 F。

7-16 一普通 V 带传动，已知带的型号为 A，两轮基准直径分别为 150 mm 和 400 mm，初定中心距 $a = 4\,500$ mm，小带轮转速为 1 460 r/min。试求：（1）小带轮包角；（2）选

定带的基准长度 L_d；（3）不考虑带传动的弹性滑动时大带轮的转速；（4）滑动率 e =0.015 时大带轮的实际转速；（5）确定实际中心距。

7-17 已知普通 V 带传动中 n_1 = 1 450 r/min，n_2 = 400 r/min，中心距 a = 1 600 mm，d_{d1} = 180 mm，采用 2 根 B 型 V 带，载荷有振动，一天运转 16h（两班制），试计算带所能传递的功率。

7-18 设计搅拌机的普通 V 带传动。已知电动机的额定功率为 4 kW，转速 n_1=1 440 r/min，要求从动轮转速 n_2 = 575 r/min，工作情况系数 K_A=1.1。

7-19 设计通风机用的 V 带传动。选用异步电动机驱动，已知电动机转速 n_1=1 460 r/min，通风机转速 n_2 = 640 r/min，通风机输入功率 P = 9 kW，两班制工作。

第 8 章 齿 轮 传 动

学习目标 齿轮传动是现代各类机械运用很广泛而又极其重要的一种传动方式,它所传递的功率可达十万千瓦;它的圆周速度可达 300 m/s;能在任意相对位置的轴之间传递运动和动力。通过对本章的学习,应了解齿轮传动的运用特点和分类;掌握直齿、斜齿圆柱齿轮、锥齿轮的基本几何参数和基本尺寸的计算及齿轮的设计过程及结构。

8.1 齿轮传动的特点和分类

8.1.1 齿轮传动的特点

(1) 恒定的瞬时传动比。
(2) 传递功率和速度的范围大。
(3) 传递效率高,工作寿命长,结构紧凑。
其缺点是制造成本高,安装精度高,且不宜做远距离的传动。

8.1.2 齿轮传动的分类

齿轮的分类方式较多,表 8-1 所列为齿轮机构不同类型的组合。

表 8-1 齿轮传动的分类

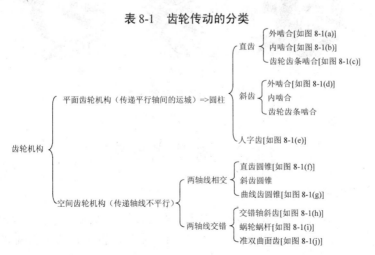

目前常用以下几种方式进行分类：
（1）按齿轮轴线相对位置，分为平面齿轮传动和空间齿轮传动；
（2）按齿轮形状，分为圆柱齿轮、圆锥齿轮和齿条、齿扇等；
（3）按齿廓方向与齿轮母线的相对位置，分为直齿、斜齿、人字齿、曲齿；
（4）按齿廓曲线的不同，可分为渐开线齿轮、圆弧齿轮、摆线齿轮等；
（5）按轮齿排列在圆柱体的内表面或外表面，可分为内齿轮和外齿轮；
（6）按工作条件，可分为闭式传动和开式传动。
每一具体的齿轮机构都是这些类型的不同组合，如图 8-1 所示。

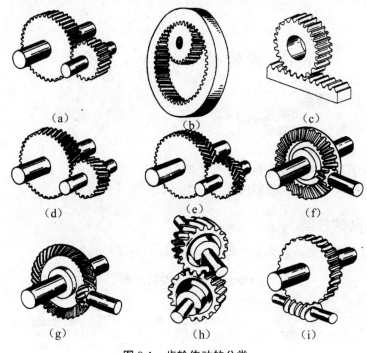

图 8-1 齿轮传动的分类

8.2 渐开线齿廓

8.2.1 渐开线的形成

如图 8-2 所示，一直线 BK 在圆 O 的圆周上做纯滚动，直线上任意一点的运动轨迹就称为该圆的渐开线，如 AK。圆 O 称为基圆，半径用 r_b 表示；这一直线称为渐开线的发生线。

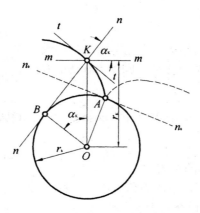

图 8-2 渐开线的形成及特性

8.2.2 渐开线的性质

从上面的形成过程可得渐开线有如下性质。

（1）渐开线发生线在基圆上滚过的长度等于所对应基圆被滚过的圆弧长度，即 $\widehat{AB} = \overline{BK}$。

（2）由于发生线在基圆上做纯滚动，渐开线的发生线 BK 必与基圆相切，同时 BK 也是渐开线 K 点的法线，故 B 点为 K 点的瞬时速度中心，BK 为渐开线上 K 点的曲率半径。可见，曲率半径是变化的，渐开线上离基圆越远的点，曲率半径越大，渐开线越平直。

（3）渐开线的形状取决于基圆的大小，基圆越大，渐开线就越平直；当半径无穷大时，渐开线则为一直线，如图 8-3 所示。

（4）基圆内无渐开线。

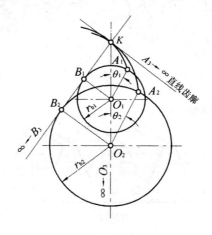

图 8-3 不同基圆的渐开线

8.2.3 渐开线的压力角

从动件上一点的受力方向和运动方向之间所夹的锐角称为该点的压力角,常用 α 表示,如图 8-2 所示。假设齿轮在 K 点接触,则受力在 BK 方向上,而速度 v 在与 OK 垂直的方向上,故 $\alpha_K = \angle KOB$

$$在 \triangle OBK 中,\cos\alpha_K = \cos\angle KOB = \frac{r_b}{r_k}$$

式中 r_b——基圆半径;

r_K——K 点到转动中心的距离。

由上式可知,渐开线上不同点压力角大小不一样,当 $r_b = r_K$ 时,$\alpha_K = 0$,即基圆上的点压力角为零,当 r_K 增大时,α_K 也会增大。

8.3 渐开线标准直齿圆柱齿轮

8.3.1 齿轮各部分的名称

如图 8-4 所示,轮齿两侧的齿廓形状相同、方向相反的渐开面,其尺寸和符号如下。

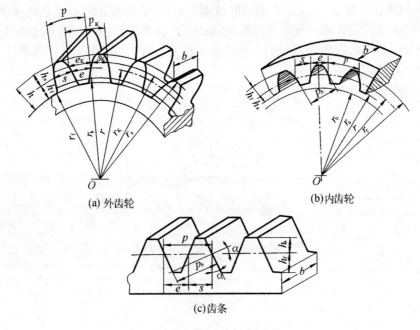

8-4 齿轮各部分名称和符号

基圆：发生齿轮渐开线的圆，其直径常用 d_b（半径用 r_b）表示。
齿顶圆：过齿轮所有轮齿顶部的圆，其直径常用 d_a（半径用 r_a）表示。
齿根圆：过齿轮所有轮齿根部的圆，其直径常用 d_f（半径用 r_f）表示。
齿厚：任意直径 d_i 的圆上同一轮齿两侧齿廓间的弧长，常用 s_i 表示。
齿槽宽：任意直径 d_i 的圆上相邻齿反向齿廓之间的弧长，常用 e_i 表示。
齿距：任意直径 d_i 的圆上相邻齿对应点间的弧长，常用 p_i 表示。
故
$$p_i = s_i + e_i$$
分度圆：在齿顶圆和齿根圆之间的一个特殊圆，在该圆上齿厚等于齿槽宽，其直径常用 d 表示。分度圆上的齿厚、齿槽宽、齿距常用 s、e 和 p 表示。故
$$s = e = \frac{p}{2}$$
齿顶高：齿顶圆与分度圆之间的径向距离，常用 h_a 表示，则有
$$h_a = \frac{d_a - d}{2}$$
齿根高：齿根圆与分度圆之间的径向距离，常用 h_f 表示，则有
$$h_f = \frac{d - d_f}{2}$$
全齿高：齿顶圆与齿根圆之间的径向距离，常用 h 表示，则有
$$h = h_a + h_f$$

8.3.2 齿轮的基本参数

（1）齿数。齿轮整个圆周方向轮齿数的总和，常用 z 表示。
（2）模数。分度圆的圆周长有两种表示方法：即 zp 和 πd

则
$$zp = \pi d, \quad d = \frac{p}{\pi} z$$

齿距与 π 的比值称为模数。由于 π 是无理数，为了设计、制造和测量的方便，所以就给 $\dfrac{p}{\pi}$ 的值规定了一些标准数值，常称为标准模数，用 m 表示。标准模数系列见表 8-2。

表 8-2 标准模数系列（GB/T 1375—1987）

第一系列	1	1.25	1.5	2	2.5	3	4	5	6	8	10	12	16	20	25	32	40	50
第二系列	2.25	2.75	(3.25)	3.5	(3.75)	4.5	5.5	(6.5)	7	9	(11)	14	18	22	28	(30)	36	45

注：1. 优先选取第一系列，括号内的模数尽可能不用。
 2. 对斜齿轮，该表所列为法面模数。

(3) 压力角。由于渐开线上各点的压力角不同,规定分度圆上的压力角为标准值。我国国家标准规定分度圆上的压力角 $\alpha=20°$。

(4) 齿顶高系数。用 h_a^* 表示,我国国家标准规定正常齿取 $h_a^*=1$,短齿取 $h_a^*=0.8$。

(5) 顶隙系数。用 c^* 表示,我国国家标准规定正常齿取 $c^*=0.25$,短齿取 $c^*=0.3$。

8.3.3 标准直齿圆柱齿轮基本尺寸的计算

如果一个齿轮的 m、α、h_a^*、c^* 均为标准值,且分度圆上的 $e=s$,那么该齿轮就称为标准齿轮。其尺寸计算如表 8-3 所列。

1. 外齿轮和内齿轮

如图 8-4 所示,内齿轮与外齿轮相比有如下特点。

齿顶圆直径 d_a 小于分度圆直径 d;齿根圆直径 d_f 大于分度圆直径 d;内齿轮的齿廓曲线是内凹的,齿厚、齿槽形状与外齿轮正好相反。

外齿轮与内齿轮几何尺寸计算见表 8-3。

表 8-3 标准直齿圆柱齿轮几何尺寸计算公式

名 称	符号	计 算 公 式
分度圆直径	d	$d=mz$
基圆直径	d_b	$d_b=d\cos\alpha=mz\cos\alpha$
齿顶圆直径	d_a	$d_a=d\pm 2h_a=m(z\pm 2h_a^*)$
齿根圆直径	d_f	$d_f=d\mp 2h_f=m(z\mp 2h_a^* \mp 2c^*)$
齿顶高	h_a	$h_a=h_a^* m=m$
齿根高	h_f	$h_f=(h_a^*+c^*)m=1.25m$
齿全高	h	$h=h_a+h_f=(2h_a^*+c^*)m=2.25m$
顶隙	c	$c=c^* m=0.25m$
齿距	p	$p=\pi m$
齿厚	s	$s=\dfrac{p}{2}=\dfrac{\pi m}{2}$
齿槽宽	e	$e=\dfrac{p}{2}=\dfrac{\pi m}{2}$
标准中心距	a	$a=\dfrac{1}{2}(d_2\pm d_1)=\dfrac{1}{2}m(z_2\pm z_1)$

注:表中有"±"或"∓"号处,上面的符号用于外齿轮;下面的符号用于内齿轮。

2. 齿条

当齿轮的齿数无穷多时,其直径就会无穷大,齿轮就变成了齿条,齿顶圆、分度圆、齿根圆都变成相互平行的齿顶线、分度线和齿根线，渐开线齿廓也变成了直线齿廓。如图 8-4 所示，它有如下特点。

（1）齿条上同侧齿廓是相互平行的，所以齿廓上各点的齿距都是相等的，但也只有分度线上的齿厚等于齿槽宽。

（2）齿条同侧各点的法线也是相互平行的，故压力角也相等，等于齿廓斜角 α。

（3）齿顶高、齿根高、全齿高等几何尺寸计算与圆柱齿轮相同。

例 8-1 已知某联合采煤机中一对标准正常齿制圆柱齿轮，z_1=20，z_2=32，m=10 mm，试计算其分度圆直径、齿顶圆直径、齿根圆直径、基圆直径、分度圆齿厚、齿槽宽和中心距。

解：（1）分度圆直径
$$d_1 = mz_1 = 10 \times 20 = 200 \text{(mm)}$$
$$d_2 = mz_2 = 10 \times 32 = 320 \text{(mm)}$$

（2）齿顶圆直径
$$d_{a1} = d_1 + 2h_a = 200 + 2 \times 10 = 220 \text{(mm)}$$
$$d_{a2} = d_2 + 2h_a = 320 + 2 \times 10 = 340 \text{(mm)}$$

（3）齿根圆直径
$$d_{f1} = d_1 - 2h_f = 200 - 2 \times 1.25 \times 10 = 175 \text{(mm)}$$
$$d_{f2} = d_2 - 2h_f = 320 - 2 \times 1.25 \times 10 = 295 \text{(mm)}$$

（4）基圆直径
$$d_{b1} = d_1 \cos\alpha = 200 \times \cos 20° = 187.94 \text{(mm)}$$
$$d_{b2} = d_2 \cos\alpha = 320 \times \cos 20° = 300.7 \text{(mm)}$$

（5）分度圆齿厚和齿槽宽
$$s = e = \frac{\pi m}{2} = \frac{1}{2} \times 3.1416 \times 10 = 15.708 \text{(mm)}$$

（6）中心距
$$a = \frac{1}{2}(d_1 + d_2) = \frac{1}{2} \times (200 + 320) = 260 \text{(mm)}$$

8.4 渐开线直齿圆柱齿轮的正确啮合与连续传动

8.4.1 啮合特点

1. 四线合一

如图 8-5 所示，齿轮传动过程中，两齿廓啮合点的运动轨迹称为啮合线；由渐开线的性质可知，该啮合线必是两基圆的内公切线（即 N_1N_2）。啮合线与两齿轮连心线的交点 P 称为啮合点，那么点 N_1、N_2 分别是齿轮 1 和齿轮 2 齿廓渐开线点 P 的曲率中心，所以 N_1N_2 也是过 P 点的公法线。齿轮传动是高副，由约束反力可知，力的作用线必在公法线上，故 N_1N_2 也是正压力的作用方向。

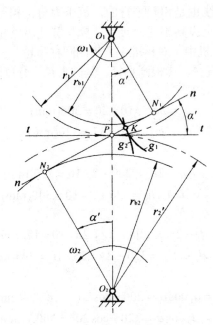

图 8-5　渐开线齿轮的啮合特点

2. 中心距的可分离性

以齿轮转动中心为圆心，以中心到啮合点的距离为半径作的圆称为节圆，如齿轮标准安装，节圆与分度圆重合，否则节圆与分度圆不相等。注意单个齿轮没有节圆。

如图 8-5 所示，一对渐开线齿轮传动可以看作是两节圆在做纯滚动，故在 P 点有 $V_{p1}=V_{p2}$，设齿轮 1 的角速度为 ω_1，齿轮 2 的角速度为 ω_2，则有

$$\left.\begin{array}{l} V_{p1}=\omega_1 O_1P \\ V_{p2}=\omega_2 O_2P \end{array}\right\} \Rightarrow \omega_1 O_1P = \omega_2 O_2P$$

$$\Rightarrow \frac{\omega_1}{\omega_2} = \frac{O_2P}{O_1P}$$

因 $\triangle O_1PN_1 \backsim \triangle O_2PN_2$，所以有

$$\frac{O_2P}{O_1P} = \frac{O_2N_2}{O_1N_1} = \frac{r_{b2}}{r_{b1}}$$

由于 r_{b1}、r_{b2} 在设计时就已确定，不会因安装误差而改变，所以 $i_{12}=\dfrac{\omega_1}{\omega_2}=\dfrac{r_{b2}}{r_{b1}}$，即安装时实际中心距与理论中心距稍有变化，也不会改变传动比的大小，称为中心距的可分离性。

3. 啮合角为常数

啮合线与节圆过啮合点的公法线夹角的锐角称为啮合角，常用 α' 表示，齿轮传动过程中啮合线不变，故啮合角不会变化。

8.4.2 直齿圆柱齿轮的正确啮合条件

如图 8-6 所示，要使两齿正确啮合，即齿轮副处于啮合线上的各对齿都可能同时啮合，其相邻两齿同向齿廓与啮合线的交点 KK' 间的长度（称为法线齿距）必须相等，即 $p_{n1}=p_{n2}$，否则就无法正确啮合。

由渐开线性质可知，法向齿距 P_n 就等于基圆上的齿距 P_b，即有

$$p_{b1} = \pi m_1 \cos\alpha_1 = p_{n1}$$
$$p_{b2} = \pi m_2 \cos\alpha_2 = p_{n2}$$
$$\Rightarrow \pi m_1 \cos\alpha_1 = \pi m_2 \cos\alpha_2$$
$$\Rightarrow \begin{cases} m_1 = m_2 = m \\ \alpha_1 = \alpha_2 = \alpha = 20° \end{cases}$$

所以直齿圆柱齿轮正确啮合的条件是模数和压力角分别相等。

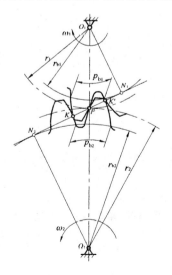

图 8-6　正确啮合的条件

8.4.3 渐开线直齿圆柱齿轮的连续传动条件

1. 实际啮合线长度和理论啮合线长度

如图 8-7 所示，齿轮 1 是主动齿轮，齿轮 2 是从动齿轮，啮合时，从主动齿轮 1 的齿根推动从动齿轮 2 的齿顶开始，一直啮合到主动齿轮 1 的齿顶与从动齿轮 2 的齿根接触时这对齿开始分离，即从 B_2 点（从动轮的齿顶圆与啮合线的交点）开始啮合到 B_1 点（主动轮的齿顶圆与啮合线的交点）脱离。所以就把 B_2B_1 称为实际啮合线。如果增加两齿轮齿顶圆的直径，由图可知会增大 B_2B_1 的长度。由于基圆内无渐开线，所以 B_2B_1 不能超过 N_1N_2。N_1N_2 是理论最长的啮合线，称为理论啮合线。

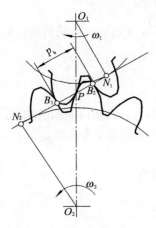

图 8-7 连续传动条件

2. 重合度

齿轮传动是啮合传动，由于轮齿高度的限制，实际啮合线 B_2B_1 不能无限长，所以前一对齿轮在 B_1 点分离前，后一对齿必须在 B_2 点进入啮合，即 $B_2B_1 > p_b$。实际啮合线段 B_2B_1 与基圆齿距 p_b 的比值称为重合度，常用 ε 表示。

$$\varepsilon = \frac{B_2B_1}{p_b} = \frac{B_2B_1}{\pi m \cos\alpha}$$

3. 连续传动的条件

要使齿轮连续传动，重合度 ε 不能小于 1；如 $\varepsilon=1$，表明前一对齿在 B_1 点分离瞬时，后一对齿在 B_2 点进入啮合，这是理想状态，故连续传动的条件是 $\varepsilon \geq 1$。但考虑制造和安装的误差，实际上应使 $\varepsilon > 1$。

标准直齿圆柱齿轮：$1 < \varepsilon \leq 1.981$。

8.5 渐开线齿轮的切削加工简介

随着制造工艺的不断发展，齿轮的加工方法不断增多，如铸造、热轧、冲压、模锻、粉末冶金及切削加工等，但最常用的还是切削法。切削加工齿轮从原理上可分为仿形法和范成法两种。

8.5.1 仿形法

仿形法是用轴向剖面形状与被切齿槽形状完全相同的圆盘铣刀或指状铣刀在普通铣床上切制齿轮的方法（如图 8-8 所示）。它的最大优点是不需专用设备，适宜于单件或小批量生产；它的最大缺点是精度低。影响精度的原因如下。

（1）分度误差影响精度：由于加工时铣刀只绕自己的轴线转动——切削运动；齿坯或铣刀沿齿坯轴线方向做进给运动，切完一个齿后转动 $360°/z$，再切削下一个齿，依次加工出全部轮齿。由于分度不精确，会将误差积累到最后一个齿。

（2）刀具数量不可能太多，是近似加工：由于被加工齿轮的齿廓形状取决于 m、z、α 三个参数，其中 α 为标准值。也就是说，每一个 m、z 的组合就要用一把不同形状的刀具，但在实际加工中这是不可能的，就规定将同一种模数的成形铣刀制成 8 把，不同刀号的铣刀切制一定范围内的齿数（见表8-4），其中只有一个齿数是准确的，其余都是近似值。

表 8-4　盘状铣刀加工齿数范围

刀号	1	2	3	4	5	6	7	8
铣齿齿数范围	12、13	14～16	17～20	21～25	26～34	35～54	55～134	135 以上

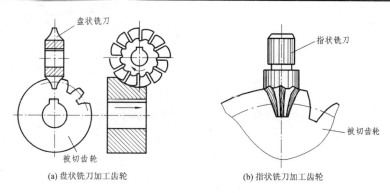

(a) 盘状铣刀加工齿轮　　(b) 指状铣刀加工齿轮

图 8-8　仿形法切制齿轮

8.5.2 范成法

范成法又称展成法或包络法，是利用一对齿轮（或齿轮与齿条）无侧隙啮合过程中，两轮齿廓互为包络线的原理来切制轮齿的加工方法。常用的有插齿和滚齿两种方法。

1. 插齿

有齿轮插刀和齿条插刀，它们是齿廓为刀刃的外齿轮和齿条，如图 8-9（a）、(b) 所示。

加工过程中的运动有：范成运动，由插齿机保证插刀与齿坯间的传动比；切削运动，插刀沿齿宽方向做往复运动；进给运动，插刀向齿坯中心的移动，直到刀具分度圆与齿坯分度圆相切为止。

2．滚齿

滚齿采用的是滚刀，它像一梯形螺纹的螺杆，轴剖面是精确的直线齿廓，相当于齿条，如图 8-9（c）所示。

加工过程中的运动有：切削运动（滚刀绕自身轴线转动，就像齿条向一个方向移动）；范成运动（滚刀与齿坯间的转动是靠机床保证）；进给运动（滚刀沿整个齿宽和齿高方向的缓慢运动）。

范成法加工的精度较高，生产效率较高，刀具数量少，是目前最主要的加工方式。

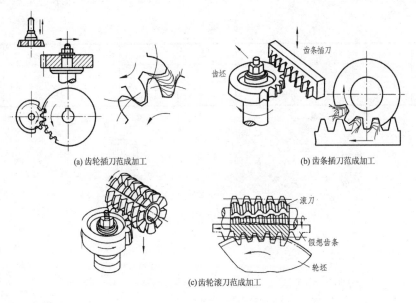

(a) 齿轮插刀范成加工　　(b) 齿条插刀范成加工

(c) 齿轮滚刀范成加工

图 8-9　范成法加工齿轮

8.6　渐开线齿轮根切及其避免

8.6.1　根切

用范成法加工齿轮时，刀具的齿顶将被加工齿轮齿根附近的渐开线切去一部分，这种现象称为根切，如图 8-10 所示。

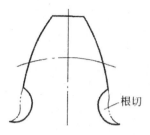

图 8-10 轮齿的根切现象

8.6.2 标准外齿不根切的最少齿数

图 8-11 所示为齿条插刀加工标准直齿圆柱外齿轮的情况,当切削完成时,插刀的分度线应与齿轮的分度圆相切,作啮合线 PN_1,由渐开线的性质可知基圆内无渐开线,所以刀具齿顶不能超过 N_1 点,否则就会产生根切,即有

$$PB \leqslant PN_1$$

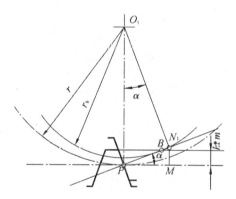

图 8-11 避免根切产生的条件

由图可知: $PB = \dfrac{h_a^* m}{\sin \alpha}$

$$PN_1 = \overline{O_1P} \sin\alpha = r \sin\alpha = \dfrac{mz}{2} \sin\alpha$$

$$\Rightarrow \dfrac{h_a^* m}{\sin \alpha} \leqslant \dfrac{mz}{2} \sin\alpha$$

$$\Rightarrow z \geqslant \dfrac{2h_a^*}{\sin^2 \alpha}$$

当 $\alpha = 20°$、$h_a^* = 1$ 时,$z \geqslant 17$。

即不发生根切的最少齿数：$z_{\min}=17$。

8.6.3 标准内齿的最少齿数

为了保证内齿在齿顶高范围内齿廓曲线全部为渐开线，齿顶圆直径不得小于基圆直径，如图 8-12 所示。

$$r_a \geq r_b$$
$$\Rightarrow r - h_a \geq r\cos\alpha$$
$$\Rightarrow \frac{mz}{2} - h_a^* m \geq \frac{mz}{2}\cos\alpha$$
$$\Rightarrow \frac{z}{2}(1-\cos\alpha) \geq h_a^*$$
$$z \geq \frac{2h_a^*}{1-\cos\alpha}$$

对于标准齿轮，$\alpha=20°$、$h_a^*=1$，代入上式中得 $z \geq 34$。

即标准内齿轮不发生根切的最少齿数为 34。

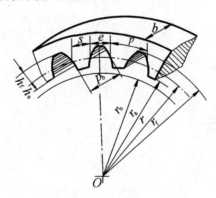

图 8-12 直齿内齿轮

8.7 变位齿轮传动简介

8.7.1 变位齿轮概述

1. 渐开线标准齿轮的局限性

（1）标准齿轮齿数受根切限制，不能取太少，所以结构尺寸较大。

（2）标准齿轮传动的中心距 a 不能按实际要求调整。

（3）配对的标准齿轮，小齿轮齿根厚度较薄，故轮齿的接触强度和弯曲强度均较大齿轮低，小齿轮齿根的滑动系数也比大齿轮的大，磨损较严重。

为了改善和解决标准齿轮的这些不足，工程上广泛使用变位修正齿轮。

2. 变位齿轮的概念

如图 8-13 所示，当齿条插刀按虚线位置安装时，齿顶线超过极限点 N_1，加工出的齿轮将产生根切。若将齿条插刀远离轮心 O_1 一段距离（xm）至实线位置，齿顶线不再超过极限点 N_1，加工出的齿轮则不会发生根切，但此时齿条的分度线与齿轮的分度圆不再相切。这种改变刀具与齿坯相对位置后切制出来的齿轮称为变位齿轮，刀具移动的距离 xm 称为变位量，x 称为变位系数。刀具远离轮心的变位称为正变位，此时 $x>0$；刀具移近轮心的变位称为负变位，此时 $x<0$。标准齿轮就是变位系数 $x=0$ 的齿轮。由图 8-13 可知，加工变位齿轮时，齿轮的模数、压力角、齿数以及分度圆、基圆均与标准齿轮相同，所以两者的齿廓曲线是同一基圆上的渐开线，只是截取了不同的部位，如图 8-14 所示。由图可知，正变位齿轮齿根部分的齿厚增大，提高了齿轮的抗弯强度，但齿顶减薄；负变位齿轮则与其相反。

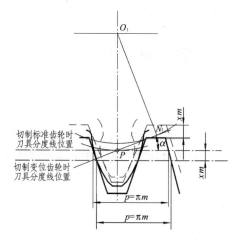

图 8-13　切制变位齿轮

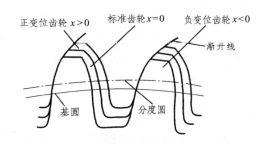

图 8-14　变位齿轮的齿廓

8.7.2　变位齿轮的特性

1. 调整齿厚

如图 8-13 所示，刀具变位后，轮齿（实线）位置的分度圆齿厚增大，齿槽宽相应减小，因此对齿轮分别采用不同的变位系数 x_1、x_2，便可调整两轮的齿厚。

2. 调整中心距

由于两轮齿厚、齿槽宽的变化，变位齿轮机构的中心距 a' 将随 x_1、x_2 而变化，适当调整 x_1、x_2，便可调整中心距。

3. 可以避免根切

用展成法切制齿数少于最少齿数的齿轮时，为避免根切必须采用正变位齿轮。当刀具的齿顶线正好通过 N_1 点时，刀具的移动量为最小，此时的变位系数称为最小变位系数，用 $x_{\min}$ 来表示。由图 8-13 可知，变位齿轮的最小变位系数为

$$x_{\min} = h_a^* \frac{z_{\min} - z}{z_{\min}}$$

当 $\alpha=20°$，$h_a^*=1$ 时 $\qquad x_{\min} = \frac{17-z}{17}$

当 $z<z_{\min}$ 时，$x_{\min}>0$，说明此时必须采用正变位才能避免根切；当 $z>z_{\min}$ 时，$x_{\min}<0$，说明只要 $x \geqslant x_{\min}$，齿轮则不会产生根切。

8.8 齿轮的失效形式与设计准则

8.8.1 齿轮的失效形式

齿轮传动是机械传动中运用很广泛的一种传动方式，它有闭式和开式、硬齿面（硬度>350HBS）和软齿面（硬度≤350HBS）、高速和低速、重载与轻载、平稳和冲击等不同的运用场合，其失效形式不尽相同，但概括起来有以下几种。

1. 轮齿折断

齿轮的轮齿在工作中相当于一个悬臂梁，所以折断发生在根部。折断有以下几种。

（1）疲劳断裂：齿轮无论是单向受载还是双向受载，它的外力都是周期性变化的，从而就产生了脉动循环的弯曲应力，且根部最大，再加上过渡部分有应力集中，当实际应力值超过弯曲疲劳极限时，就会产生疲劳裂纹，并逐渐扩展到折断。

（2）过载折断：齿轮突然严重过载或因磨损齿根较薄，导致实际弯曲应力值大于强度极限而折断。

（3）局部折断：由于设计不合理，宽度过大，或制造安装精度太低，沿齿宽载荷分布不均而致使轮齿部分折断，如图 8-15 所示。

2. 齿面点蚀

由于齿轮传动是线接触，产生的齿面接触应力很大，且对单个齿来说载荷大小是周期性变化的，导致接触应力是脉动的，当脉动的接触应力超过材料的接触疲劳极限时，就会产生疲劳裂纹，随着裂纹的扩展导致表面金属微粒剥落，形成小麻点，这就是齿面点蚀。齿面点蚀常发生在节线靠近齿根部分，如图 8-16 所示。

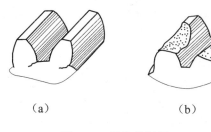

图 8-15　轮齿的折断　　　　　　图 8-16　齿面点蚀

3. 齿面磨损

齿轮在啮合过程中存在相对滑动，齿面因摩擦而磨损是不可避免的。磨损有两种：一种是跑合，它是新齿轮在正常使用前，先加轻载短期运行，目的是让两齿面逐渐磨光、贴合；另一种是磨料磨损，是金属微粒、砂粒、尘土进入啮合面而引起的，如图 8-17 所示。齿面磨损使得齿厚变薄、侧隙增大、振动和噪声增大、传动精度降低。

4. 齿面胶合

齿轮在高速重载传动中，啮合区局部高压、高温使得油膜破坏，金属直接接触而黏在一起，因此滑动时软金属表面将沿滑动方向划伤或撕下来，形成沟纹，这种现象就称为胶合，如图 8-18 所示。

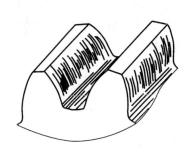

图 8-17　齿面磨损　　　　　　图 8-18　齿面胶合

5. 齿面塑性变形

齿轮传动载荷过大，相互间的作用力将首先使较软齿面发生塑性变形，破坏齿形，影响齿轮的正常啮合，如图8-19所示。

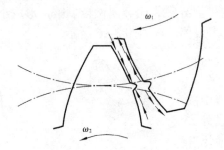

图8-19 齿面的塑性流动

8.8.2 齿轮传动的设计准则

齿轮设计要根据齿轮传动工作条件、主要失效形式等，选择合理的设计准则，来保证齿轮有足够的承载力和使用寿命。

1. 闭式齿轮传动

闭式齿轮传动根据齿面硬度可以分为硬齿面（硬度＞350HBS）和软齿面（硬度≤350HBS），由于软齿面齿轮传动的主要失效形式是点蚀，因此先按齿面接触疲劳强度来设计齿轮的主要参数和尺寸，然后进行齿根的弯曲疲劳强度校核。硬齿面齿轮传动的主要失效形式是齿根折断，因此先按齿根弯曲疲劳强度设计齿轮的主要参数和尺寸，然后进行齿面的接触疲劳强度校核。

2. 开式齿轮传动

开式齿轮传动中，主要失效形式是齿面磨损和齿根弯曲疲劳断裂，目前还没有很完善的设计计算方法，通常按弯曲疲劳强度进行设计，确定齿轮模数，考虑磨损的影响，将模数加大10%～20%后再进行尺寸计算，无需校核接触疲劳强度。

8.9 齿轮的材料及传动精度

8.9.1 齿轮材料及热处理

由齿轮的失效形式分析可知，要增强齿轮抗点蚀、磨损、胶合和塑性变形的能力，齿轮表面应有较高的硬度；要提高齿轮抗齿根折断和承受冲击载荷的能力，齿轮应有足够的韧性。即表面硬、芯部韧。目前常用的齿轮材料是钢，其次是铸铁，有时也采用铝和一些非金属材料制作齿轮。

1. 锻钢

除尺寸过大（d_a＞400～600 mm）或结构形状只宜铸造之外，一般都用锻钢制造齿轮，通常用含碳量在 0.15%～0.6%的碳钢或合金钢。

（1）软齿面齿轮

通常中碳钢正火处理或中碳钢、中碳合金钢调质处理，如 45 钢、40Cr、42SiMn 等，这种齿轮适宜于强度、精度等要求不高的一般机械的传动中。由于小齿轮单齿啮合次数多，为了使大小齿轮的使用寿命接近，通常使小齿轮的齿面硬度比大齿轮高 30～50HBS。

（2）硬齿面齿轮

通常用中碳钢、中碳合金钢淬火处理，或低碳钢、低碳合金钢渗碳淬火处理，如 20 钢、20Cr、20CrMnTi 等。另外，渗氮处理也常用于中碳合金钢，其表面硬度较高、变形小，不需要磨削，但不宜用于有冲击和磨料磨损的场合。硬齿面齿轮常用于高速重载、结构紧凑的机械传动中。

2. 铸钢

铸钢常用于齿轮直径较大不便锻造的情况，其耐磨性和均匀性较好，但铸钢齿坯应经过正火处理，必要时也可进行调质处理，以细化晶粒。

3. 铸铁

普通灰口铸铁的抗弯强度、耐冲击及耐磨性能较差，但抗胶合和点蚀能力较好，因此常用于工作平稳、速度低、功率较小的场合。常用的有灰铸铁和球墨铸铁两种，闭式传动中可用球墨铸铁代替铸钢。

4. 非金属材料

在高速、轻载及精度不高的场合，为了降低噪声常采用夹布胶木、尼龙、工程塑料等作小齿轮，大齿轮仍用钢或铸铁。

常用齿轮材料的力学性能见表 8-5。

8-5 常用齿轮材料及力学性能

材料	牌号	热处理方式	硬度	强度极限/MPa	应用范围
优质碳素钢	45	正火	169～217 HBS	588	低速轻载
		调质	229～286 HBS	647	低速中载
		表面淬火	40～50 HRC	750	高速中载或低速重载

(续表)

材料	牌号	热处理方式	硬度	强度极限/MPa	应用范围
优质碳素钢	50	正火	180～220 HBS	620	低速轻载
合金钢	40Cr	调质	241～286 HBS	735	中速中载
		表面淬火	48～55 HRC	900	高速中载，无剧烈冲击
	35SiMn 42SiMn	调质 表面淬火	229～286 HBS 45～55 HRC	785	高速中载，无剧烈冲击
	38SiMnMo	调质 表面淬火	229～286 HBS 45～55 HRC	735	
	20Cr	渗碳淬火	56～62 HRC	637	高速中载，承受冲击
	20CrMnTi	渗碳淬火	56～62 HRC	1079	
铸钢	ZG310～570	正火 表面淬火	162～197 HBS 40～50 HRC	570 570	中速、中载、大直径
	ZG340～640	正火 调质	179～207 HBS 241～269 HBS	640 700	
灰铸铁	HT300 HT350		182～273 HBS 157～236 HBS	250 290	低速轻载，冲击很小
球墨铸铁	QT500-7 QT600-3	正火 正火	170～230 HBS 190～270 HBS		低、中速轻载，有小的冲击
非金属材料	夹布胶木		25～35 HBS	100	高速、轻载，精度不高

8.9.2 齿轮许用应力

1. 接触疲劳许用应力

$$[\sigma_H] = \frac{\sigma_{Hlim} \cdot Z_N \cdot Z_L \cdot Z_V \cdot Z_R \cdot Z_W \cdot Z_X}{S_{Hmin}}$$

式中　σ_{Hlim}——试验齿轮的失效概率为 1%时齿轮接触疲劳极限，常用材料的 σ_{Hlim} 如图 8-20 所示；

Z_N——接触强度计算的寿命系数，可查图 8-21，图中的 N_C 是应力循环次数，$N=60njL_H$，式中 n 是齿轮转速，单位是 r/min，j 是转一周齿轮同侧齿面的啮合次数，L_H 是齿轮的工作寿命，单位是小时。

Z_L，Z_V，Z_R，Z_W，Z_X——分别是润滑剂系数、速度系数、粗糙度系数、工作硬化系数、接触强度计算尺寸系数，具体数据可查有关设计手册，这里为了计算方便把它们的值均取为 1；

S_{Hmin}——接触强度的最小安全系数，其值见表 8-6。

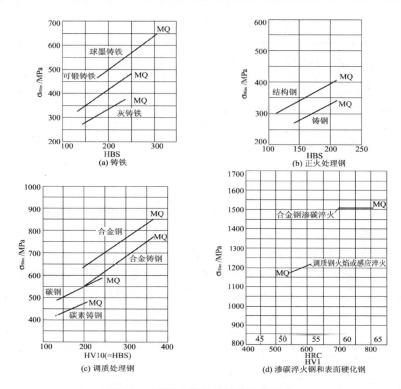

图 8-20　试验齿轮的接触疲劳极限 $\sigma_{H\lim}$

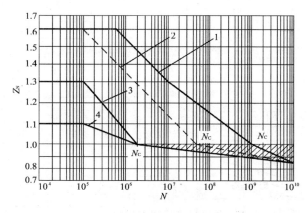

图 8-21　接触疲劳寿命系数 Z_N

1—允许一定点蚀时的结构钢，调质钢，球墨铸铁（珠光体、贝氏体），珠光体可锻铸铁，渗碳淬火钢的渗碳钢；2—材料同 1，不允许出现点蚀；火焰或感应淬火的钢；3—灰铸铁，球墨铸铁（铁素体），渗氮的渗氮钢，调质钢、渗碳钢；4—碳氮共渗的调质钢，渗碳钢

表 8-6 安全系数 S_{Hmin} 和 S_{fmin}

安全系数	软齿面（≤350HBS）	硬齿面（>350HBS）	重要的传动、渗碳淬火齿轮或铸造齿轮
S_{Hmin}	1.0～1.10	1.1～1.2	1.3
S_{Fmin}	1.3～1.4	1.4～1.6	1.6～2.2

2. 齿根弯曲疲劳许用应力

$$[\sigma_F] = \frac{\sigma_{Flim} \cdot Y_{ST} \cdot Y_N \cdot Y_{\delta relT} \cdot Y_{RrelT} \cdot Y_X}{S_{Fmin}}$$

式中　σ_{Flim}——试验齿轮的失效概率为1%时齿轮接触疲劳极限，常用材料的 σ_{Flim} 如图8-22所示；

　　　Y_N——弯曲强度计算寿命系数，可查图8-23；

　　　$Y_{ST}, Y_{\delta relTn}, Y_{RrelT}, Y_X$——分别是指齿轮的应力修正系数、相对齿根圆角敏感系数、相对齿根表面状况系数、弯曲强度计算的尺寸系数，具体数据可查相关手册，为计算方便这里把它们的值都取为1。

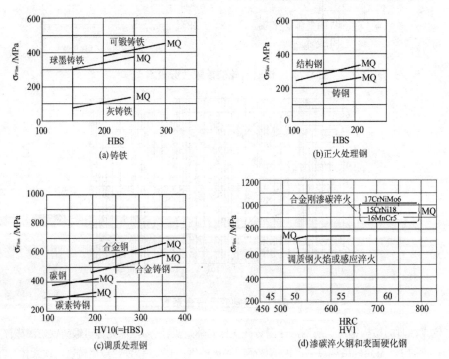

图 8-22　试验齿轮的齿根弯曲疲劳强度极限 σ_{Flim}

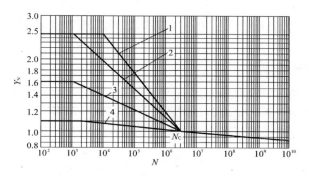

图 8-23 弯曲疲劳寿命系数 Y_N

1—调质钢，球墨铸铁（珠光体、贝氏体），珠光体可锻铸铁；2—渗碳淬火的渗碳钢，火焰或感应表面淬火的钢、球墨铸铁；3—渗氮的渗氮钢，球墨铸铁（铁素体），结构钢，灰铸铁；4—碳氮共渗的调质钢、渗碳钢

8.9.3 齿轮的精度

GB10095—1988 将渐开线圆柱齿轮的精度标准规定了 12 个精度等级，其中 1 级精度最高，12 级精度最低，常用的是 6～9 级精度。

精度等级的选择应根据齿轮使用条件、圆周速度的高低、功率的大小来确定，不能太高，否则会增加制造难度和成本；也不能太低，否则会影响齿轮传动的平稳性，设计时可参考表 8-7 选择。

表 8-7 常用精度等级的齿轮加工方法及应用范围

			齿轮的精度等级			
			6 级（高精度）	7 级（较高精度）	8 级（普通）	9 级（低精度）
加工方法			用展成法在精密机床上精磨或精剃	用展成法在精密机床上精插或精滚，对淬火齿轮需磨齿或研齿等	用展成法插齿或滚齿	用展成法或仿形法粗滚或铣削
齿面粗糙度 $Ra/\mu m(\leq)$			0.80～1.60	1.60～3.2	3.2～6.3	6.3
用途			用于分度机构或高速重载的齿轮，如机床、精密仪器、汽车、船舶、飞机中的重要齿轮	用于高、中速重载齿轮，如机床、汽车、内燃机中的较重要齿轮，标准系列减速器中的齿轮	一般机械中的齿轮，有属于分度系统的机床齿轮，飞机、拖拉机中不重要的齿轮，纺织机械、农业机械中的重要齿轮	轻载传动的不重要齿轮，低速传动，对精度要求低的齿轮
圆周速度 $v/m \cdot s^{-1}$	圆柱齿轮	直齿	≤15	≤10	≤5	≤3
		斜齿	≤25	≤17	≤10	≤3.5
	圆锥齿轮	直齿	≤9	≤6	≤3	≤2.5

8.10 齿轮的结构、润滑和效率

8.10.1 齿轮的结构

齿轮的结构由轮缘（即轮齿部分）、轮毂（与轴配合定位部分）和轮辐（联接轮缘和轮毂部分）组成。轮缘部分由齿轮参数计算决定；轮毂部分要根据与之相联接轴的直径来确定；轮辐部分根据齿轮直径来选择。常用的齿轮结构有以下几种。

1. 齿轮轴

齿轮直径与轴直径相差较小，导致键槽底部到齿根圆的距离：圆柱齿轮小于（2~2.5）m_n；圆锥齿轮小于（1.6~2）m_n 时，可将齿轮和轴制为一体，称之为齿轮轴，如图 8-24 所示。

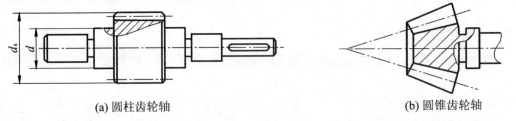

(a) 圆柱齿轮轴   (b) 圆锥齿轮轴

图 8-24 齿轮轴

2. 实体式齿轮

当齿顶圆直径 $d_a \leqslant 200$ mm 时，可将齿轮制成轮辐与齿宽相等的实心式。它结构简单，常用锻钢制造，如图 8-25 所示。

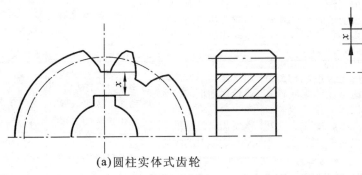 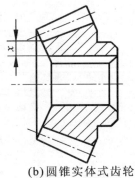

(a) 圆柱实体式齿轮   (b) 圆锥实体式齿轮

图 8-25 实体式齿轮

3. 腹板式

当齿顶圆直径 d_a=200～500 mm 时,可将齿轮制成腹板式,常用锻钢制造,结构如图 8-26 所示,其中部分尺寸由经验公式确定。

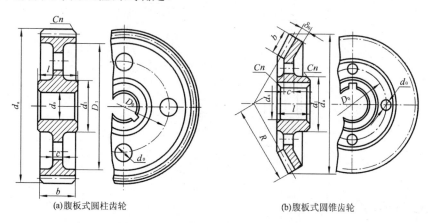

(a) 腹板式圆柱齿轮　　　　　　(b) 腹板式圆锥齿轮

图 8-26　腹板式圆柱、圆锥齿轮

$d_1=1.6d_s$（铸钢）　　　　　　　　$d_1=1.8d_s$（铸铁）
$D_1=d_a-(10\sim12)m_n$　　　　　　$l=(1.2\sim1.3)d_s$
$d_0=0.25(D_1-d_1)$　　　　　　　　$c=(0.1\sim0.17)l>10$ mm
$c=0.3b$　　　　　　　　　　　　　$\delta_0=(3\sim4)m>10$ mm
$l=(1.2\sim1.3)d_s\geqslant b$　　　　　　D_0 和 d_0 根据结构确定
$n=0.5m$

4. 轮辐式

当齿顶圆直径 d_a>500 mm 时,其毛坯制造受到锻造设备限制,常用铸铁制造,结构如图 8-27 所示。

$d_1=1.6d_s$（铸钢）　　　　　　　　$d_1=1.8d_s$（铸铁）
$D_1=d_a-(10\sim12)m_n$
$h=0.8d_s$
$h_1=0.8h$
$c=0.2h$
$s=\dfrac{h}{6}$
$l=(1.2\sim1.5)d_s$
$n=0.5m_n$

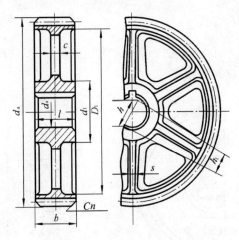

图 8-27 铸造轮辐式圆柱齿轮

8.10.2 齿轮的润滑

齿轮在传动过程中有相对滑动,就会带来摩擦、磨损和发热,从而会降低齿轮的使用寿命。润滑不仅有减小磨损和散热的作用,还可以防锈和降低噪声,使齿轮工作环境得到改善。

1. 润滑方式

闭式齿轮传动的润滑方式应根据齿轮圆周速度的大小来选择。

(1) 浸油润滑

当圆周速度 $v<12$ m/s 时,通常采用浸油润滑,如图 8-28(a)所示,大齿轮浸入油池中的深度约为一个齿高,但不得低于 10 mm。多级传动时未浸入油的齿轮可用带油轮,如图 8-28(b)所示。

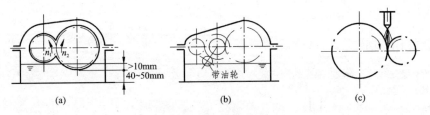

图 8-28 齿轮润滑

(2) 喷油润滑

当圆周速度 $v>12$ m/s 时,黏附在齿面的润滑油会因离心力太大被甩掉,而用浸油润滑搅油剧烈,功率损失大。所以采用油泵通过油道把润滑油直接喷到齿轮啮合面上,如图 8-28

（c）所示。如 $v>25$ m/s，油喷向轮齿啮出的一边，以便借润滑油及时冷却刚啮合过的轮齿。喷油润滑的最大优点是润滑可靠，但结构复杂。

对于开式、半开式齿轮传动，通常速度低，精度不高，采用人工定期润滑，所用润滑剂为润滑油或润滑脂。

2. 润滑剂的选择

选择润滑油时，先根据齿轮材料、圆周速度，由表 8-8 确定运动黏度值，再由运动黏度值大小查阅相关手册确定润滑油牌号。

表 8-8　齿轮传动润滑油黏度推荐用值

齿轮材料	强度极限 σ_B/MPa	圆周速度 v/m·s^{-1}						
		<0.5	0.5～1	1～2.5	2.5～5	5～12.5	12.5～25	>25
		运动黏度 $v_{50℃}(v_{100℃})$/mm^2·s^{-1}						
塑料、青铜、铸铁		180(23)	120(1.5)	85	60	45	34	—
钢	450～1000	270(34)	180(23)	120(15)	85	60	45	34
	1000～1250	270(34)	270(34)	180(23)	120(15)	85	60	45
渗碳或表面淬火钢	1250～1580	450(53)	270(34)	270(34)	180(23)	120(15)	85	60

8.10.3　齿轮的传动效率

齿轮传动的效率是机械传动较高的一种，它的主要损失是摩擦损失和搅油损失，装有轴承时，轴承还有摩擦损失，具体情况见表 8-9。

表 8-9　装有轴承的齿轮传动平均效率

传 动 形 式	圆柱齿轮传动	圆锥齿轮传动
6 级或 7 级精度的闭式传动	0.98	0.97
8 级精度的闭式传动	0.97	0.96
开式传动	0.95	0.94

8.11　直齿圆柱齿轮的设计

8.11.1　齿轮的受力分析

为了齿轮的强度计算，必须首先确定齿轮上的受力，如图 8-29 所示，由于齿轮副是高副，它们相互间的作用力 F_n 必在接触点的公法线上（即啮合线上），把 F_n 分解成 F_t 和 F_r。

设齿轮 1 为主动齿轮，由平衡条件有：

圆周力　$F_{t1}=\dfrac{2T_1}{d_1}$

径向力　$F_{r1}=F_{t1}\tan\alpha$

法向力　$F_{n1}=\dfrac{F_{t1}}{\cos\alpha}$

其中，d_1——分度圆直径；α——压力角。

齿轮 2 的受力由作用力和反作用力公理可知：$F_{t2}=-F_{t1}$，$F_{r2}=-F_{r1}$，$F_{n2}=-F_{n1}$。

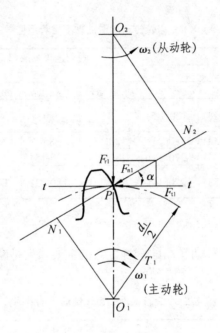

图 8-29　直齿圆柱齿轮传动的受力分析

8.11.2　计算载荷

上述计算的 F_n 是齿轮的名义载荷。实际传动过程中，载荷使得轴和轴承要产生变形，同时齿轮、轴、轴承也存在着制造、安装方面的误差，引起载荷集中，导致实际载荷增加，另外由于原动机和工作机的特性不同，还会产生附加载荷。考虑以上两方面的因素，就必须把计算载荷扩大，即

$$F_{nc}=KF_n$$

式中　K——载荷系数，可查表 8-10。

表 8-10 载荷系数 K

工作机械	载荷特性	原动机		
		电动机	多缸内燃机	单缸内燃机
均匀加料的运输机和加料机、轻型卷扬机、发电机、机床辅助传动	均匀、轻微冲击	1~1.2	1.2~1.6	1.6~1.8
不均匀加料的运输机和加料机、重型卷扬机、球磨机、机床主传动	中等冲击	1.2~1.6	1.6~1.8	1.8~2.0
冲床、钻机、轧机、破碎机、挖掘机	大的冲击	1.6~1.8	1.9~2.1	2.2~2.4

8.11.3 齿轮的强度计算

1. 齿面接触疲劳强度计算

（1）接触疲劳强度校核公式

接触强度计算时，将齿轮啮合简化为两个相接触的平行圆柱，应用弹性力学中的赫兹应力公式推算得

$$\delta_H = 3.52 Z_E \sqrt{\frac{KT_1(\mu \pm 1)}{bd_1^2 \mu}} \leqslant [\delta_H]$$

式中　Z_E——材料的弹性系数，见表 8-11；

μ——大齿轮的齿数与小齿轮的齿数之比，即 $\mu = \dfrac{z_2(大)}{z_1(小)}$；

b——齿宽。

表 8-11 弹性系数 Z_E

两齿轮材料组合	两齿轮均为钢	钢与铸铁	两齿轮均为铸铁
Z_E	189.8	165.4	144

注：计算 Z_E 值时，钢、铁材料的 $\mu=0.3$；钢的 $E=2.60\times10^5 \text{MPa}$；铸铁的 $E=1.18\times10^5 \text{MPa}$。

（2）接触疲劳强度设计公式

$$d_1 \geqslant \sqrt[3]{\frac{KT_1(\mu \pm 1)}{\psi_d \mu} \cdot \left(\frac{3.52 Z_E}{[\delta_H]}\right)^2}$$

式中　ψ_d——齿宽系数，即 $\psi_d = \dfrac{b}{d}$。

注：以上两式中，外啮合用 $\mu+1$，内啮合用 $\mu-1$。

由于齿轮材料通常都选择钢，所以以上两式可简化为

$$\delta_H = 668\sqrt{\frac{KT_1(\mu \pm 1)}{bd_1^2 \mu}}$$

$$d_1 \geqslant 76.43 \sqrt[3]{\frac{KT_1(\mu \pm 1)}{\psi_d \cdot \mu [\delta_H]^2}}$$

2. 齿根弯曲疲劳强度计算公式

进行弯曲强度计算时，可将轮齿看作一个悬臂梁，全部载荷沿法线方向作用于齿顶，用 30º 切线法确定危险截面；利用材料力学中的弯曲强度公式推导得

（1）弯曲疲劳强度校核公式：

$$\delta_F = \frac{2KT_1}{bm^2 z_1} Y_F Y_S \leq [\delta_F]$$

式中　z_1——主动齿轮 1 的齿数；
　　　Y_F——齿形系数，见表 8-12；
　　　Y_S——应力修正系数，见表 8-13。

表 8-12　标准正常齿制外齿轮的齿形系数

z	12	14	16	17	18	19	20	22	25	28
Y_F	3.47	3.22	3.03	2.97	2.91	2.85	2.81	2.75	2.65	2.58
z	30	35	40	45	50	60	80	100	≥200	
Y_F	2.54	2.47	2.41	2.37	2.35	2.30	2.25	2.18	2.14	

表 8-13　标准正常齿制外齿轮的应力修正系数

z	12	14	16	17	18	19	20	22	25	28
Y_S	1.44	1.47	1.51	1.53	1.54	1.55	1.56	1.58	1.59	1.61
z	30	35	40	45	50	60	80	100	≥200	
Y_S	1.63	1.65	1.67	1.69	1.71	1.73	1.77	1.80	1.88	

（2）弯曲疲劳强度设计公式：

$$m \geqslant 1.26 \sqrt[3]{\frac{KT_1 \cdot Y_F \cdot Y_S}{\psi_d \cdot z_1^2 [\delta_F]}}$$

因齿轮的齿数、材料不同，所以 Y_F、Y_S 和 $[\delta_F]$ 都有可能不一样；因此校核时要分别校核两

齿轮的齿根弯曲疲劳强度；设计时应选择两齿轮中 $\dfrac{Y_F Y_S}{[\delta_F]}$ 值大的代入计算式，确定模数。

8.11.4 齿轮传动主要设计参数的选择

齿轮传动的参数可分 3 大类：一类是由国家标准规定的，如压力角 α、齿顶高系数 h_a^*、顶隙系数 c^* 等；第二类是通过强度计算来确定并调整的，如模数 m；第三类是根据经验和齿轮的工作情况来选定的，如齿数 z、传动比 i、齿宽系数 ψ_d 等。以下是对第三类参数选择作的一个分析。

1. 齿数 z

设计标准齿轮时，应保证不发生根切，外齿轮齿数 $z \geqslant 17$、内齿轮齿数 $z \geqslant 34$；另外，同一分度圆直径的齿轮，齿数增多，会使重合度增加，运转平稳，同时全齿高降低，减少了切削加工量，但也会导致齿根弯曲疲劳强度降低，所以应在保证弯曲疲劳强度的前提下，取较多齿数为宜。

闭式传动中，软齿面的齿轮弯曲疲劳强度有余，所以齿数可适当多取，通常取 $z_1=24 \sim 40$。

硬齿面齿轮，齿根弯曲是其主要失效形式，为提高弯曲疲劳强度，传动结构紧凑，齿数可适当减少，通常 $z_1=18 \sim 20$。

开式传动中，其主要失效形式是磨损，磨损就会导致轮齿变薄，弯曲疲劳强度降低，所以也不宜选多齿数，常取 $z_1=17 \sim 20$。

2. 传动比 i

齿轮传动中，单级传动比太大，不仅致使结构庞大，而且使大小、齿轮的寿 i 相差太大，不符合等强度设计的原则。根据经验有以下几点规定。

（1）单级齿轮传动 $i<8$；

圆柱直齿 $i<3$，最大可达 5；圆柱斜齿 $i<5$，最大可达 8；齿轮 $i \leqslant 3$，最大可达 $i \leqslant 5 \sim 7.5$。

（2）双级齿轮传动 $i<8 \sim 40$。

（3）总传动比超过 40，可以分为三级或更大，齿轮宽度增加，承载能力增强，布不均，载荷集中严重。具体选择时可参

3. 齿宽系数 ψ_d

表8-14 齿宽系数 ψ_d 的推荐范围

支承对齿轮的配置	载荷特性	ψ_d 的最大值		ψ_d 的推荐值	
		工作齿面硬度			
		一对或一个齿轮 ≤350HB	两个齿轮都是 >350HB	一对或一个齿轮 ≤350HB	两个齿轮都是 >350HB
对称配置并靠近齿轮	变动较小	1.8(2.4)	1.0(1.4)	0.8~1.4	0.4~0.9
	变动较大	1.4(1.9)	0.9(1.2)		
非对称配置	变动较小	1.4(1.9)	0.9(1.2)	0.6~1.2	0.3~0.6
	变动较大	1.15(1.65)	0.7(1.1)	0.4~0.8	0.2~0.4
小齿轮悬臂配置	变动较小	0.8	0.55		
	变动较大	0.6	0.4		

一般情况下,小齿轮的齿宽应比大齿轮宽5~10 mm,但强度计算时应以大齿轮宽度为准。

8.11.5 圆柱直齿轮的设计过程

齿轮设计,就是根据给定条件,选择合适的材料,通过强度计算确定齿轮的基本参数和主要尺寸的过程,一般设计步骤如下:

(1) 根据已知条件,选择材料和热处理方式,确定许用应力;

(2) 根据齿轮工作情况来初定部分参数,如齿数 z、齿宽系数 ψ_d、圆周速度、精度等级、润滑方式等;

(3) 根据设计准则来确定部分参数,如模数或直径等;

(4) 确定齿轮的结构和几何尺寸的计算;

(5) 根据设计准则校核齿轮强度;

(6) 校核圆周速度;

(7) 绘制零件工作图。

例8-2 一级直齿圆柱齿轮减速器的设计。已知:传递功率为 $P=10$ kW,电动机驱动,小齿轮转速为955 r/min,传动比 $i=4$,单向运转,载荷平稳。单班制工作,使用寿命为10年。

解:(1) 确定齿轮材料

参照表8-5,小齿轮为45钢调质,硬度为229~286 HBS;大齿轮为45钢正火,硬度为169~217HBS。由表8-... $\sigma_{Hlim1} = $ ... $\sigma_{Flim1} = 410$ $S_F = 1.3$。

由图8-20可知: $\sigma_{Hlim2} = $ ...

由图8-22可知: $\sigma_{Flim2} = 370$ MP...

由图 8-21 可知：$Z_{N1}=1$，$Z_{N2}=1.06$
由图 8-23 可知：$Y_{N1}=Y_{N2}=1$

$$[\sigma_{H1}] = \frac{Z_{N1}\sigma_{H\lim 1}}{S_H} = \frac{1\times 560}{1} \times 560(\text{MPa})$$

$$[\sigma_{H2}] = \frac{Z_{N2}\sigma_{H\lim 2}}{S_H} = \frac{1.06\times 400}{1} \times 424(\text{MPa})$$

则

$$[\sigma_{F1}] = \frac{Y_{N1}\sigma_{F\lim 1}}{S_F} = \frac{1\times 410}{1.3} = 315(\text{MPa})$$

$$[\sigma_{F1}] = \frac{Y_{N2}\sigma_{F\lim 2}}{S_F} = \frac{1\times 370}{1} = 285(\text{MPa})$$

（2）强度计算

两齿轮都是软齿面（HBS＜350），所以应按接触疲劳强度设计。

① 转矩 $T_1 = 9.55\times 10^6 \times \frac{P}{n_1} = 9.55\times 10^6 \times \frac{10}{955} = 10^5 \text{N}\cdot\text{mm}$

② 载荷系数 K：由表 8-10 可取 $K=1.1$；选择 8 级精度的齿轮传动。

③ 小齿轮齿数 z_1 和齿宽系数 ψ_d

取小齿轮齿数 $z_1=25$，则大齿轮齿数为 $z_2=100$，由表 8-14 可选取 $\psi_d=1$

由

$$d_1 \geq 76.43\sqrt[3]{\frac{KT_1(\mu+1)}{\psi_d \cdot \mu[\sigma_H]^2}}$$

$$= 76.43\sqrt[3]{\frac{1.1\times 10^5 \times (4+1)}{1\times 4\times 560^2}}$$

$$= 58.3(\text{mm})$$

$$m = \frac{d_1}{z_1} = \frac{58.3}{25} = 2.33(\text{mm})$$

由表 8-2 取标准模数 $m=2.5$ mm。

（3）确定齿轮的主要尺寸和结构

① 主要尺寸：

$$d_1 = mz_1 = 2.5\times 25 = 62.5(\text{mm})$$
$$d_2 = mz_2 = 2.5\times 100 = 250(\text{mm})$$
$$b = \psi_d \times d_1 = 1\times 62.5 = 62.5(\text{mm})$$

圆整后：$b_2=65$ mm

$$b_1=b_2+5=70 \text{ mm}$$

$$a = \frac{1}{2}(d_1 + d_2) = \frac{1}{2} \times (62.5 + 250) = 156.25 \text{(mm)}$$

② 结构：小齿轮选用，实体式大齿轮选用，腹板式

（4）强度校核

① 齿形系数 Y_F

由表 8-12 可得 Y_{F1}=2.65，Y_{F2}=2.18

② 应力修正系数 Y_S

由表 8-13 可得 Y_{S1}=1.56，Y_{S2}=1.80

$$\sigma_{F1} = \frac{2KT_1}{bm^2 z_1} \cdot Y_F \cdot Y_S$$

$$= \frac{2 \times 1.1 \times 10^5}{65 \times 2.5^2 \times 25} \times 2.65 \times 1.56$$

故：$= 125 \text{MPa} < [\sigma_{F1}] = 315 \text{(MPa)}$

$$\sigma_{F2} = \sigma_{F1} \cdot \frac{Y_{F2} \cdot Y_{S2}}{Y_{F1} \cdot Y_{S1}} = 125 \times \frac{2.18 \times 1.8}{2.65 \times 1.56}$$

$\approx 116 \text{MPa} < [\sigma_{F2}] = 285 \text{(MPa)}$

所以，齿根弯曲强度足够。

（5）验算圆周速度

$$v = \frac{\pi d_1 n_1}{60 \times 1000} = \frac{3.14 \times 62.5 \times 955}{60 \times 1000} = 3.12 \text{ (m/s)}$$

由表 8-7 可知选择 8 级精度是合适的。

8.12 斜齿圆柱齿轮的参数及设计

8.12.1 斜齿轮的形成和啮合特点

斜齿圆柱齿轮齿廓曲面的形成原理和直齿轮相似，如图 8-30、图 8-31 所示。所不同的是形成渐开线齿面的直线 KK' 不再与轴线平行，而是与其成 β_b 角。

当发生面 S 在基圆柱上做纯滚动时，发生面上与母线 NN' 成一倾斜角 β_b 的斜直线 KK 在空间所走过的轨迹，即为斜齿轮的渐开线螺旋齿面。β_b 称为基圆柱上的螺旋角。

斜齿轮啮合与直齿轮的主要区别是啮合时接触线不一样，如图 8-30、图 8-31 所示，直齿圆柱齿轮的接触线与齿轮轴线平行，齿轮啮合是突然开始和突然分离的，对单对齿而言，载荷是突然加上或卸下的，所以就会造成冲击和噪声，平稳性差，不宜于高速和重载传动。而斜齿圆柱齿轮啮合时接触线与齿轮轴线是倾斜的，啮合过程中接触线由短到长再到短，

对单对齿而言，是逐渐进入啮合，逐渐分离的，载荷也是逐渐增大再逐渐减小的，不会产生冲击，平稳性好于直齿圆柱齿轮，广泛用于各种机械的传动中，但它也有一个缺点，就是啮合过程中会产生一个附加的轴向分力。

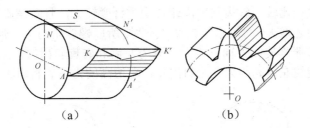

图 8-30　直齿圆柱齿轮渐开线齿廓曲面的形成与接触线

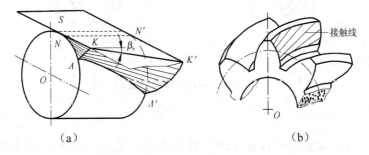

图 8-31　斜齿圆柱齿轮渐开线齿廓曲面的形成与接触线

8.12.2　斜齿圆柱齿轮的主要参数

分析斜齿轮的参数，就必须明确端面和法面的概念。端面是指垂直于斜齿圆柱齿轮轴线的平面，下角标常用 t 表示；法面是指垂直于轮齿的平面，下角标常用 n 表示。斜齿轮的法面参数为标准值，斜齿轮的展开如图 8-32 所示。

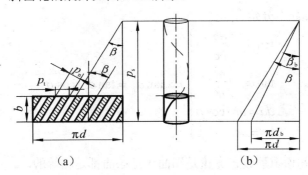

图 8-32　斜齿轮展开图

1. 螺旋角 β

斜齿轮的螺旋角是指分度圆柱面展开图上其螺旋线（螺旋线已展开成一直线）与轴线夹角的锐角，如图 8-32 所示。

与直齿圆柱齿轮相比较，斜齿圆柱齿轮传动重合度较大，且随螺旋角 β 增大而增加，但产生的轴向力也随之增大，对轴系结构设计不利，所以螺旋角的正常范围为 $\beta=8°\sim25°$。

斜齿圆柱齿轮按照螺旋线方向的不同可分为左旋和右旋斜齿轮，如让斜齿轮的轴线与观察者平行，其螺旋线左边高的为左旋斜齿轮，右边高的为右旋斜齿轮，如图 8-33 所示。

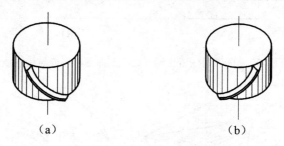

图 8-33 斜齿轮轮齿的旋向

2. 模数

由图 8-32 可知，端面齿距 p_t 和法面齿距 p_n 的关系是 $p_n=p_t\cos\beta$，由模数与齿距的关系有 $\pi m_n = \pi m_t \cos\beta$，可得法面与端面模数的关系为 $m_n=m_t\cos\beta$。

3. 压力角

图 8-34 所示为一斜齿条的一个齿，根据啮合条件可推出与之相啮合的斜齿轮的端面和法面压力角应等于该齿条的端面和法面压力角。图中 α_t 和 α_n 分别是斜齿条的端面和法面压力角，在 $\triangle abc$ 和 $\triangle ade$ 中分别有

$$\left.\begin{aligned}\tan\alpha_t &= \frac{ab}{bc}\\ \tan\alpha_n &= \frac{ab}{dc}\\ da &= ab\cdot\cos\beta\\ bc &= dc\end{aligned}\right\} \Rightarrow \tan\alpha_n = \tan\alpha_t \cdot \cos\beta$$

齿顶高系数 h_a^* 和顶隙系数 c^* 无论是端面还是法面都是相等的。

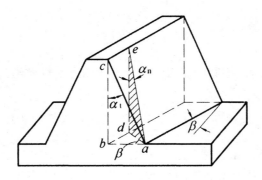

图 8-34　斜齿条的压力角

4. 斜齿轮的几何尺寸

在端面上,斜齿轮啮合就相当于一对直齿轮的啮合。尺寸计算公式如表 8-15 所列。

表 8-15　外啮合标准斜齿圆柱齿轮计算公式

名　称	代　号	计　算　公　式
端面模数	m_t	$m_t = \dfrac{m_n}{\cos\beta}$,$m_n$ 为标准值
螺旋角	β	一般 $\beta = 8° \sim 15°$
端面压力角	α_t	$\alpha_t = \arctan\dfrac{\tan\alpha_n}{\cos\beta}$
分度圆直径	d_1、d_2	$d_1 = m_t z_1 = \dfrac{m_n z_1}{\cos\beta}$,$d_2 = m_t z_2 = \dfrac{m_n z_2}{\cos\beta}$
齿顶高	h_a	$h_a = m_n$
齿根高	h_f	$h_f = 1.25 m_n$
全齿高	h	$h = 2.25 m_n$
齿顶圆直径	d_{a1}、d_{a2}	$d_{a1} = d_1 + 2m_n$,　$d_{a2} = d_2 + 2m_n$
齿根圆直径	d_{f1}、d_{f2}	$d_{f1} = d_1 - 2.5 m_n$,　$d_{f2} = d_2 - 2.5 m_n$
中心距	a	$a = \dfrac{d_1 + d_2}{2} = \dfrac{m_n}{2\cos\beta}(z_1 + z_2)$

5. 斜齿轮正确啮合条件和当量齿数

(1) 正确啮合条件:

$$\begin{cases} m_{n1} = m_{n2} = m_n \\ \alpha_{n1} = \alpha_{n2} = \alpha_n = 20° \\ \beta_1 = -\beta_2 (内啮合时 \beta_1 = \beta_2) \end{cases}$$

$\beta_1 = -\beta_2$ 表示两斜齿轮螺旋角大小相等,方向相反,如不满足 $\beta_1 = -\beta_2$,两斜齿轮变为交错轴传动。

(2)当量齿数 z_V

与斜齿轮法平面内齿形相同的直齿圆柱齿轮就称为该斜齿轮的当量齿轮,其齿数就是当量齿数

$$z_V = \frac{z}{\cos^3 \beta}$$

所以斜齿轮不发生根切的最小齿数为:$z_{\min} = z_{V\min} \cos^3 \beta = 17 \cos^3 \beta$

即小于17齿,具体值要看 β 角的大小。

6. 斜齿轮的受力分析

两圆柱斜齿轮啮合传动时,作用在啮合线上的作用力 F_n(不考虑摩擦)可以分解为3个相互垂直的力,即圆周力 F_t、径向力 F_r 和轴向力 F_a,如图8-35(a)所示。

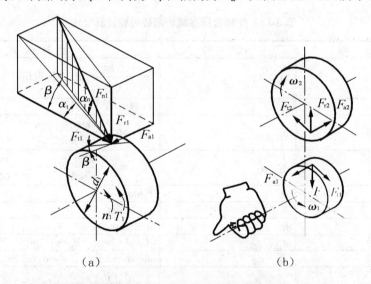

图8-35 斜齿圆柱齿轮的受力分析

圆周力:$F_{t1} = \dfrac{2T_1}{d_1}$

径向力:$F_{r1} = \dfrac{F_t \tan \alpha_n}{\cos \beta}$

轴向力:$F_{a1} = F_t \tan \beta$

轴向力 F_a 在斜齿轮传动中是有害分力,它与斜齿轮倾向方向和旋转方向有关。常用的

判断方法是主动轮左、右手定则，即主动轮左旋用左手，主动轮右旋用右手。用手握住主动轮，四指方向与主动轮旋转方向一致，拇指方向就是主动轮所受的轴向力方向，如图 8-35（b）所示。

7. 斜齿轮的强度计算

（1）齿面接触疲劳强度

校核公式：$\sigma_H = 3.17 Z_E \sqrt{\dfrac{KT_1(u \pm 1)}{bd_1^2 u}} \leq [\sigma_H]$

设计公式：$d_1 \geq \sqrt[3]{\dfrac{KT_1(u \pm 1)}{\psi_d u} \cdot \left(\dfrac{3.17 Z_E}{[\sigma_H]}\right)^2}$

（2）齿根弯曲疲劳强度

校核公式：$\sigma_F = \dfrac{1.6 KT_1}{bm_n d_1} \cdot Y_F \cdot Y_S = \dfrac{1.6 KT_1 \cos\beta}{bm_n^2 \cdot z_1} Y_F Y_S \leq [\sigma_F]$

设计公式：$m_n \geq 1.17 \sqrt[3]{\dfrac{KT_1 \cos^2\beta Y_F Y_S}{\psi_d z_1^2 [\sigma_F]}}$

注意：设计时应将 $\dfrac{Y_{F1} Y_{S1}}{[\sigma_F]_1}$ 和 $\dfrac{Y_{F2} Y_{S2}}{[\sigma_F]_2}$ 进行比较，用较大值代入上式。Y_F 和 Y_S 应按当量齿数 z_v 来查取。

斜齿轮在传动过程中由于产生了轴向力，所以给安装、定位、密封都带来一些困难。为了克服这个缺点，可采用人字齿轮，它相当于两个对称、旋向相反的斜齿轮组合在一起，产生的轴向力相互抵消，但人字齿轮加工困难。

8.13 直齿圆锥齿轮的参数和设计

圆锥齿轮是轮齿分布在圆锥体上，并向锥顶逐渐减小，如图 8-36 所示，常用于相交轴的传动，且轴交角常为 90°。同圆柱齿轮相似，圆锥齿轮也有分度圆锥、齿顶圆锥、齿根圆锥和基圆锥；当圆锥齿轮啮合时，相当于一对做纯滚动的圆锥，称为节圆锥。标准安装时，节圆锥和分度圆锥是重合的，设分度圆锥角分别为 δ_1 和 δ_2，大端分度圆半径为 r_1 和 r_2，齿数为 z_1 和 z_2，则传动比为

$$i_{12} = \dfrac{n_1}{n_2} = \dfrac{\omega_1}{\omega_2} = \dfrac{z_2}{z_1} = \dfrac{r_2}{r_1} = \tan\delta_2 = \tan\delta_1$$

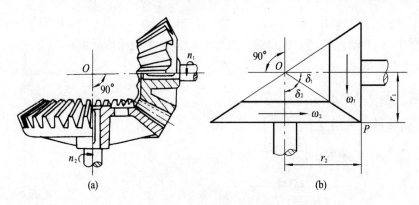

图 8-36 直齿圆锥齿轮传动

8.13.1 圆锥齿轮的当量齿数

当量齿数 z_v 是齿轮加工中刀具选择、设计中强度计算和确定不根切的最少齿数，即

$$z_v = \frac{z}{\cos\delta}$$

可见标准圆锥齿轮不发生根切的最少齿数应是 $z=17\cos\delta$。

直齿圆锥齿轮传动的正确啮合条件可从当量圆柱齿轮的正确啮合条件得到，即

$$\begin{cases} m_1 = m_2 = m \\ \alpha_1 = \alpha_2 = \alpha \\ \delta_1 + \delta_2 = \Sigma \end{cases}$$

式中 Σ 为两轴交轴，正交传动时 $\Sigma = 90°$，斜交传动时 $0° < \Sigma < 180°$。

8.13.2 直齿圆锥齿轮的几何尺寸计算

直齿圆锥齿轮的基本参数是以大端为基准，其参数有大端模数 m、齿数 z_1 和 z_2、压力角 $\alpha = 20°$、分度圆锥角 δ_1 和 δ_2，齿顶高系数 h_a^* 和顶隙系数 c^* 分别等于 1 和 0.2。

直齿圆锥齿轮的模数系列见表 8-16，各部分几何尺寸如图 8-37 所示，几何尺寸计算公式如表 8-17 所列。

表 8-16 直齿圆锥齿轮模数系列（GB/T 12368—1990）

1	1.125	1.25	1.375	1.5	1.75	2	2.25	2.5	2.75
3	3.25	3.5	3.75	4	4.5	5	5.5	6	6.5
7	8	9	10	11	12	14	16	18	20
22	25	28	30	32	36	40	45	50	

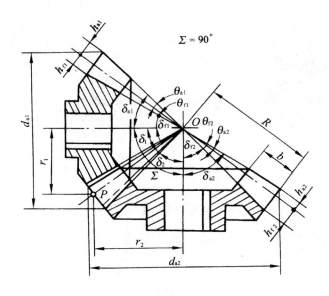

图 8-37 圆锥齿轮的几何尺寸

表 8-17 锥齿轮几何尺寸计算表

名 称	符 号	计 算 公 式
分度圆直径	d	$d=mz$
分度圆锥角	δ	$\delta_2 = \arctan\left(\dfrac{z_2}{z_1}\right)$，$\delta_1 = 90° - \delta_2$
锥距	R	$R = \dfrac{mz}{2\sin\delta}$
齿宽	b	$b \leq (\dfrac{1}{4} - \dfrac{1}{3})R$，但不得大于 10
齿顶圆直径	d_a	$d_a = d + 2h_a\cos\delta$
齿根圆直径	d_f	$d_f = d - 2h_f\cos\delta$
顶锥角	δ_a	$\delta_a = \delta + \theta_a = \delta + \arctan\left(\dfrac{h_a^* m}{R}\right)$
根锥角	δ_f	$\delta_f = \delta - \theta_f = \delta - \arctan\left[(h_a^* + c^*)m/R\right]$

8.13.3 直齿圆锥齿轮的受力分析

圆锥齿轮齿面间的法向作用力 F_n 可近似为集中在齿宽中点的分度圆直径上，即分度圆锥的平均直径 d_{m1} 处，如图 8-38 所示，可将 F_n 分解为相互垂直的圆周力 F_t、径向力 F_r、轴向力 F_a，如传递的扭矩为 T_1，不计摩擦，则三力的计算式如下。

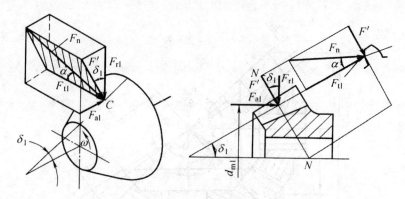

图 8-38 圆锥齿轮的受力分析

圆周力：$F_{t1} = \dfrac{2T_1}{d_{m1}}$

径向力：$F_{r1} = F' \cos\delta = F_{t1} \tan\alpha \cdot \cos\delta$

轴向力：$F_{a1} = F' \sin\delta = F_{t1} \tan\alpha \cdot \sin\delta$

$$d_{m1} = \dfrac{R - 0.5b}{R} d_1 = (1 - 0.5\psi_R) d_1$$

$$d_{m1} = d_1 - b\sin\delta_1$$

一对锥齿轮的受力分析如图 8-39 所示，根据作用力与反作用力原理得

$$F_{t1} = -F_{t2} \qquad F_{r1} = -F_{a2} \qquad F_{a1} = -F_{r2}$$

8.13.4 直齿圆锥齿轮的强度计算（轴交角 $\Sigma = 90°$）

1. 齿面接触疲劳强度

校核公式：$\sigma_H = \dfrac{4.98 Z_E}{1 - 0.5\psi_R} \sqrt{\dfrac{KT_1}{\psi_R d_1^3 u}} \leq [\sigma_H]$

设计公式：$d_1 \geq \sqrt[3]{\dfrac{KT_1}{\psi_R u}\left(\dfrac{4.98 Z_E}{(1 - 0.5\psi_R)[\sigma_H]}\right)^2}$

2. 弯曲疲劳强度

校核公式：$\sigma_F = \dfrac{4KT_1 Y_F Y_S}{\psi_R (1 - 0.5\psi_R)^2 z_1^2 m^3 \sqrt{u^2 + 1}} \leq [\sigma_F]$

设计公式：$m \geq \sqrt[3]{\dfrac{4KT_1Y_FY_S}{\psi_R(1-0.5\psi_R)^2 z_1^2 [\sigma] \cdot \sqrt{u^2+1}}}$

复习题

8-1 什么是齿轮中的分度圆？什么是节圆？二者的直径是否一定相等或一定不相等？

8-2 闭式齿轮传动中，齿面硬度 HB≤350 和 HB>350 的设计观点和方法有什么不同？为什么？

8-3 为什么小齿轮材料比大齿轮材料好一些？

8-4 哪个角是斜齿轮的螺旋角？如何判断左、右旋齿轮？

8-5 斜齿圆柱齿轮传动正确啮合条件是什么？

8-6 直齿圆锥齿轮传动比与分度圆锥角有什么关系？

8-7 一对标准外啮合直齿圆柱齿轮传动，已知 z_1=19，z_2=68，m=2 mm，α=20°，计算小齿轮的分度圆直径、齿顶圆直径、齿根圆直径、基圆直径、齿距以及齿厚和齿槽宽。

8-8 已知一对外啮合标准直齿圆柱齿轮传动，中心距 a=150 mm，传动比 i=2，压力角 α=20°，h_a^*=1，c^*=0.25，m=5 mm。试求两轮的齿数、分度圆、齿顶圆、齿根圆和基圆的直径、齿厚和齿槽宽。

8-9 齿轮的失效形式有哪些？采取什么措施可减缓失效发生？

8-10 齿轮强度设计准则是如何确定的？

8-11 为何要使小齿轮比配对大齿轮宽 5～10 mm？

8-12 一闭式直齿圆柱齿轮传动，已知：传递功率 P = 4.5 kW，转速 n_1=960 r/min，模数 m=3mm，齿数 z_1=25，z_2=75，齿宽 b_1=75 mm，b_2=70 mm。小齿轮材料为 45 钢调质，大齿轮材料为 ZG45 正火。载荷平稳，电动机驱动，单向转动，预期使用寿命 10 年（按 1 年 300 天，每天两班制工作考虑）。试问这对齿轮传动能否满足强度要求而安全工作？

8-13 已知某单级直齿圆柱齿轮减速器的公称功率 P=10kW，主动轴转速 n_1=970 r/min，单向运转，载荷平稳，齿轮模数 m=3 mm，z_1=24，z_2=96，小齿轮齿宽 b_1= 80 mm，大齿轮齿宽 b_2=72 mm，小齿轮材料是 40 Cr 调质，大齿轮材料是 45 钢，调质。试校核此对齿轮的强度。

8-14 设计一单级直齿圆柱齿轮减速器，已知传递的功率为 4 kW，小齿轮转速 n_1= 450 r/min，传动比 i=3.5，载荷平稳，使用寿命 5 年。

第 9 章　蜗杆传动

学习目标　蜗杆传动主要用来传递空间交错的两轴之间的运动和动力。通过对本章的学习，熟悉蜗杆传动的特点、类型、应用与选择方法；掌握阿基米德蜗杆的主要参数计算及选择、几何尺寸和强度的计算方法，了解蜗杆传动的效率、润滑及热平衡计算方法。

9.1　蜗杆传动的类型和特点

蜗杆传动用于传递空间交错的两轴之间的运动和动力，通常两轴间的交错角为 90°。如图 9-1 所示。蜗杆传动由蜗杆与蜗轮组成。一般蜗杆为主动件，蜗轮为从动件，具有自锁性，做减速传动。在机床、汽车、仪器、冶金、矿山及起重设备等传动系统中得到广泛的应用。

图 9-1　蜗杆传动

9.1.1　蜗杆传动的类型

由于蜗轮是用与蜗杆一样的滚刀根据范成原理加工出来的，所以蜗杆传动的类型主要取决于蜗杆的类型。按蜗杆分度曲面形状不同，蜗杆传动可以分为圆柱蜗杆传动[见图 9-2（a）]、圆弧面蜗杆传动[见图 9-2（b）]和锥面蜗杆传动[见图 9-2（c）]。其中圆柱蜗杆传动应用最广。

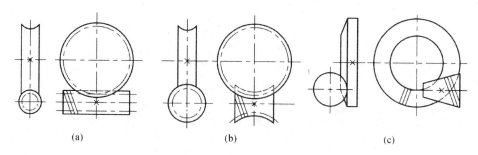

图 9-2 蜗杆传动的类型

圆柱蜗杆传动又有普通圆柱蜗杆传动和圆弧圆柱蜗杆传动两类。

普通圆柱蜗杆传动的蜗杆,通常是用类似于车削螺纹的方法在车床上加工出来的。车刀的刀刃为直线形。车刀的安装位置不同,车削出的蜗杆轮齿螺旋面的形状也不同。按照在垂直于蜗杆轴线的剖面内的齿廓形状(端面齿形),可将普通圆柱蜗杆分为阿基米德蜗杆(ZA 型)、渐开线蜗杆(ZI 型)、法向直廓蜗杆(ZN 型)等,其中阿基米德蜗杆由于加工方便,其应用最广泛。

图 9-3 所示为阿基米德蜗杆,其端面齿廓为阿基米德螺旋线,轴向齿廓为直线,加工方法与车削普通梯形螺纹方法类似,应使刀刃顶平面通过蜗杆轴线。阿基米德蜗杆较容易车削,但难以磨削,不易得到较高精度。

图 9-4 所示为渐开线蜗杆,其端面齿廓为渐开线,加工时刀具的切削刃与基圆相切,两把刀具分别切出左、右侧螺旋面。渐开线蜗杆也可以用滚刀加工,并可在专用机床上磨削,制造精度较高,利于成批生产。

本章只介绍阿基米德蜗杆传动。

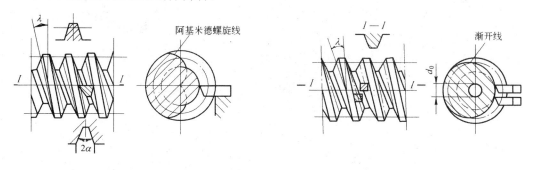

图 9-3 阿基米德蜗杆　　　　　　　　图 9-4 渐开线蜗杆

9.1.2 蜗杆传动的特点

(1) 传动比大,结构紧凑。因 z_1 很小,而 z_2 可以很大,故传动比 i_{12} 可以很大,一般

i_{12}=10～40，最大可达 80。在不传递动力的分度机构中 i_{12} 可达 500 以上，最多可达 1 500。单对蜗杆蜗轮传动就能实现很大的传动比，因而结构很紧凑。

（2）传动很平稳，噪声小。由于蜗杆为连续的螺旋齿，与蜗轮齿啮合过程是逐渐进入并逐渐退出的，同时啮合的齿数又较多，故传动很平稳，无噪声。

（3）具有自锁性。当蜗杆的分度圆导程角 λ 小于啮合面的当量摩擦角 φ_v 时，蜗杆传动具有自锁性。这时，只能以蜗杆为主动件带动蜗轮转动，而不能由蜗轮带动蜗杆转动。这种自锁蜗杆蜗轮传动常用于起重装置中。

（4）蜗杆传动的主要缺点是效率低。这是由于蜗轮和蜗杆在啮合处有较大的相对滑动，因而发热量大，效率较低。传动效率一般为 70%～80%，当蜗杆传动具有自锁性时，效率低于 50%。

（5）蜗轮造价较高。由于齿面间相对滑动速度大，当润滑、散热及润滑油保持清洁等条件不够良好时，齿面易产生胶合和磨损。因此蜗轮常用耐磨性与抗胶合性能较好的材料（如青铜）制造，成本较高。

9.2 蜗杆传动的主要参数和几何尺寸计算

如图 9-5 所示，通过蜗杆轴线并垂直于蜗轮轴线的平面称为中间平面。在中间平面上，蜗轮与蜗杆的啮合相当于渐开线齿轮与齿条的啮合。因此，设计蜗杆传动时，其参数和尺寸均在中间平面内确定，并沿用渐开线圆柱齿轮传动的计算公式。

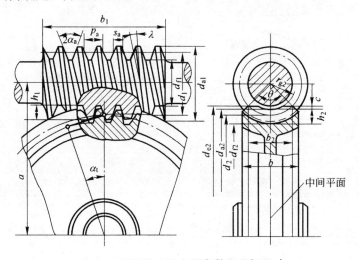

图 9-5 蜗杆传动的主要参数和几何尺寸

蜗杆传动的主要参数及其选择如下。

1. 模数 m 和压力角 α

如前所述，在中间平面上，蜗杆和蜗轮的啮合就相当于渐开线齿轮与齿条的啮合。所以蜗杆的轴面模数 m_{a1}、压力角 α_{a1} 和蜗轮的端面模数 m_{t2}、压力角 α_{t2} 相等，均取标准值。即

$$\left.\begin{array}{l} m_{a1}=m_{t2}=m \\ \alpha_{a1}=\alpha_{t2}=20° \end{array}\right\} \tag{9-1}$$

2. 蜗杆螺旋线升角 λ

蜗杆螺旋面与分度圆柱面的交线为螺旋线。如图 9-6 所示，将蜗杆分度圆柱展开，其螺旋线与端平面的夹角即为蜗杆分度圆柱上的螺旋线升角 λ，或称为导程角。令 z_1 为蜗杆头数，L 为蜗杆导程，由图可得蜗杆螺旋线的导程为

$$L = z_1 p_{a1} = z_1 \pi m$$

即蜗杆分度圆柱上螺旋线升角与导程的关系为

$$\tan \lambda = \frac{L}{\pi d_1} = \frac{mz_1}{d_1} \tag{9-2}$$

与螺旋相似，蜗杆螺旋线也有左旋、右旋之分，一般情况下多为右旋。通常蜗杆的螺旋升角 $\lambda = 3.5° \sim 27°$，升角小，传动效率低，但可实现自锁（$\lambda = 3.5° \sim 4.5°$）；升角大，传动效率高，但蜗杆的车削加工较困难。

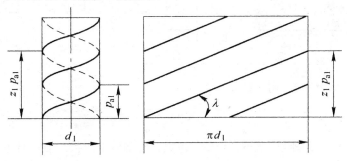

图 9-6 蜗杆分度圆柱展开图

3. 蜗杆分度圆直径 d_1 和蜗杆直径系数 q

为保证蜗杆、蜗轮的正确啮合，加工蜗轮的滚刀的直径和齿形参数必须和相应的蜗杆相同，因此即使模数 m 相同，也会有许多不同的蜗杆及相应的滚刀，这是很不经济的。为使刀具标准化，减少滚刀规格，对每一模数规定了一定数量的蜗杆分度圆直径 d_1，并把 d_1

与 m 的比值称为蜗杆直径系数 q，即

$$q = \frac{d_1}{m}$$

q 规定为标准值，见表 9-1。

表 9-1 圆柱蜗杆模数 m、分度圆直径 d_1 和直径系数 q

模数 m/mm	分度圆直径 d_1	直径系数 q_1	模数 m/mm	分度圆直径 d_1	直径系数 q_1	模数 m/mm	分度圆直径 d_1	直径系数 q_1
1	18	18		40	10	10	160	16
1.25	20	16	4	(50)	12.5		(90)	7.2
	22.4	17.92		71	17.75	12.5	112	8.96
1.6	20	12.5		(40)	8		(140)	11.2
	28	17.5	5	50	10		200	16
	(18)	9		(63)	12.6		(112)	7
2	22.4	11.2		90	18	16	140	8.75
	(28)	14		(50)	7.937		(180)	11.25
	35.5	17.75	6.3	63	10		250	15.625
	(22.4)	8.96		(80)	12.698		(140)	7
2.5	28	11.2		112	17.778	20	160	8
	(35.5)	14.2		(63)	7.875		(224)	11.2
	45	18	8	80	10		315	15.7
	(28)	8.889		(100)	12.5		(180)	7.2
3.15	35.5	11.27		140	17.5	25	200	8
	(45)	14.286		(71)	7.1		280	11.2
	56	17.778	10	90	9		400	16
4	(31.5)	7.875		(112)	11.2			

将上式代入式（9-2）得

$$\tan\lambda = \frac{z}{q} \tag{9-3}$$

当 m 一定时，q 越小 d_1 越小，升角 λ 越大，传动效率越高，但蜗杆的刚度和强度降低。

4. 蜗杆头数 z_1、蜗轮齿数 z_2 和传动比 i

蜗杆头数根据传动比和传动蜗杆的效率来确定。GB10085—1988 规定的蜗杆头数有 1、2、4、6。当传动比大于 40 或要求蜗杆自锁时，取 z_1=1。单头蜗杆效率低不宜做动力传动，一般用于分度传动或自锁蜗杆传动。当传递动力时，为保证传动的平稳性和提高传动效率、减少能量损失，常取 z_1=2~4。蜗杆头数越多，加工精度越难以保证。

第 9 章 蜗杆传动

通常情况下取蜗轮齿数 $z_2=28\sim80$。若 $z_2<28$，会使传动的平稳性降低，且易产生根切；若 z_2 过大，蜗轮直径增大，则蜗杆越长，蜗杆刚度越差，从而影响啮合精度。

蜗杆的传动比 i 等于蜗杆与蜗轮的转速之比。当蜗杆旋转一周时，蜗轮转过 z_1 个齿，即传动比为

$$i=\frac{n_1}{n_2}=\frac{z_2}{z_1} \tag{9-4}$$

表 9-2 阿基米德蜗杆传动基本参数和几何尺寸计算公式

	名称	代号	计算公式 蜗杆	计算公式 蜗轮
基本参数	模数	m	取蜗轮端面模数为标准值，查表 9-1	
	齿形角	α	$\alpha=20°$	
	蜗杆头数	z_1	一般取 $z_1=1、2、4$	
	蜗轮齿数	z_2	$z_2=iz_1$	
	蜗杆直径系数	q	$q=d_1/m$，查表 9-1	
	齿顶高系数	h_a^*	$h_a^*=1$	
	齿根高系数	c^*	$c^*=0.2$	
几何尺寸	齿顶高	h_a	$h_a=m$	
	齿根高	h_f	$h_f=1.2m$	
	齿高	h	$h_f=h_a+h_f=2.2m$	
	标准中心距	a	$a=\frac{1}{2}(d_1+d_2)=\frac{m}{2}(q+z_2)$	
	分度圆直径	d	$d_1=mq$	$d_2=mz_2$
	齿顶圆直径	d_a	$d_{a1}=d_1+2m$	$d_{a2}=d_2+2m$
	齿根圆直径	d_f	$d_{f1}=d_1-2.4m$	$d_{f2}=d_2-2.4m$
	齿距	P	$P_{a1}=\pi m$（轴向齿距）	$P_{t2}=\pi m$（端面齿距）
	蜗杆导程角 蜗轮螺旋角	λ β	$\tan\lambda=mz_1/d_1$	$\beta=\lambda$

注意：
（1）蜗杆的传动比 i 仅与 z_1 和 z_2 有关，而不等于蜗轮与蜗杆分度圆直径之比。
（2）标准蜗杆传动的几何尺寸计算公式见表 9-2。
（3）蜗杆传动正确啮合的条件如下。
在图 9-5 所示的蜗杆传动的中间平面内，蜗轮、蜗杆的齿距相等。即：
① 在中间平面内，蜗杆的轴向模数 m_{a1} 和蜗轮的端面模数 m_{t2} 相等。
② 在中间平面内，蜗杆的轴向压力角 α_{a1} 和蜗轮的端面齿形角 α_{t2} 相等。
③ 蜗杆分度圆柱面导程角 λ 和蜗轮分度圆柱面螺旋角 β 相等，且旋向一致。即 $\lambda=\beta$。

9.3 蜗杆传动的失效形式和设计准则

9.3.1 蜗杆传动的失效形式

蜗杆传动的失效形式与齿轮传动的失效形式基本相同,有胶合、磨损、点蚀和轮齿折断等。蜗杆传动主要的失效形式是胶合、磨损和点蚀,有时也会发生轮齿折断等失效形式。这是由于在蜗杆传动中,蜗杆与蜗轮的接触面存在着很大的相对滑动速度,使齿面容易产生磨损和发热。与齿轮传动相比,更容易发生胶合和磨损。实践证明,在闭式传动中,蜗轮失效形式主要是胶合与点蚀;在开式传动中,失效形式主要是磨损。

9.3.2 蜗杆传动的设计准则

在蜗杆传动中,由于蜗杆齿是连续的螺旋,且其材料强度也较高,所以失效总是出现在蜗轮上,只需对蜗轮进行强度计算。

实践证明,在一般情况下蜗轮轮齿因弯曲疲劳强度不足而失效的情况很少,只有在齿数很多($z_2 > 10 \sim 100$)或开式传动中,才需以保证齿根弯曲疲劳强度为设计准则,按齿根弯曲疲劳强度进行设计。对于闭式传动通常按齿面接触疲劳强度进行设计,再按齿根弯曲疲劳强度进行校核。

对于闭式蜗杆传动,由于散热较困难,要进行热平衡计算,以避免过高的温升引起润滑失效,导致齿面胶合。

由于蜗杆轴支承跨距大,较细长,刚性较差,轴的弯曲变形会造成齿面接触情况恶化,因此应进行蜗杆轴的刚度计算。

9.4 蜗杆传动的材料和结构

9.4.1 蜗杆传动的材料选择

蜗杆和蜗轮的材料不仅要求有足够的强度,更重要的是使配对材料具有良好的减摩性、耐磨性和跑合性能。为此蜗杆传动常采用青铜蜗轮(低速时可用铸铁蜗轮)与淬硬的钢制蜗杆相匹配。

蜗杆一般是用碳钢或合金钢制成。高速重载且载荷变化较大的条件下常用20、15Cr、20Cr、20CrMnTi、20MnVB 等,经渗碳淬火,HRC58~63;高速重载且载荷稳定的条件下常用45、40Cr、40CrNi、42SiMn 等,经表面淬火,HRC45~55;对于不重要的传动及低速中载蜗杆,可采用 45 钢调质,HB255~270。

常用的蜗轮材料为铸造锡青铜、铸造铝青铜及灰铸铁等。锡青铜减摩性最好,但价格较高,用于 $v_s \geqslant 3$ m/s 的重要传动;铝铁青铜有足够的强度,但抗胶合性能差,用于 $v_s \leqslant 4$ m/s 的传动,灰铸铁用于 $v_s \leqslant 2$ m/s 的传动。

9.4.2 蜗杆传动的结构

1. 蜗杆

蜗杆通常与轴制成一个整体,称之为蜗杆轴。按蜗杆的螺旋部分加工方法不同,可分为车削蜗杆和铣削蜗杆。车削蜗杆为车削螺旋部分要有退刀槽,因而削弱了蜗杆轴的刚度;而铣削蜗杆是在轴上直接铣出螺旋部分,无退刀槽,因而蜗杆轴的刚度好。当蜗杆的螺旋部分直径过大与轴采用不同材料时,可将蜗杆制成套筒形,然后套装在轴上。

2. 蜗轮

蜗轮可制成整体式或装配式,为节省贵的有色金属,大多数蜗轮制成装配式,常见的蜗轮结构形式有以下几种。

(1) 齿圈压配式 [如图 9-7 (a) 所示]

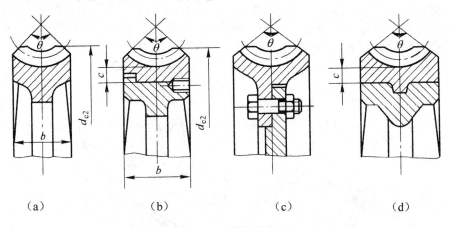

图 9-7 蜗轮结构

这种结构由青铜齿圈及铸铁轮芯所组成,齿圈与轮芯常采用过盈配合 H7/g6 或 H7/r6,加热齿圈或加压装配。蜗轮圆周力靠配合面摩擦力传递。为可靠起见,沿配合面装配装置 4~8 个螺钉,为便于钻孔,应将螺孔中心线由配合缝隙偏向材料较硬的轮芯部分 2~3mm。这种结构多用于中等尺寸及工作温度变化较小的蜗轮,以免因热胀冷缩影响过盈配合。

(2) 螺栓联接式 [如图 9-7 (b) 所示]

青铜齿圈与铸铁轮芯可采用过渡配合或间隙配合,如 H7/j6 或 H7/h6。用普通螺栓或铰制孔用螺栓接，蜗轮圆周力由螺栓传递。螺栓的尺寸和数目必须经过强度计算。铰制孔用螺栓与螺栓孔常用过盈配合 H7/r6。螺栓联接式蜗轮工作可靠，拆卸方便，多用于大尺寸或易于磨损的蜗轮。

（3）整体式 [如图 9-7（c）所示]

主要用于铸铁蜗轮，铝合金蜗轮以及直径小于 100 mm 的青铜蜗轮。

（4）拼铸式 [如图 9-7（d）所示]

将青铜齿圈铸在铁心上，然后切齿。只用于成批制造的蜗轮。

9.5 蜗杆传动的强度计算

9.5.1 蜗杆传动的受力分析

蜗杆传动的受力分析和斜齿圆柱齿轮类似，但蜗杆传动啮合摩擦损失较大，因此应考虑齿面摩擦力。

如图 9-8 所示，分析蜗杆受力情况。设 F_n 为集中作用于节点处的正压力，它作用于蜗杆螺旋线的法向剖面内，$f_v F_n$ 为啮合面摩擦力，其方向与齿面相对滑动速度方向相反，沿蜗杆螺旋线方向。将蜗杆、蜗轮受力（F_n 和 $f_v F_n$）分解为 3 个互相垂直的分力，即圆周力 F_t、径向力 F_r 和轴向力 F_a。显然，$F_{t1} = -F_{a2}$；$F_{a1} = -F_{t2}$；$F_{r1} = -F_{r2}$。

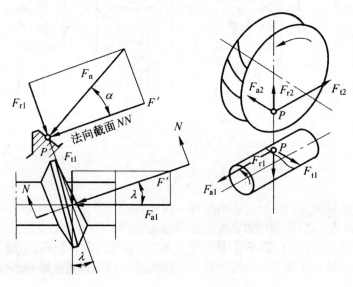

图 9-8 蜗杆传动的受力分析

$$F_{t1} = -F_{a2} = \frac{2T_1}{d_1} \quad (9\text{-}5)$$

$$F_{t2} = -F_{a1} = \frac{2T_2}{d_2} \quad (9\text{-}6)$$

$$F_{r1} = -F_{r1} = F_{rt2} \cdot \tan\alpha \quad (9\text{-}7)$$

$$T_2 = T_1 i \eta_1$$

式中　T_1，T_2——分别为作用在蜗杆、蜗轮上的公称扭矩，N·mm；

　　　d_1，d_2——分别为蜗杆、蜗轮的分度圆直径，mm；

　　　α——蜗杆轴面压力角，阿基米德蜗杆 $\alpha = 20°$；

　　　i——传动比；

　　　η_1——蜗杆传动的啮合效率。

9.5.2　蜗轮齿面接触疲劳强度的计算

由于阿基米德蜗杆传动在中间平面上，相当于齿条与齿轮的啮合传动，而蜗轮又相当于一个斜齿轮，所以蜗杆传动可以近似地看作齿条与斜齿圆柱齿轮的啮合传动。

蜗轮轮齿面的接触疲劳强度计算与斜齿轮相似，仍以赫兹应力公式为基础，按蜗杆传动在节点处的啮合条件来计算蜗轮轮齿面的接触应力。经推导，对钢制蜗杆与青铜或铸铁蜗轮（指齿圈），蜗轮齿面的接触疲劳强度验算公式为

$$\sigma_H = 500\sqrt{\frac{KT_2}{d_1 d_2^2}} \leqslant [\sigma_H] \quad (9\text{-}8)$$

将 $d_2 = z_2 m$ 代入式（9-8）整理后得蜗轮齿面接触疲劳强度的设计计算公式为

$$m^2 d_1 \geq KT_2 \left(\frac{500}{z_2 [\sigma_H]}\right)^2 \quad (9\text{-}9)$$

式中　$[\sigma_H]$——蜗轮齿面的许用接触应力，MPa。对于主要以疲劳点蚀失效的锡青铜制造的蜗轮，$[\sigma_H]$ 值查表；对于主要以胶合失效的铝铁青铜或铸铁制造的蜗轮，要根据蜗杆传动的抗胶合条件，即相对滑动速度 v_s 的大小查表；

　　　T_2——蜗轮传递的转矩，N·mm；

　　　z_2——蜗轮齿数；

　　　K——载荷系数，用来考虑载荷集中和动载荷的影响，可取 $K=1.1\sim1.3$。

蜗轮轮齿弯曲疲劳强度所限定的承载能力，大都超过齿面疲劳点蚀和热平衡计算所限定的承载能力。只有少数情况下，在受强烈冲击或重载的蜗杆传动或蜗轮采用脆性材料时，蜗轮轮齿的弯曲变形直接影响其运动精度或轮齿折断，计算弯曲强度是必需的。需要计算时可参考有关资料。

9.6 蜗杆传动的效率、润滑及热平衡计算

9.6.1 蜗杆传动的效率

闭式蜗杆传动的功率损耗包括三部分：啮合摩擦损耗、轴承摩擦损耗和搅动损耗。因此总效率为

$$\eta = \eta_1 \eta_2 \eta_3$$

式中 η_2，η_3——分别为轴承效率及搅油效率，一般取 $\eta_2\eta_3 = 0.95 \sim 0.96$；

η_1——啮合效率。

在传动尺寸设计出以前，为近似地确定蜗轮所受的扭矩 T_2，传动效率 η 可按如下估取：

蜗杆头数 Z_1	1	2	3	4
总效率 η	0.70	0.80	0.85	0.90

9.6.2 蜗杆传动的润滑

润滑对蜗杆传动十分重要，为减少磨损和防止产生胶合，常采用黏度大的矿物油进行良好的润滑，润滑油中常加入各种添加剂，如用硫化鲸鱼油制成的油性极压添加剂可提高抗胶合能力。闭式蜗杆传动的润滑油黏度及润滑方法见表9-3。开式蜗杆传动常采用黏度较高的齿轮油或润滑脂。

表9-3 蜗杆传动的润滑油黏度及润滑方法

精度等级	蜗杆圆周速度 $m \cdot s^{-1}$	蜗杆工作面粗糙度	蜗轮工作面粗糙度	使用范围
6级	>5	Ra0.4	Ra0.8	中等精密机床的分度机构
7级	≤7.5	Ra0.4	Ra0.8	中速动力传动
8级	≤3	Ra0.8	Ra1.6	速度较低或短期工作的传动
9级	≤1.5	Ra1.6	Ra3.2	不重要和低速或手动传动

注：为提高蜗杆传动的抗胶合性能，宜选用黏度较高的润滑油。对青铜蜗轮，不允许采用抗胶合能力强的活性润滑油，以免腐蚀青铜齿面。

9.6.3 蜗杆传动的热平衡计算

由于蜗杆传动的效率低，工作时发热量大，在闭式蜗杆传动中，如果产生的热量不能及时散逸，将因油温不断升高而使润滑失效导致齿面胶合，所以对闭式蜗杆传动要进行热平衡计算，以保证油的温度在规定范围内。

蜗杆传动比转化为热量所消耗的功率为

$$P_\mathrm{S} = 1000(1-\eta)P_1 \tag{9-10}$$

经箱体散发热量的相当功率为

$$P_\mathrm{c} = k_\mathrm{s}A(t_1-t_0) \tag{9-11}$$

达到平衡时，即 $P_\mathrm{S} = P_\mathrm{c}$，可得到热平衡时润滑油的工作温度的计算公式为

$$t_1 = \frac{1000(1-\eta)P_1}{K_\mathrm{s}A} + t_0 \leqslant [t_1] \tag{9-12}$$

式中 P_1 ——蜗杆传动输入功率，kW；

K_s ——散热系数，根据箱体周围通风条件，一般取 K_s =10~17W/（m²·℃）；自然通风良好地方取大值，反之取小值；

η ——传动效率；

A ——散热面积，m²。指箱体外壁与空气接触而内壁被油飞溅到的箱壳面积。对于箱体的散热片，其散热面积按 50%计算；

t_0 ——周围空气温度，通常取 t_0=20℃；

t_1 ——热平衡时润滑油的工作温度；

$[t_1]$——齿面间润滑油许可的工作温度，通常取 $[t_1]$=70~90℃。

设计时，普通蜗杆传动的箱体散热面积 A 可用式（9-13）初步计算，即

$$A = 0.33(\frac{a}{100})^{1.75} \tag{9-13}$$

式中 a——中心距，mm；A 的单位为 m²。

如果 t_1 超过允许值，必须采取以下措施以提高散热能力。

（1）在箱体外壁加散热片以增大散热面积 A。

（2）在蜗杆轴上装风扇进行人工通风，以增大散热系数 K_s。

（3）采用上述方法后，如散热能力仍不够，可在箱体油池内装蛇形水管用循环水冷却。

（4）采用压力喷油循环润滑。

例 9-1 试设计一闭式蜗杆传动。已知蜗杆输入功率 P_1=4.5kW，蜗杆转速 n_1=960r/min，传动比 i =20，载荷平稳，连续单向运转。

解：（1）选择蜗杆、蜗轮材料

蜗杆材料用 45 钢，轮齿表面淬火，硬度不小于 45HRC。

蜗轮材料用 ZCuAl10Fe3，砂模铸造，估计 v_s = 4 m/s，查表得 $[\sigma_\mathrm{H}]$ =160 MPa。

（2）选择蜗杆头数 z_1 和蜗轮齿数 z_2

根据 i =20 查表，蜗杆头数 z_1=2，则蜗轮齿数为 $z_2 = i \times z_1 = 20 \times 2 = 40$，$z_2$ 在 30~64 之间，故合乎要求。

（3）确定蜗轮传递的转矩 T_2

估计效率：根据 z_1=2，取 $\eta = 0.8$

蜗轮传递转矩

$$T_2 = T_1 i\eta = 9.55 \times 10^6 \frac{P_1}{n_1} i\eta = 9.55 \times 10^6 \times \frac{4.5}{960} \times 20 \times 0.8 = 716250 \text{ (N·mm)}$$

(4) 确定模数 m 和蜗杆分度圆直径 d_1

因载荷平稳，取载荷系数 $K=1.1$。按公式（9-9）可得

$$m^2 d_1 \geqslant KT_2 \left(\frac{500}{z_2[\sigma_H]}\right)^2 = 1.1 \times 716\,250 \left(\frac{500}{40 \times 160}\right)^2 = 4\,809 \text{ (mm}^3\text{)}$$

查表得：模数 $m = 8$ mm，直径系数 $q = 10$

蜗杆分度圆直径　　$d_1 = mq = 8 \times 10 = 80$ (mm)

(5) 计算主要尺寸

蜗轮分度圆直径　　　　　$d_2 = mz_2 = 40 \times 8 = 320$ （mm）

蜗杆导程角　　　　　　　$\gamma = \arctan\frac{z_1}{q} = \arctan(\frac{2}{10}) = 11.31°$

中心距　　　　　　　　　$a = \frac{m}{2}(q + z_2) = \frac{8}{2} \times (10 + 40) = 200$ （mm）

(6) 验算相对滑动速度 v_s

蜗杆分度圆速度　　　　　$v_s = \frac{\pi d_1 n_1}{60 \times 1000} = \frac{3.14 \times 80 \times 960}{60 \times 1000} = 4.02$ （m/s）

齿面相对滑动速度　　　　$v_s = \frac{v_1}{\cos\gamma} = \frac{4.02}{\cos 11.31°} = 4.1$ （m/s）

与原估计 v_s 值接近。

(7) 热平衡计算

根据题意，箱体散热面积　$A = 0.33(\frac{a}{100})^{1.75} = 0.33 \times (\frac{200}{100})^{1.75} = 1.1$ （mm^2）

室温 t_0：通常取为 20℃。

散热系数 K_s：通风散热条件好，故取 $K_s = 17$ W/（m^2·℃）。

油温 t_1：由式（9-12）得

$$t_1 = \frac{1000(1-\eta)P_1}{K_s A} + t_0 = \frac{1000(1-0.8) \times 4.5}{17 \times 1.1} + 20 = 68.1 \text{（℃）}$$

故油温 $t_1 <$ 70～90℃，符合要求。

9.7　普通圆柱蜗杆的精度等级选择及安装和维护

蜗杆传动和齿轮传动一样，为了保证蜗杆传动的正常工作，根据 GB10089—1988 标准

对普通圆柱蜗杆传动规定了 12 个精度等级,按精度由高到低依次为 1 级、2 级、3 级、…、12 级,即 1 级精度最高,12 级精度为最低。一般以 6~9 级精度的应用最为广泛。表 9-4 列出了精度等级选择范围以供参考。

表 9-4 普通圆柱蜗杆传动的精度等级选择

精度等级	蜗杆圆周速度 /m·s^{-1}	蜗杆工作面粗糙度	蜗轮工作面粗糙度	使 用 范 围
6 级	>5	Ra0.4	Ra0.8	中等精密机床的分度机构
7 级	≤7.5	Ra0.4	Ra0.8	中速动力传动
8 级	≤3	Ra0.8	Ra1.6	速度较低或短期工作的传动
9 级	≤1.5	Ra1.6	Ra3.2	不重要和低速或手动传动

蜗杆传动的安装精度要求很高。根据蜗杆传动的啮合特点,应使蜗轮的中间平面通过蜗杆的轴线。因此蜗轮的轴向安装定位要求很准,装配时必须调整蜗轮的轴向位置。可以采用垫片组调整蜗轮的轴向位置及轴承间隙,还可以利用蜗轮与轴承之间的套筒作较大距离的调整,调整时可以改变套筒的长度,实际中这两种方法有时可以联用。

为保证蜗杆传动的正确啮合,工作时蜗轮的中间平面不允许有轴向移动,因此蜗轮轴的支承不允许有游动端,应采用两端固定的支承方式。

由于蜗杆轴的支承跨距大,轴的热伸长大,其支承多采用一端固定另一端游动的支承方式。对于支承跨距较短、传动功率小的上置式蜗杆或间断工作、发热量不大的蜗杆传动,蜗杆轴的热伸长较小,此时也可以采用两端固定的支承方式。

蜗杆传动装配后要进行跑合,以使齿面接触良好。跑合时采用低速运转(通常 n_1=50~100 r/min),逐步加载至额定载荷跑合 1~5h。若发现蜗杆齿面上黏有青铜应立即停车,用细砂纸打去后再继续跑合。跑合完成后应清洗全部零件,更换润滑油。

蜗杆传动的维护很重要。由于蜗杆传动的发热量大,应随时注意周围的通风散热条件是否良好。蜗杆传动工作一段时间后应测试油温,如果超过油温的允许范围应停机或改善散热条件。还要经常检查蜗轮齿面是否保持完好。润滑对于保证蜗杆传动的正常工作及延长其使用期限很重要。

9.8　常用各类齿轮传动的选择

各类齿轮传动的适用场合和特点已经在第 8、9 章讲述过了,这里主要对其功率、传动比、速度、效率等因素进行比较如表 9-5 所列。

表 9-5　各类齿轮的功率、传动比、速度、效率的比较

特性	传动形式		
	圆柱齿轮传动	圆锥齿轮传动	蜗杆传动
效率	开式 η=0.92~0.96 闭式 η=0.95~0.99	一般为 0.92~0.96	开式 η=0.5~0.7 闭式 η=0.7~0.94 自锁 η=0.4~0.45
功率	一般不超过 3 000 kW,最大可达 60 000 kW	一般 450 kW	一般在 50 kW,最大不超过 150 kW
速度	普通 6 级的直齿圆柱齿轮的圆周速度不超过 15m/s；斜齿圆柱齿轮不超过 25 m/s,高精度时可达 100 m/s 以上	在普通精度等级时,一般不超过 5 m/s；经磨削的可达 15 m/s,曲线齿可达 25 m/s 以上	一般不超过 10 m/s,润滑良好时可达 15 m/s
传动比	单级传动比一般不超过 7,最大达到 10	单级传动比一般小于 3,最大不超过 5	一般小于 60,最大值为 100；若只传运动时,传动比可达 1000

复习题

9-1　简述蜗杆传动的组成条件。

9-2　与齿轮传动相比,蜗杆传动有哪些特点？

9-3　普通蜗杆传动正确啮合条件是什么？

9-4　蜗杆传动的设计准则是什么？

9-5　常用的蜗轮、蜗杆的材料有哪些？如何选择这些材料？

9-6　已知蜗杆传动的蜗杆头数 $z_1=2$,转速 $n_1=1\ 450$ r/min,蜗轮齿数 $z_2=62$,求蜗轮转速 n_2。

9-7　现有传递动力的标准圆柱蜗杆传动,已知模数 $m=10$ mm,蜗杆头数 $z_1=2$,蜗轮齿数 $z_2=42$,蜗杆分度圆直径 $d_1=100$ mm,试计算其蜗杆直径系数 q、蜗杆导程角 γ 和蜗杆传动的中心距 a。

9-8　有一标准普通圆柱蜗杆传动,已知 $m=5$ mm,传动比 $i=25$,蜗杆直径系数 $q=10$,蜗杆头数 $z_1=3$,试计算该蜗杆传动的主要几何尺寸。

9-9　试设计一闭式蜗杆传动。已知蜗杆输入功率 $P_1=5.5$ kW,蜗杆转速 $n_1=960$ r/min,传动比 $i=25$,载荷平稳,连续单向运转。

第10章 齿 轮 系

学习目标 掌握齿轮系的特点、分类、传动比的计算及转向确定；了解齿轮系的实际应用；掌握常用减速器的类型、结构、特点及应用。

10.1 概　　述

用啮合的一对齿轮可以传递运动和动力，实现增速、减速和改变从动轴旋转方向的目的。这种由两个相互啮合的齿轮所组成的齿轮机构是齿轮传动中最简单的形式。在机械传动中，有时为了获得较大的传动比，或将主动轴的一种转速变换为从动轴的多种转速，或需改变从动轴的旋转方向，往往采用一系列相互啮合的齿轮，将主动轴和从动轴联接起来组成传动。这种由一系列相互啮合的齿轮组成的传动系统称为齿轮系。

1. 齿轮系的应用特点

（1）可获得很大的传动比。很多机械的传动比，往往要求很大，如机床中的电动机转速很高，而主轴的转速有时要求很低才能满足切削速度的要求。在这种情况下，若只用一对齿轮传动，因受其结构限制，传动比不能太大（一般机床一对齿轮的传动比 $i \leqslant 3 \sim 5$），若采用轮系就可以获得较大的传动比，满足低速切削的要求。

（2）可作较远距离的传动。当两轴中心距较远时，如用一对齿轮传动，则两齿轮的尺寸必然很大，不仅浪费材料，而且传动机构庞大，若用轮系传动，则可使其结构紧凑、并能进行远距离传动。

（3）可实现变速要求。如机床主轴的转速，有时要求快，有时要求慢，从最慢到最快有多级转速变化，若采用滑移齿轮等变速机构，改变两轮传动比，即可实现多级变速要求。

（4）可实现从动轴回转方向的改变。在轮系中采用惰轮、三星轮等机构可以改变从动轴回转方向，实现从动轴的正反转要求。

（5）可合成或分解运动。采用周转轮系可将两个独立运动合成为一个运动；或将一个独立运动分解成两个独立运动。

2. 齿轮系的分类

齿轮系的结构形式很多，根据轮系运转时各齿轮的几何轴线在空间的相对位置是否固定，轮系可分定轴轮系和周转轮系两大类。

(1) 定轴轮系

传动时，齿轮系中各齿轮的几何轴线位置均固定的轮系称为定轴轮系，如图 10-1 所示。定轴轮系又分为平面定轴轮系（图 10-1a）和空间定轴轮系（图 10-1b）两种。

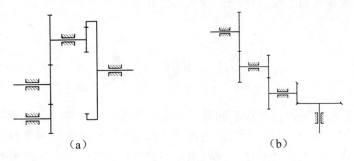

图 10-1　定轴轮系

(2) 周转轮系

传动时，齿轮系中至少有一个齿轮的几何轴线位置不固定，绕另一个齿轮的固定轴线回转的轮系，称周转轮系。其中，只有一个自由度的轮系称为简单行星轮系（见图 10-2(a)），有两个自由度的轮系称为差动轮系（见图 10-2 (b)）。

周转轮系由中心轮、行星轮和行星架三种基本构件所组成。在周转轮系中，中心轮与行星架的固定轴线必须共线，否则整个轮系将不能运动。

如图 10-2 (a) 示，中心轮 3 固定不动，齿轮 1 和构件 H 各绕固定几何轴线 O_1 和 O_H 回转，而齿轮 2 一方面绕自己的几何轴线 O_2 旋转（自转），同时 O_2 轴线又绕固定几何轴线 O_1 旋转（公转）。

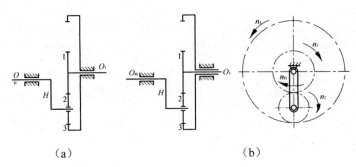

图 10-2　周转轮系

10.2 定轴轮系传动比的计算

定轴轮系的传动比是指轮系中首末两轮转速之比。在轮系中,不仅要计算传动比的大小,还要确定轮系中各个轮的旋转方向及其转速。在变速机构的轮系中,还须确定末轮有多少种转速及各种转速的大小,以及变速的范围(即最高转速与最低转速)。

10.2.1 定轴轮系回转方向的确定

图 10-3(a)所示为两平行轴一对外啮合圆柱齿轮传动。当主动轮 1 按逆时针方向旋转时,从动轮 2 就按顺时针方向旋转,两轮的旋转方向相反,规定其传动比为负,记作

$$i_{12} = \frac{n_1}{n_2} = -\frac{z_2}{z_1}$$

图 10-3(b)所示是两平行轴内啮合圆柱齿轮传动,当主动轮 1 逆时针方向旋转时,从动轮 2 也逆时针方向旋转,两轮旋转方向相同,规定其传动比为正号(正号也可不写),记作

$$i_{12} = \frac{n_1}{n_2} = +\frac{z_2}{z_1}$$

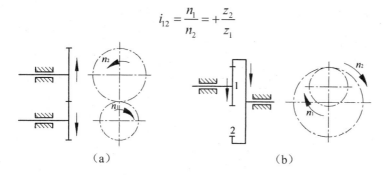

图 10-3 定轴轮系回转方向

齿轮的回转方向,在轮系传动系统图中可以用箭头表示,标注同向箭头的齿轮回转方向相同,标注反向箭头的齿轮回转方向相反,规定箭头指向为齿轮可见侧的圆周速度方向。

图 10-4(a)所示,为了改变从动轮的旋转方向,就在齿轮 1 和齿轮 2 中间增加一个齿轮,从而改变从动轮 2 的转向,这个增加的轮称为惰轮。图 10-4(b)所示为增加两个惰轮。显然,在齿轮副的主、从动轮间每增加一个惰轮,从动轮回转方向就改变一次。总之,加奇数个惰轮,主、从动轮回转方向一致,加偶数个惰轮,主、从动轮回转方向相反。加惰轮的轮系只改变从动轮回转方向,不改变主、从动轮传动比的大小。

图 10-5 所示,由三个圆锥齿轮组成的轮系,轮 1 和轮 2、轮 2 和轮 3,虽属外啮合,并增加惰轮 2,但轮 1 和轮 3 的旋转方向相反。对于圆锥齿轮传动,因各轮的传动轴不一定平行,不能简单地用两平行轴外啮合圆柱齿轮传动中正、负号的规定,来确定轮 3 的旋

转方向。只可用标注箭头的方法,来确定轮和轮的旋转方向的异同。

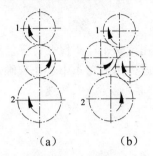

图 10-4 加惰轮的轮系

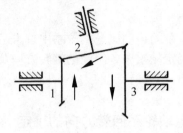

图 10-5 圆锥齿轮转向

10.2.2 定轴轮系传动比计算

所谓定轴轮系的传动比,就是指首末两轮的转速与各轮的齿数关系。图 10-6 所示为一圆柱齿轮组成的定轴轮系,齿轮 1、2、3……9 的齿数分别为 z_1、z_2、z_3……z_9 表示,各轮转速分别为 n_1、n_2、n_3……n_9 表示。则每对齿轮的传动比为

$$i_{12} = \frac{n_1}{n_2} = -\frac{z_2}{z_1}$$

$$i_{23} = \frac{n_2}{n_3} = -\frac{z_3}{z_2}$$

$$i_{45} = \frac{n_4}{n_5} = +\frac{z_5}{z_4}$$

$$i_{67} = \frac{n_6}{n_7} = -\frac{z_7}{z_6}$$

$$i_{89} = \frac{n_8}{n_9} = -\frac{z_9}{z_8}$$

若以 i_{19} 表示总传动比,则总传动比 i_{19} 等于各级传动比的连乘积,即

$$i_{19} = i_{12}i_{23}i_{45}i_{67}i_{89} = \frac{n_1}{n_2}\frac{n_2}{n_3}\frac{n_4}{n_5}\frac{n_6}{n_7}\frac{n_8}{n_9} = (-1)^4 \frac{z_2 z_3 z_5 z_7 z_9}{z_1 z_2 z_4 z_6 z_8}$$

上式中说明轮系的传动比等于轮系中所有从动齿轮齿数的连乘积与所有主动齿轮齿数的连乘积之比。由此进一步推论,任意定轴轮系的总传动比一般公式如下:

$$i_{1k} = \frac{n_1}{n_k} = (-1)^m \frac{各级齿轮副中从动齿轮齿数的连乘积}{各级齿轮副中主动齿轮齿数的连乘积} \tag{10-1}$$

式中 m——轮系中外啮合圆柱齿轮副的数目。

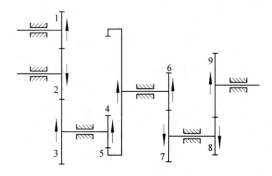

图 10-6 定轴轮系传动比计算

使用上式应注意：

（1）式中$(-1)^m$在计算中表示轮系首末两轮（即主、从动轴）回转方向的异同，计算结果为正，两轮回转方向相同；结果为负，两轮回转方向相反。但此判断方法，只适用于平行轴圆柱齿轮传动的轮系。

（2）当定轴轮系中有锥齿轮副、蜗杆副时，各级传动轴不一定平行，这时，不能使用$(-1)^m$来确定末轮的回转方向，而只能使用标注箭头的方法。传动比的计算式可写成

$$i_{1k} = \frac{各级齿轮副中从动齿轮齿数的连乘积}{各级齿轮副中主动齿轮齿数的连乘积}$$

10.2.3 定轴轮系中任意从动轮转速的计算

设定轴轮系中各级齿轮副的主动轮齿数为$z_1, z_3, z_5 \cdots$，从动轮齿数为$z_2, z_4, z_6 \cdots$，第k个齿轮为从动轮，齿数为z_k，则传动比为

$$i_{1k} = \frac{n_1}{n_k} = \frac{z_2 z_4 z_6 \cdots z_k}{z_1 z_3 z_5 \cdots z_{k-1}}$$

因此定轴轮系任意从动轮k的转速

$$n_k = n_1 \frac{1}{i_{1k}} = n_1 \frac{z_1 z_3 z_5 \cdots z_{k-1}}{z_2 z_4 z_6 \cdots z_k}$$

即任意从动轮k的转速，等于首轮的转速乘以首轮与k轮间传动比的倒数。

图 10-7 为一定轴轮系变速机构，通过改变轮系中一个三联滑移齿轮 6-7-8 的啮合位置，改变轮系的传动比，以满足从动齿轮（轴）的有级变速要求。变速机构中，轴Ⅰ和轴Ⅱ间的传动比只有$\frac{z_2}{z_1}$一个，轴Ⅱ和轴Ⅲ间的传动比有$\frac{z_6}{z_5}$，$\frac{z_7}{z_4}$，$\frac{z_8}{z_3}$三个，轴Ⅲ可以有三种不同的回转速度，轴Ⅲ和轴Ⅳ间的传动比也只有$\frac{z_{10}}{z_9}$一个，因此，轴Ⅳ也可以得到三种回

转速度。

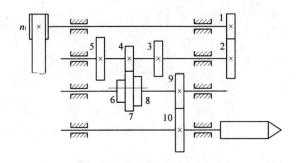

图 10-7 滑移齿轮变速机构

例 10-1 如图 10-6 的定轴轮系，已知 $z_1=26$，$z_2=51$，$z_3=42$，$z_4=29$，$z_5=49$，$z_6=36$，$z_7=56$，$z_8=43$，$z_9=30$，$z_{10}=90$，轴 I 转速 $n_1=200\text{r/min}$。试求当轴III上的三联齿轮分别与轴II上的三个齿轮啮合时，轴IV的三种转速。

解：（1）齿轮 5，6 啮合时 $n=n_1\dfrac{z_1 z_5 z_9}{z_2 z_6 z_{10}}=200\times\dfrac{26\times49\times30}{51\times36\times90}=46.26$（r/min）

（2）齿轮 4，7 啮合时 $n=n_1\dfrac{z_1 z_4 z_9}{z_2 z_7 z_{10}}=200\times\dfrac{26\times29\times30}{51\times56\times90}=17.60$（r/min）

（3）齿轮 3，8 啮合时 $n=n_1\dfrac{z_1 z_3 z_9}{z_2 z_8 z_{10}}=200\times\dfrac{26\times42\times30}{51\times43\times90}=33.20$（r/min）

10.2.4 末端是螺旋传动的定轴轮系

定轴轮系在实际应用中，经常遇到末端带有移动件的情况，如末端是螺旋传动或齿条传动等。这时，一般要计算末端移动件的移动距离或速度，如螺母（或丝杆）、齿轮（或齿条）的移动距离或速度。

如图 10-8 所示为磨床砂轮架进给机构，它的末端是螺旋传动。当丝杆每回转一周，螺母（砂轮架）便移动一个导程。只要知道齿轮 4 的转速 n_4 和回转方向，螺母移动的距离和方向即可确定。其移动距离和速度计算公式如下：

$$L=\dfrac{z_1 z_3 z_5 \cdots z_{k-1}}{z_2 z_4 z_6 \cdots z_k}S$$

$$v=n_k S=n_1\dfrac{z_1 z_3 z_5 \cdots z_{k-1}}{z_2 z_4 z_6 \cdots z_k}S$$

式中：n_k——第 k 个齿轮转速，r/min；

n_1——主动轮（手轮）转速，r/min；

v——螺母(砂轮架)的移动速度，mm/min；
S——丝杆导程，单位 mm；
L——主动轮 1（即手轮）每回转一周，螺母(砂轮架)的移动距离，单位 mm。
z_1、z_3、z_5、z_{k-1}——轮系中各主动轮的齿数。
z_2、z_4、z_6、z_k——轮系中各从动轮的齿数。

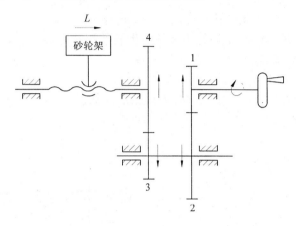

图 10-8 磨床砂轮架进给机构

例 10-2 如图 10-8，已知：$z_1=28$，$z_2=56$，$z_3=38$，$z_4=57$，丝杆 Tr50×30。当手轮按图示方向以 $n_1=50$ r/min 回转时，试计算手轮回转一周砂轮架移动的距离、砂轮架的移动速度和移动方向。

解： 丝杆为右旋，砂轮架向右移动（如图 10-8 所示）。其移动距离和速度计算如下：

$$L = \frac{z_1 z_3}{z_2 z_4} S = \frac{28 \times 38}{56 \times 57} \times 3 = 1 \text{（mm）}$$

$$v = n_1 \frac{z_1 z_3}{z_2 z_4} S = 50 \times \frac{28 \times 38}{56 \times 57} \times 3 = 50 \text{（mm/min）}$$

10.2.5 末端是齿轮齿条传动的定轴轮系

图 10-9 所示为卧式车床溜板箱传动系统的一部分，运动由输入轴 I 输入，由蜗杆 1 带动蜗轮 2 传动（此处采用脱落蜗杆机构，过载时蜗杆脱落与蜗轮分离），当滑移齿轮 3 与齿轮 4 啮合时，轮系将运动传递到轴 IV，使小齿轮 8 回转，并在齿条上滚动，带动溜板箱移动。小齿轮 8 每回转 1 周，沿齿条滚动的距离为 $\pi d_8 = \pi m_8 z_8$（d_8、m_8、z_8 分别为小齿轮 8 的分度圆直径、模数、齿数）。齿轮齿条传动的移动距离和速度的一般计算公式如下：

$$L = \frac{z_1 z_3 z_5 \cdots z_{k-1}}{z_2 z_4 z_6 \cdots z_k} \pi m_p z_p$$

$$v = n_1 \frac{z_1 z_3 z_5 \cdots z_{k-1}}{z_2 z_4 z_6 \cdots z_k} \pi m_p z_p$$

式中：n_1——输入轴转速，r/min；

v——小齿轮沿齿条的移动速度，mm/min；

L——输入轴每回转 1 周，小齿轮沿齿条的移动距离，mm；

m_p——齿轮齿条副小齿轮的模数，mm；

z_p——齿轮齿条副小齿轮的齿数；

Z_1、Z_2、Z_3、Z_{k-1}——轮系中各主动轮的齿数；

Z_2、Z_4、Z_6、Zz_k——轮系中各从动轮的齿数。

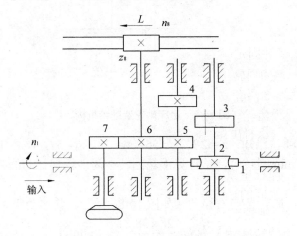

图 10-9 卧式车床溜板箱传动系统

例 10-3 在图 10-9 所示的传动机构中，已知蜗杆 $z_1=4$（右旋），蜗轮 $z_2=30$，齿轮 $z_3=24$，$z_4=50$，$z_5=23$，$z_6=69$，$z_7=15$，$z_8=12$。试求当输入轴 I 的转速 $n_1=40$ r/min 时，齿条的移动速度和移动方向。

解：当进给箱自动进给时，脱落蜗杆副啮合，滑移齿轮 3 与齿轮 4 啮合，齿条移动速度为

$$v = n_1 \frac{z_1 z_3 z_5}{z_2 z_4 z_6} \pi m_8 z_8 = 40 \times \frac{4 \times 24 \times 23}{30 \times 50 \times 69} 3.14 \times 3 \times 12 = 96.46 (\text{mm/min})$$

齿条移动方向如图 10-9 所示。

在此机构中，当滑移齿轮 3 与齿轮 4 分离时，可以通过手动齿轮 7 带动齿轮 6，使小齿轮 8 沿齿条滚动，实现手动纵向进给。

10.3 周转轮系传动比的计算

周转轮系传动时，行星轮作既有自转又有公转的复合运动，因此周转轮系传动比的计算方法不同于定轴轮系，但两者之间又存在着一定的内在联系。可以通过转化轮系的方法（又称转化机构法）将周转轮系转化成一定条件下的定轴轮系，从而采用定轴轮系传动比的计算方法来计算周转轮系的传动比。

所谓转化机构就是给整个行星齿轮传动机构加上一个 $-n_H$ 转速（n_H——行星架转速），使整个机构相当于行星架不动的定轴轮系。

周转齿轮传动的传动比代号含意如下：

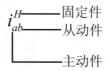

例如：i_{ab}^H 表示当 H 件固定时，主动件 a 对从动件 b 的传动比。

如图 10-2（b）所示的周转轮系中，齿轮 1 和齿轮 3 绕固定轴线 O 回转，行星架 H 绕固定轴线 O_H 回转，齿轮 2 活套在行星架 H 的轴上（即齿轮与轴可相对转动），且同时与齿轮 1 和齿轮 3 啮合。现设齿轮 1、齿轮 3 与行星架 H 的转向相同，转速分别为 n_1、n_3 和 n_H；且各自绕自身轴线回转。这时齿轮 2 除绕自身轴线以 n_2 转速回转外，还随行星架 H 一起公转。如果给周转轮系上加上一个与行星架转速大小相等、方向相反的公共转速 $-n_H$ 时，行星架的转速则变为零，即行星架变成固定不动。这时，轮系中所有齿轮的轴线位置都固定不动，但轮系中各构件之间的相对运动关系并没有改变，这样就把周转轮系转化成为定轴轮系。由于转化轮系为定轴轮系，所以可以用定轴轮系传动比的计算方法来计算其传动比。轮系中各构件转化前后的转速如表 10-1 所示。

表 10-1 轮系中各构件转化前后的转速

构　件	构件原来转速	构件在转化轮系中的转速
齿轮 1	n_1	$n_1^H = n_1 - n_H$
齿轮 2	n_2	$n_2^H = n_2 - n_H$
齿轮 3	n_3	$n_3^H = n_3 - n_H$
行星架 H	N_H	$n_H^H = n_H - n_H = 0$

转化机构中 1、3 两轮的传动比为

$$n_{13}^H = \frac{n_1^H}{n_3^H} = \frac{n_1 - n_3}{n_3 - n_H} = (-1)^m \frac{z_2 z_3}{z_1 z_2} = -\frac{z_1}{z_3}$$

上式中的"−"号表示轮1、轮3在转化机构中的转向相反。

推广到一般情况，周转轮系的转化机构的传动比计算公式为

$$i_{1k}^H = \frac{n_1 - n_H}{n_k - n_H} = (-1)^m \frac{\text{转化机构在 1、k 间各主动轮齿数的连乘积}}{\text{转化机构在 1、k 间各主动轮齿数的连乘积}} \quad (10-2)$$

使用上式应注意：

（1）1、k 和 H 三个构件的轴线应互相平行，而且 n_1、n_k、n_H 是代数值，必须代入正、负号，对差动齿轮系，如两构件转速相反时，一构件用正值代入，另一个构件则以负值代入，第三个构件的转速用所求得的正负号来判别。

（2）$i_{ab}^H \neq i_{ab}$。i_{ab}^H 是周转轮系转化机构的传动比，亦即齿轮 a、b 相对于行星架 H 的传动比，而 i_{ab} 是周转轮系中 a、b 两齿轮的传动比。

例 10-4 图 10-10 所示的周转轮系中，中心轮 4 固定（$n_4 = 0$），行星架 H 为主动件，齿轮 1 为从动件。已知 $z_1 = 100$，$z_2 = 101$，$z_3 = 100$，$z_4 = 99$。试求 i_{H1} 传动比的大小。

解： 该齿轮系为周转轮系，用转化轮系的方法由式（7-2）得

$$i_{14}^H = \frac{n_1 - n_H}{n_4 - n_H} = (-1)^2 \frac{z_2 z_4}{z_1 z_3} = \frac{101 \times 99}{100 \times 100} = +\frac{9\,999}{10\,000}$$

由于 $n_4 = 0$，得

$$i_{14}^H = \frac{n_1 - n_H}{0 - n_H} = 1 - \frac{n_1}{n_H} = 1 - i_{1H}$$

$$i_{1H} = 1 - i_{14}^H = 1 - \frac{9\,999}{10\,000} = \frac{1}{10\,000}$$

所以 $i_{H1} = \dfrac{1}{i_{1H}} = 10\,000$

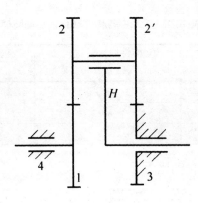

图 10-10 周转轮系

10.4 混合轮系传动比的计算

如果齿轮系中既包含定轴齿轮系,又包含周转轮系,或者包含几个周转轮系,则称为混合轮系,如图 10-11 所示。

计算混合轮系的传动比时,不能将整个齿轮系单纯地按求定轴齿轮系或周转轮系传动比的方法来计算,而应将混合轮系中的定轴齿轮系和行星齿轮系区别开,分别列出它们的传动比计算公式,最后联立求解。

分析混合轮系的关键是先找出周转轮系。方法是先找出行星轮与行星架,再找出与行星轮相啮合的太阳轮。找出所有的周转轮系后,剩下的就是定轴齿轮系。

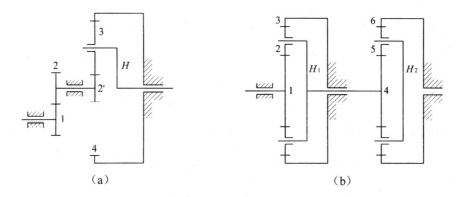

图 10-11 混合轮系

例 10-5 图 10-12 所示为电动卷扬机的减速器。已知各齿轮数为 $z_1=24$,$z_2=48$,$z'_2=30$,$z_3=90$,$z'_3=20$,$z_4=30$,$z_5=80$。试求 i_{1H} 传动比的大小。

解:该混合轮系由两个基本齿轮系组成。齿轮 1、2、2′、3、系杆 H 组成差动行星齿轮系;齿轮 3′、4、5 组成定轴轮系,其中 $n_H = n_5$,$n_3 = n'_3$。

对于定轴齿轮系

$$i_{3'5} = \frac{n'_3}{n_5} = -\frac{z_5}{z'_3} = -\frac{80}{20} = -4 \tag{1}$$

对于周转轮系,根据式(7-2)得

$$i_{13}^H = \frac{n_1 - n_H}{n_3 - n_H} = (-)^1 \frac{z_2 z_3}{z_1 z'_2} = -\frac{48 \times 90}{24 \times 30} = -6 \tag{2}$$

联立方程(1)、(2)和 $n_H = n_5$,$n_3 = n'_3$ 得

$$i_{1H} = \frac{n_1}{n_H} = 31$$

i_{1H} 为正值,说明齿轮 1 与构件 H 转向相同。

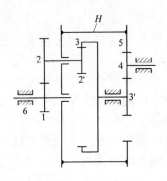

图 10-12 周转轮系

10.5 齿轮系的应用

10.5.1 实现分路传动

利用齿轮系可使一个主动轴同时带动若干从动轴转动,将运动从不同的传动路线传给执行机构的特点可实现机构的分路传动。

图 10-13 所示为滚齿机上滚刀与轮坯之间作展成运动的传动简图。滚齿加工要求滚刀的转速 $n_刀$ 与轮坯的转速 $n_坯$ 必须满足 $i_{刀坯}=\dfrac{n_刀}{n_坯}=\dfrac{z_坯}{z_刀}$ 的传动比关系。主动轴 I 通过锥齿轮 1 经齿轮 2 将运动传给滚刀;同时主动轴又通过直齿轮 3 经齿轮 4-5、6、7-8 传至蜗轮 9,带动被加工的轮坯转动,以满足滚刀与轮坯的传动比要求。

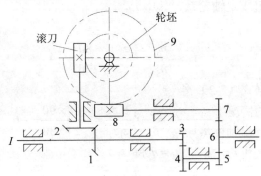

图 10-13 滚齿机中的轮系

10.5.2 获得大的传动比

若想要用一对齿轮获得较大的传动比,则必然一个齿轮要做得很大,这样会使机构的体积增大,同时小齿轮也容易损坏。如果采用多对齿轮组成的齿轮系,则可以很容易地获得较大的传动比。只要适当选择齿轮系中各对啮合齿轮的齿数,即可得到所要求的传动比。在行星齿轮系中,用较少的齿轮即可获得很大的传动比。

10.5.3 实现换向传动

在输入轴转向不变的情况下,利用惰轮可以改变输出轴的转向。

如图 10-14 所示车床上走刀丝杆的三星轮换向机构,扳动手柄可实现如图 10-14(a)、10-14(b)所示的两种传动方案。由于两方案仅相差一次外啮合,故从动轮 4 相对于主动轮 1 有两种输出转向。

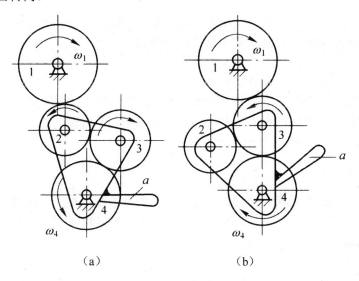

图 10-14 可变向的齿轮系

10.5.4 实现变速传动

在输入轴转速不变的情况下,利用齿轮系可使输出轴获得多种工作转速。图 10-15 所示的汽车变速箱,可使输出轴得到 4 个档次的转速。一般机床、起重等设备上也都需要这种变速传动。

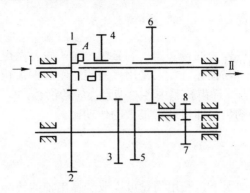

图 10-15 汽车的变速箱

10.5.5 用于对运动进行合成与分解

在差动齿轮系中,当给定两个基本构件的运动后,第三个构件的运动是确定。换而言之,第三个构件的运动是另外两个基本构件运动的合成。

同理,在差动齿轮系中,当给定一个基本构件的运动后,可根据附加条件按所需比例将该运动分解成另外两个基本构件的运动。

图 10-16 所示为滚齿机中的差动齿轮系。滚切斜齿轮时,由齿轮 4 传递来的运动传给中心轮 1,转速为 n_1;由蜗轮 5 传递来的运动传给 H,使其转速为 n_H。这两个运动经齿轮系合成后变成齿轮 3 的转速 n_3 输出。

因 $z_1 = z_3$,则 $i_{13}^H = \dfrac{n_1 - n_H}{n_3 - n_H} = -\dfrac{z_3}{z_1} = -1$,故 $n_3 = 2n_H - n_1$

图 10-17 所示的汽车后桥差速器即为分解运动的齿轮系。在汽车转弯时它可将发动机传到齿轮 5 的运动以不同的速度分别传递给左右两个车轮,以维持车轮与地面间的纯滚动,避免车轮与地面间的滑动摩擦导致车轮过度磨损。

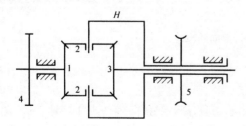

图 10-16 使运动合成的齿轮系

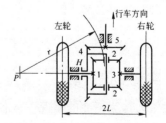

图 10-17 汽车后桥差速器

若输入转速为 n_5,两车轮外径相等,轮距为 $2L$,两轮转速分别为 n_1 和 n_3,r 为汽车行驶半径。当汽车绕图示 P 点向左转弯时,两轮行驶的距离不相等,其转速比为

$$\frac{n_1}{n_3} = \frac{r-L}{r+L} \tag{1}$$

差速器中齿轮 4、5 组成定轴齿轮系，行星架 H 与齿轮 4 固联在一起，1—2—3—H 组成差动齿轮系。对于差动齿轮系 1—2—3—H，因 $z_1=z_2=z_3$，有

$$i_{13}^H = \frac{n_1 - n_H}{n_3 - n_H} = -\frac{z_3}{z_1} = -1$$

$$n_H = \frac{n_1 + n_3}{2}$$

即
$$n_4 = n_H = \frac{n_1 + n_3}{2} \tag{2}$$

联立求解（1）、（2）两式得
$$n_1 = \frac{r-L}{r} n_4$$

$$n_3 = \frac{r+L}{r} n_4$$

若汽车直线行驶，因 $n_1=n_3$，所以行星齿轮没有自转运动，此时齿轮 1、2、3 和 4 相当于一刚体作同速运动，即

$$n_1 = n_3 = n_4 = \frac{n_5}{i_{54}} = n_5 \frac{z_5}{z_4}$$

由此可知，差动齿轮系可将一输入转速分解为两个输出转速。

10.6　其他齿轮传动装置简介

10.6.1　圆弧齿轮传动装置

从本世纪 20 年代开始，出现了端面齿廓为圆弧的齿轮，即圆弧圆柱齿轮，简称圆弧齿轮。目前圆弧齿轮已在冶金、矿山和起重运输机械中获得广泛的应用。

1. 单圆弧齿轮传动装置

单圆弧齿轮传动机构中，通常小齿轮的轮齿做成凹圆弧形，大齿轮的轮齿做成凸圆弧形。这种齿轮是以单边圆弧做齿形，称为单圆弧齿轮传动装置。

单圆弧齿轮传动装置与渐开线齿轮传动装置相比有以下主要特点：

（1）圆弧齿轮机构在理论上为点接触，但实际上经跑合后是一小块沿着齿宽横向移动的接触面。由于齿面相互接触，其接触处的当量曲率半径很大，按接触强度计算的承载能力一般比渐开线齿轮机构高 1~1.5 倍。

(2) 由于传动时在齿面的接触区有高的的速度,有利于油膜形成,因此磨损小,效率高(η=0.995~0.99)。

(3) 圆弧齿轮无根切现象,小齿轮齿数可以取得很少(Z_{min}= 6~8),因而可减小齿轮尺寸,但最少齿数受到轴的强度和刚度的限制。

(4) 对中心距与切齿深度的精度要求较高,这两者的误差会使其承载能力显著下降。

(5) 运转噪声较大,在高速传动中其应用受到限制。

(6) 切削同一模数的大小齿轮各需一把滚刀,而切制渐开线齿轮只用一把滚刀。为了减少滚刀数目和提高圆弧齿轮的承载能力,可采用双圆弧齿轮机构。

2. 双圆弧齿轮传动装置

双圆弧齿轮机构中,相啮合的大小齿轮都采用同一齿形,即齿顶部分做成凸圆弧,齿根部分做成凹圆弧,齿顶圆弧和齿根圆弧的交接处呈台阶形。双圆弧齿轮传动时,有两条啮合线,。双圆弧齿轮最少有两对齿同时啮合承受载荷,同时由于齿根厚度增大,因而大大提高了轮齿的弯曲强度(根据弯曲强度计算的承载能力约比渐开线齿轮提高 30%),其接触强度也比单圆弧齿轮提高近一倍。另外,传动比较平稳,振动和噪音有所减轻。

双圆弧齿轮不仅具有单圆弧齿轮的优点,而且还提高了强度。我国已经制定了双圆弧齿轮的齿形标准,目前正在推广应用。

10.6.2 摆线针轮行星传动装置

摆线针轮行星传动装置主要由与主动轴固联的偏心套、滚动轴承、摆线轮、针齿销、针齿套、等速传动机构和机架等组成。

摆线针轮行星传动的传动特点是传动比范围较大,单级传动的传动比为 9~87,两级传动的传动比可达 121~7569。由于同时参加啮合的齿数多,故承载能力较强,传动平稳。又由于针齿销可加套筒,使针轮与摆线轮之间的摩擦滚动摩擦,故轮齿磨损小,使用寿命长,传动效率高。摆线针轮行星传动在国防、冶金、矿山等部门得到广泛的应用。

10.6.3 谐波齿轮传动装置

谐波齿轮传动是通过波发生器所产生的连续移动变形波使柔性齿轮产生弹性变形,从而产生齿间相对位移而达到传动的目的。

谐波齿轮传动与摆线针轮传动都属于行星齿轮传动的范畴,二者所不同的是,谐波齿轮传动借助于波发生器使柔轮产生可控的弹性变形而实现柔轮与刚轮的啮合及运动传递,取代了摆线针轮传动所需的等角速度输出机构,因而大大简化了结构,传动机构体积小、重量轻、安装方便。同时谐波齿轮传动同时啮合的齿数较多,且柔轮采用了高疲劳强度的特殊钢材，因而传动平稳，承载能力大。此外其摩擦损失也较小，故传动效率高。

谐波齿轮传动可获得较大的传动比，单级传动的传动比可达 70~320。其缺点是使用寿命会受柔轮疲劳损伤的影响。目前，谐波齿轮传动已广泛应用于能源、造船、航空航天工业等部门。

10.7 减速器

在机械传动中，为了降低转速并相应地增大转矩，常在原动部分与工作部分之间安装具有固定传动比的独立传动部件，它通常是由封闭在箱体内的齿轮传动（或蜗杆传动）组成，这种独立传动部件称为减速器，或称减速机、减速箱。在个别机械中，也可用来增加转速，此时则称为增速器。

减速器由于传递运动准确、结构紧凑、使用维护简单并有标准系列产品可供选用，故在工业中应用广泛。

10.7.1 减速器的主要类型

（1）按传动零件的不同分为齿轮减速器、蜗轮减速器、齿轮-蜗轮减速器、行星减速器等。

（2）按传动级数的不同分为单级、两级及多级减速器。

（3）按轴在空间的位置不同分为立式和卧式减速器。

10.7.2 减速器的结构

常用减速器的结构必须满足以下要求：箱内的传动零件和轴承应能正常工作，并有良好的润滑；整个减速器应便于制造、安装和运输。现以单级圆柱齿轮减速器为例，简单介绍其结构的润滑：

减速器箱体常用灰铸铁铸成。受冲击载荷的重型减速器，箱体可采用铸钢铸成。对于单件生产的减速器箱体，也可用钢板焊接而成。

为了便于装配，箱体一般做成箱盖和箱座两部分，用螺栓联成一体，并用两个定位销来保证其准确定位。在箱体的剖分面处装有起盖螺钉，以便于打开箱盖。在箱体的轴承部位加肋用于提高减速器的刚度，防止受载变形而影响正常传动。箱体的轴承孔必须精确加工，以保证齿轮轴线相互位置的正确性。减速器吊钩和箱盖吊钩（或吊环螺栓）用于吊运减速器和起盖时使用。

箱盖顶部设有视孔，它供观察箱内的齿轮啮合情况和加油之用。箱盖顶部还装有通气塞,它能及时排出箱内的热气。为了检查箱内油面的高低,在箱座侧面装有测油杆。箱座底部设有油塞,用以放出箱内的废油。

减速器中的传动零件与轴承必须保证有良好的润滑,以便减少摩擦和磨损,提高传动效率。

10.7.3 减速器的选用

减速器是应用较广泛的机械传动部件,为了减轻设计工作量,提高产品质量和降低成本,我国一些部门和工厂都制定了常用减速器的标准并进行批量生产,使用单位可直接选用。

1. 常用标准减速器

各种标准减速器的系列较多,它们的规格、适用范围、代号、参数及安装尺寸等,可查阅有关手册或产品目录。下面简单介绍最常用的标准减速器:

(1) 单级、双级、三级渐开线圆柱齿轮减速器。这类减速器主要用于冶金、矿山、建筑、化工、纺织和轻工机械等。其适用条件为:齿轮圆周速度不大于 18 m/s,高速轴转速不大于 1 500 r/min,工作温度为 $-40 \sim +45℃$,能用于正、反向运转。

(2) 普通圆柱蜗杆减速器。这类阿基米德圆柱蜗杆单级减速器,有蜗杆下置的 WD 型和蜗杆上置的 WS 型两种。其适用范围为:相对滑动速度不 7.5 m/s,蜗杆转速不超过 1 500 r/min,工作环境温度 $-40 \sim +45℃$,可用于正、反向运转。

2. 标准减速器的选择

选用标准减速器时,一般的已知条件是:高速轴传递功率 P_1 或低速轴传递的转矩 T、高速轴和低速轴转速、载荷变化图、使用寿命、装配形式及工作环境等。各种标准减速器都按型号规格列出承载能力表,可按工作要求选用。一般选用步骤如下:

(1) 根据工作要求确定标准减速器的类型;
(2) 根据转速求传动比,选用该类型中不同级数的减速器;
(3) 由输入功率 P_1(或输出转矩 T)、工作类型、载荷性质、输入轴转速和总传动比等条件,在减速器承载能力表中查出所需减速器的型号,并决定其参数和尺寸。

标准减速器的选用实例,见机械设计手册等有关资料。

复习题

10-1 轮系在实际应用中有哪些特点?

10-2　何谓定轴轮系与周转轮系？它们是根据什么来区分的？

10-3　定轴轮系的旋转方向如何确定？传动比的正、负号表示什么含义？画箭头方法表示旋转方向时应注意什么？在什么情况下要用画箭头方法来表示旋转方向？

10-4　何谓惰轮？它有什么作用？它对轮系传动比的计算有什么影响？

10-5　图 10-18 所示轮系中，已知各标准圆柱齿轮齿数 $z_1=z_2=20$，$z_3=60$，$z'_4=22$，$z_4=30$，$z_5=34$，各轮模数相同。试计算轮 $3'$ 的齿数和传动比 i_{15}。

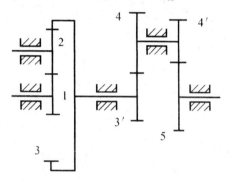

图 10-18　题 10-5 图

10-6　图 10-19 所示轮系中，已知 $z_1=15$，$z_2=25$，$z'_2=15$，$z_3=30$，$z'_3=15$，$z'_4=2$（右旋），$z_4=30$，$z_5=60$，$z'_5=20$（m=4 mm）。若 $n_1=500$ r/min，转向如图中箭头所示，求齿条 6 线速度的大小和方向。

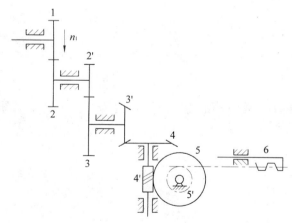

图 10-19　题 10-6 图

10-7　图 10-20 所示为车床溜板箱手动操纵机构。已知齿轮 1、2 的齿数 $z_1=16$，$z_2=80$，齿轮 3 的齿数 $z_3=13$，模数 m = 2.5 mm，与齿轮 3 啮合的齿条被固定在床身上。试求当溜板箱移动速度为 1 m/min 时的手轮转速。

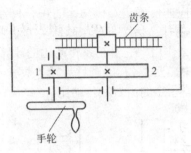

图 10-20 题 10-7 图

10-8 图 10-21 所示为汽车式起重机主卷筒的齿轮传动系统,已知各齿轮齿数 $z_1=20$,$z_2=30$,$z_6=33$,$z_7=57$,$z_3=z_4=z_5=28$,蜗杆头数 $z_8=2$,蜗轮 9 的齿数 $z_9=30$。试计算 i_{19},并说明双向离合器的作用。

10-9 在图 10-22 所示机构中,已知 $z_1 = z'_2 = 41$,$z_2 = z_3 = 39$,求手柄 H 与齿轮 1 的传动比 i_{H1}。

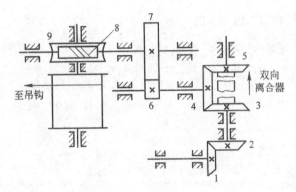

图 10-21 题 10-8 图

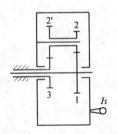

图 10-22 题 10-9 图

第 11 章　轴和轴毂的联接

学习目标　轴是机器中的重要零件之一，通过与轴毂的联接可将运动和动力传递到其他的零件，广泛应用于各种机械设备中。轴是非标准零件，不同的使用场合对轴的结构有不同的要求。通过对本章的学习，应掌握轴的类型和材料的选择；熟悉轴的设计过程；掌握轴毂联接类型、应用与选择方法。

11.1　轴的类型和应用

轴是机械传动中重要零件之一，它的主要作用有两个方面：一是支承，主要支承旋转零件，如齿轮轴、带轮轴等，并保持轴上零件的相对位置；二是传递，即传递运动和动力。

轴通常是按两种方法来进行分类的。

1. 按轴的形状分类

（1）直轴。轴上各段的几何中心线都在同一直线上。直轴按其外形不同可分为截面直径不变的光轴和各轴段截面直径不同的阶梯轴，如图 11-1 所示。直轴广泛用于一般机械中。直轴一般制成实心轴，但为了减轻重量或留出空间，便于其他零件的装配或送料，也可采用空心轴，如钟表和车床的主轴、冶金和建材行业的球磨机中空轴。

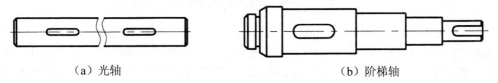

(a) 光轴　　　　　　　　　　(b) 阶梯轴

图 11-1　直轴

（2）曲轴。轴上各段的几何中心线不在同一直线上的轴，如图 11-2 所示。曲轴主要用于往复式机械中，如内燃机等。

（3）挠性轴。轴的几何中心线可根据需要发生弯曲变形，可把运动和动力灵活地传递到任何位置。主要用于振动设备、车辆的转速表、机器人、机械手和医疗设备中，如图 11-3 所示。

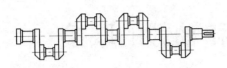

图 11-2 曲轴　　　　　　　　　图 11-3 挠性轴

2. 按轴承受的载荷性质分类

（1）转轴。工作时既承受弯矩又承受扭矩的轴，是机器中应用最广的轴。如图 11-4 所示。

（2）心轴。工作时只承受弯矩而不承受转矩的轴，如图 11-5 所示。心轴可根据是否转动分为固定心轴和转动心轴，火车轮轴为转动心轴，而自行车的前轮轴为固定心轴。

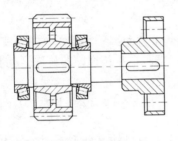
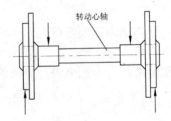

图 11-4 转轴　　　　　　　　　图 11-5 心轴

11.2　轴的结构设计

轴的结构和外形要根据轴的毛坯种类、轴上的载荷大小和分布情况、轴上零件的布置及固定方式、轴承类型及位置、轴的加工和装配工艺性等方面综合考虑。图 11-6 所示为一圆柱齿轮减速器的输出轴。

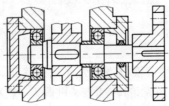

图 11-6 减速器输出轴结构

11.2.1 轴的基本组成

如图 11-7 所示,轴的基本组成包括轴颈、轴头、轴身 3 个部分。轴颈是轴上被支承的部分轴段,轴头是轴上安装轮毂的部分轴段,联接轴颈和轴头的部分轴段称为轴身。轴颈和轴头的直径应该规范取圆整尺寸,特别是安装滚动轴承的轴颈,其直径必须符合滚动轴承的内径系列。轴头的直径宜采用标准尺寸系列(见表 11-1);轴身是自由尺寸,常以毫米为单位的整数确定,最好取偶数或 5 进位的数。

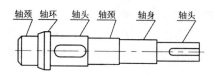

图 11-7 轴上各段名称

表 11-1 标准尺寸系列(摘自 GB/T2822—1981) $Ra40$ 系列 (单位:mm)

10,	11,	12,	13,	14,	15,	16,	17,	18,	19,	20,	21,	22,	24,	25,	26,	28
30,	32,	34,	36,	38,	40,	42,	45,	48,	50,	53,	56,	60,	67,	71,	75,	80,
85,	90,	95,	100,	105,	110,	120,	125,	130,	140,	150,	160,	170,	180,	190		

11.2.2 轴上零件的固定

1. 轴向固定

零件在轴上轴向固定的目的是防止零件作轴向窜动,并将零件上的轴向力传给轴,保证轴上零件具有确定的安装位置,并能承受轴向力而不产生轴向位移。常用的固定方式如下。

(1)轴肩和轴环。轴肩和轴环定位是最常用而且又可靠的一种轴向定位方式,如图 11-8 所示。它们都是由定位面和内圆角组成。为了保证定位可靠,轴环和轴肩的高度 $h=(0.07\sim 0.1)d$。为了保证轴上零件能紧靠定位面,轴上内圆角半径 $r=(0.67\sim 0.75)h$,应该小于轴上零件的外圆角半径 R 或倒角 C。轴环的宽度 $b=(0.1\sim 0.15)d$ 或 $b=1.4h$。

另外,轴头的长度要小于轴上安装零件轮毂的轴向尺寸 2~3mm,以保证轴向定位可靠。

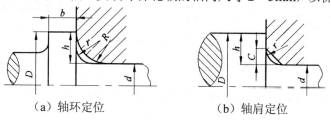

(a)轴环定位　　　(b)轴肩定位

图 11-8 轴肩和轴环定位

（2）圆螺母。如图 11-9 所示，轴上零件与轴承相距较远，且轴上允许车制螺纹时，可用圆螺母作轴向定位，它可承受较大的轴向力。多采用细牙螺纹，有利于防止螺母松动。

（3）定位套筒。当轴上有一零件位置已确定，相邻零件与它的距离又短，可用定位套筒确定相邻零件的位置。它结构简单，装拆方便，对轴的强度无削弱，但增加了重量，长度不宜过长、速度不宜过高。

（4）弹簧挡圈、轴端挡板。当轴向力不大，轴上零件又相距较远或只为了防止轴向移动，常采用弹簧挡圈，如图 11-10 所示。轴端挡板能承受较大的轴向力，如图 11-11 所示。

（5）紧定螺钉和销钉。紧定螺钉定位所承受的力很小，它是防止零件偶然与轴产生相对运动，同时具有轴向和周向定位作用，不宜用于高速轴定位。图 11-12 所示为紧定螺钉定位。销钉所承受的力比紧定螺钉大，它也同时具有轴向和周向定位作用，但对轴的强度有削弱作用。

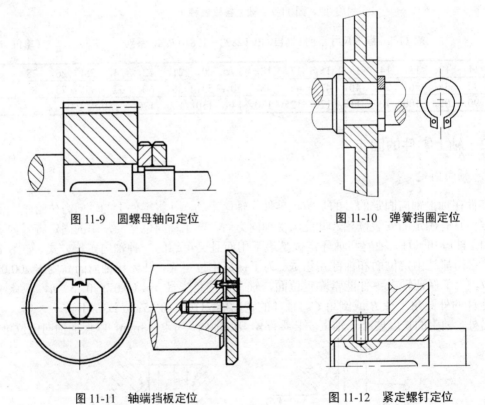

图 11-9　圆螺母轴向定位　　　　　　图 11-10　弹簧挡圈定位

图 11-11　轴端挡板定位　　　　　　图 11-12　紧定螺钉定位

（6）圆锥面。用于同轴度要求较高或有强烈振动和冲击的轴端零件定位，常与轴端挡圈配合使用。

2. 周向固定

周向固定的目的是使轴毂零件与轴一起转动,且传递运动和动力。周向固定常用键或花键;当对中性要求较高,并有振动的情况下工作时,可用过盈配合;如载荷很小,也可采用紧定螺钉和销钉。

11.2.3 轴的加工和装配工艺性

在保证正确定位的前提下,应使轴的形状尽可能简单,阶梯数量尽可能少。

(1) 相邻轴段直径突变不宜过大,且要用圆角过渡,以减少应力集中,同一轴上过渡圆角尽可能一致。

(2) 轴上需加工螺纹的轴段应有退刀槽,需磨削的轴段应有越程槽,如同一轴有多处退刀槽和越程槽时,槽的宽度要尽量一致,如图11-13所示。

(3) 不同轴段的键槽,应布置在同一母线上,且宽度尽可能相等。圆角半径、倒角、中心孔等尺寸应尽可能统一,以便于加工和检验。

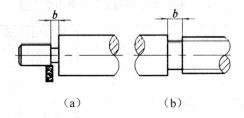

图 11-13 越程槽与退刀槽

(4) 过盈配合处将会引起应力集中,影响轴的强度;可将轴的直径略微加大或在配合处两端设计卸载槽。

除上面几点外,设计轴的过程中还要考虑装配要求,如阶梯轴,最好是中间轴径大而两端轴径小,便于零件从两端装拆,也大致符合等强度原则。零件装配时尽可能不接触其他零件的装配表面。

11.3 轴的材料与强度计算

11.3.1 轴的材料

轴的主要材料是碳钢及合金钢,近年来也采用铸铁。

1. 碳钢

碳钢价格低廉，力学性能较好，对应力集中也不很敏感，所以被广泛应用，通常用的有30、35、45等优质碳素结构钢，并进行正火或调质处理；对于轻载或不重要的，也可用普通碳素结构钢代替，如Q235。

2. 合金钢

合金钢的力学性能好，但价格偏高，所以通常都用于载荷大、尺寸空间受到限制或有特殊要求的场合，常用的有40Cr、40CrNi、20CrMnTi等。但要注意，合金钢对应力集中比较敏感，在结构设计时要避免各轴段的直径变化太大或表面粗糙度的值太大。

3. 铸铁

对结构复杂或尺寸较大的轴，不便锻制，可用球墨铸铁，如内燃机中的曲轴。轴的常用材料及力学性能见表11-2。

表 11-2 轴的常用材料及其主要力学性能

材料牌号	热处理	毛坯直径 d/mm	硬度 /HB	抗拉强度极限 σ_b	屈服极限 σ_s	弯曲疲劳极限 σ_{-1}	备注
				MPa 不小于			
Q235				440	240	180	用于不重要或载荷不大的轴
35	正火	≤100	149～187	520	270	250	应用较广泛
45	正火	≤100	170～217	600	300	275	用于较重要的轴，应用最广泛
45	调质	≤200	217～255	650	360	300	
				MPa 不小于			
40Cr	调质	25		1000	800	485	用于载荷较大，而无很大冲击的重要轴
		≤100	241～286	750	550	350	
		>100～300	229～269	700	500	320	
40MnB	调质	25		1000	800	485	性能接近于40Cr，用于重要的轴
		≤200	241～286	750	500	335	
35CrMo	调质	≤100	207～269	750	550	390	用于重载荷的轴
20Cr	渗碳淬火回火	15	表面硬度 56～62HRC	850	550	375	用于要求强度和韧性均较高的轴
		≤60		650	400	280	

11.3.2 轴的强度计算

1. 按轴的许用扭应力计算

不考虑零件在轴上的位置，按纯扭转估算轴的直径：

由强度条件 $\tau = \dfrac{T}{W_T} = \dfrac{9.55 \times \dfrac{P}{n} \times 10^6}{\pi d^3 / 16} = \dfrac{9.55 \times 10^6 P}{0.2 d^3 n} \leq [\tau]$

式中 T——轴上所传递的转矩，N·mm；

W_T——轴的抗扭截面系数，mm；

P——轴上所传递的功率，kW；

n——轴的转速，r/min；

τ，$[\tau]$ 分别——轴的扭应力和许用扭应力，单位为 MPa。

得设计式：$d \geq \sqrt[3]{\dfrac{9.55 \times 10^6 P}{0.2 [\tau] \times n}} = C \cdot \sqrt[3]{\dfrac{P}{n}}$

式中 d——轴的直径，mm。

常用材料的$[\tau]$、C值见表 11-3。

表 11-3 几种常用轴材料的$[\tau]$及 C 值

轴的材料	Q235-A、20	Q275、35	45	40Cr、35SiMn、42SiMn、40MnB、3Crl3
$[\tau]$/MPa	15～25	20～30	25～45	35～55
C	126～149	112～135	103～126	97～112

注：① 表中所给出的$[\tau]$值是考虑了弯曲影响而降低了的许用扭转剪应力。

② 在下列情况下$[\tau]$取较大值、C 取较小值：弯矩较小或只受扭矩作用、载荷较平稳、无轴向载荷或只有较小的轴向载荷、减速器的低速轴、轴单向旋转。反之，$[\tau]$取较小值、C 取较大值。

2. 按轴的许用弯曲应力计算，即按轴的弯扭组合强度计算

已知零件在轴上的布置确定了轴的结构及载荷情况后，用弯扭组合变形来校核轴的强度，其步骤如下。

(1) 作轴的空间受力分析图。将轴上的作用力分解为水平面受力图和垂直面受力图，求出水平面和垂直面上支承点的支承反力 F_H、F_V。

(2) 分别作出水平面弯矩图 M_H 和垂直面弯矩图 M_V。

(3) 作出合成弯矩图 $M = \sqrt{M_H^2 + M_V^2}$ 。

(4) 作出扭矩图 $T = 9.55 \times 10^6 \dfrac{P}{n}$。

(5) 用弯扭组合原理，作出当量弯矩图 $M_e = \sqrt{M^2 + (\alpha T)^2}$ 。

α：修正系数，把扭矩折合成当量弯矩，α 的取值与扭转剪应力 ι 的循环特性有关，通常情况下，扭转剪应力对称循环变化，即频繁正、反转轴上的扭转剪应力，$\alpha=1$；扭转剪应力脉动变化，即轴是单向转动，考虑到启动、停车和载荷变化，常按脉动变化处理，$\alpha=0.6$；

扭转剪应力不变时，即轴传动扭矩的大小和方向均不变化，是静应力状态。α=0.3。

注意：转轴所处状态不同，其许用弯曲应力也不一样，通常用：$[\sigma_{-1b}]$ 表示对称循环许用弯曲应力，$[\sigma_{0b}]$ 表示脉动循环许用弯曲应力；$[\sigma_{+1b}]$ 表示轴应力不变时许用弯曲应力，其值可由表 11-4 选取。

（6）用弯扭组合强度校核危险截面的强度：

$$\sigma_e = \frac{M_e}{W} = \frac{\sqrt{M^2+(\alpha T)^2}}{0.1d^3} \leq [\sigma]$$

式中　σ_e——弯曲应力；
　　　W——轴的抗弯截面模量；
　　　$[\sigma]$——许用弯曲应力。

表 11-4　轴的弯曲许用应力

材料	σ_b	$[\sigma_{+1b}]$	$[\sigma_{0b}]$	$[\sigma_{-1b}]$
碳素钢	400	130	70	40
	500	170	75	45
	600	200	95	55
	700	230	110	65
合金钢	800	270	130	75
	900	300	140	80
	1 000	330	150	90
铸钢	400	100	50	30
	500	120	70	40

11.4　轴的设计

轴的设计步骤如下。
（1）选择轴的材料及热处理方式，按纯扭转估算轴的直径。
（2）进行轴的结构设计。根据需要确定各轴段的长度和直径、圆角、倒角、退刀槽等。
（3）校核轴的强度。
（4）绘制零件图。

例 11-1　图 11-14 所示为二级减速器示意图，试设计减速器的输出轴。已知传递功率为 10 kW，转速 n=240 r/min，齿轮的分度圆直径为 215 mm，圆周力 F_t=3 703 N，径向力 F_r=1 346 N，轴向力 F_a=748 N，齿轮 1 和齿轮 2 的宽度为 75 mm，齿轮 3 和齿轮 4 的宽度为 64 mm，齿轮、箱体、联轴器之间的距离如图 11-14 所示。

解：

（1）选择轴的材料

由于没有特殊的要求，选 45 钢并经调质处理，查表 11-2 得强度极限 σ_b =650 MPa。再查表 11-4 的许用弯曲应力 $[\sigma_{-1b}]$ =65 MPa。

（2）估算轴的最小直径。

由表 11-3 得取 C=115

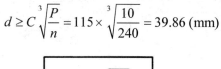

$$d \geq C\sqrt[3]{\frac{P}{n}} = 115 \times \sqrt[3]{\frac{10}{240}} = 39.86 \text{ (mm)}$$

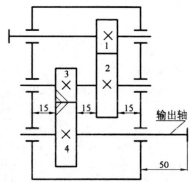

图 11-14 二级减速器示意图（单位：mm）

因最小直径处要安装联轴器，故有一键槽，应将轴的最小直径加大 3%～5%。

即 d=39.9×105%= 41.9，由表 11-1 取标准直径 42 mm。

（3）轴的结构设计

① 确定轴上零件的定位方式。

轴向定位采用的方法是：联轴器由轴肩定位，右端轴承采用轴肩和端盖定位，左端轴承采用端盖和套筒定位，齿轮由轴环和套筒定位；齿轮和联轴器均由平键周向定位。齿轮和左端轴承从左侧装拆，右端轴承和联轴器从右侧装拆，如图 11-15 所示。

② 确定各段轴的直径。

与联轴器配合的直径最小取 d_6=42 mm，联轴器轴肩定位台阶高度取 3 mm，这样 d_5=48 mm，选轴承内径为 d_1=50 mm，右端轴承定位轴肩高度为 h=3.5 mm，那么 d_4=57 mm，与齿轮配合的轴头直径 d_2=53 mm，齿轮的定位轴肩高度取 5 mm，则 d_3=63 mm。

③ 确定轴上零件的轴向尺寸及各段轴的长度。

轴承宽度 b =20 mm，齿轮宽度 B_1=75 mm，半联轴器轮毂长度 B_2=84 mm，轴承端盖宽度为 20 mm。

取轴承端面与箱体内侧间隙为 Δ_1=5 mm，齿轮与箱体内侧的距离分别为 Δ_2=20 mm，

Δ_3=15+64+15=94(mm),联轴器与轴承端盖之间的距离 Δ_4=50 mm,如图 11-15 所示。

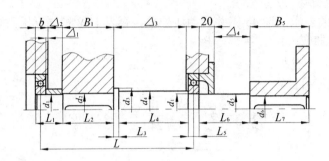

图 11-15 轴的结构设计

对应图 11-15 所示轴的各段长度为:
L_1=42 mm, L_2=73 mm, L_3=8 mm, L_4=91 mm, L_5=20 mm, L_6=70 mm, L_7=82 mm
两轴承中心距
$$L = L_1 + L_2 + L_3 + L_4 = 214 \text{ mm}$$

(4) 轴的强度较核

① 作轴的受力简图,如图 11-16 (a) 所示。

② 作水平面弯矩图如图 11-16 (b) 所示。

通过计算可得支点水平反力为
$$F_{AH} = 2\,535 \text{ N} \qquad F_{BH} = 1\,168 \text{ N}$$

可得到 C 点的水平弯矩为
$$M_{CH} = 67.5 F_{AH} = 171\,113 \text{ N} \cdot \text{mm}$$

③ 作垂直面弯矩图如图 11-16 (c) 所示。

通过计算可得支点垂直反力为
$$F_{AV} = 546 \text{ N} \qquad F_{BV} = 819 \text{ N}$$

可得到 C 点的水平弯矩为
$$M_{CV1} = 67.5 F_{AV} = 36\,855 \text{ N} \cdot \text{mm}$$
$$M_{CV2} = 146.5 F_{BV} = 119\,984 \text{ N} \cdot \text{mm}$$

④ 计算合成弯矩,作弯矩图,如图 11-16 (d) 所示。
$$M_{C1} = \sqrt{M_{CH}^2 + M_{CV1}^2} = \sqrt{171\,113^2 + 36\,855^2}$$
$$= 175\,037 \text{ N} \cdot \text{mm}$$
$$M_{C2} = \sqrt{M_{CH}^2 + M_{CV1}^2} = \sqrt{171\,113^2 + 119\,984^2}$$
$$= 208\,988 \text{ N} \cdot \text{mm}$$

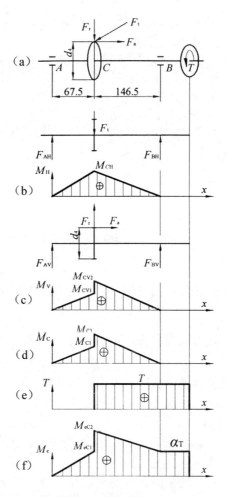

图 11-16 轴的强度校核

⑤ 计算转矩，作转矩图 11-16（e）。

$$T = 9.55 \times 10^6 \frac{P}{n} = 9.55 \times 10^6 \times \frac{10}{240} = 397\,916\,(\text{N} \cdot \text{mm})$$

⑥ 计算当量弯矩，作当量弯矩图，如图 11-16（f）所示。

按减速器的特点，可认为转矩为脉动循环变化，修正系数 $\alpha = 0.6$。

$$\alpha T = 0.6 \times 397916 = 238\,750\,(\text{N} \cdot \text{mm})$$

$$M_{eC1} = \sqrt{M_{C1}^2 + (\alpha T)^2} = \sqrt{175\,037^2 + 238\,750^2} = 296\,040\,(\text{N} \cdot \text{mm})$$

$$M_{eC2} = \sqrt{M_{C2}^2 + (\alpha T)^2} = \sqrt{208\,988^2 + 238\,750^2} = 317\,597\,(\text{N} \cdot \text{mm})$$

显然 M_{eC2} 大于 M_{eC1},故取 C 点的当量弯矩 $M_{eC}=M_{eC2}$。

⑦ 用当量弯矩校核危险截面的强度。

用当量弯矩进行强度校核时,应根据轴的结构对照当量弯矩图确定几个危险截面,特别是有应力集中的截面进行强度计算。由图 11-16 可以看出 C 点所在截面当量弯矩最大,且还有键槽,故本例只对此截面进行较核。查表 11-2 和表 11-4 得 $[\sigma_{-1b}]=60$ MPa

$$\sigma_C = \frac{M_{eC}}{W} = \frac{317\ 297}{0.1 \times 53^3} = 21.3(\text{MPa}) \leq [\sigma_{-1b}]$$

故设计的轴有足够的强度。

⑧ 绘制零件图略。

11.5 轴毂的联接

轴与轴毂的联接,目的是传递轴与轴上零件间的运动和动力,并有周向固定作用。常用的联接方式有键、花键和销。

11.5.1 键

键联接主要有松键联接和紧键联接两大类,松键联接即在工作之前不存在预紧力,而紧键联接键在工作之前就存在预紧力。松键联接有平键、半圆键,紧键联接楔键的,又以平键运用为最广泛。

1. 平键

平键按用途不同可分为普通平键、导向平键和滑键。平键是一半安装在轴的键槽内,另一半安装在轮毂的键槽内,承受挤压和剪切,其主要失效形式是表面压溃,因而工作面是两侧面。

(1) 普通平键

普通平键常用于静联接,应用广泛,现已标准化,按国家标准 GB/T1096—1979 的规定,平键分为 A 型(圆头键)、B 型(方头键)和 C 型(半圆头键)3 种,如图 11-17 所示。A 型键槽用指状铣刀加工,键在槽中固定较好,如图 11-17(a)所示,但键槽使轴的应力集中影响较大;B 型键槽用盘状铣刀加工,键槽对轴的应力集中影响较小;C 型键用于轴端部联接。普通平键及键槽尺寸如表 11-5 所列。

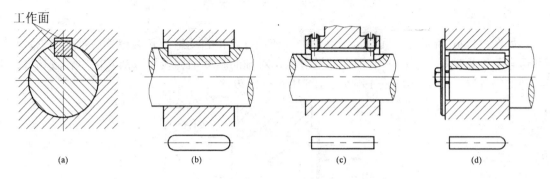

图 11-17 平键联接

表 11-5 普通平键和键槽的尺寸

轴径 d	>10~12	>12~17	>17~22	>22~30	>30~38	>38~44	>44~50
键宽 b	4	5	6	8	10	12	14
键高 h	4	5	6	7	8	8	9
键长 L	8~45	10~36	14~70	18~90	>22~110	28~140	36~160
轴径 d	>10~12	>10~12	>10~12	>10~12	>10~12	>10~12	>10~12
键宽 b	16	18	20	22	25	228	32
键高 h	10	11	12	14	14	16	18
键长 L	45~180	50~200	14~70	18~90	>22~110	28~140	36~160

注：键的长度系列为 8，10，12，14，16，18，20，22，25，28，32，36，40，45，63，70，80，90，100，125，140，160，180，200，220，250，280，320，360。

(2) 导向平键和滑键

如轮毂在轴移动距离较长时，常用导向平键，如图 11-18 所示，将键用螺钉固定在轴的键槽内，轮毂键槽与键是间隙配合；滑键是固定在轮毂上，轴上的键槽与键是间隙配合，如图 11-19 所示，滑键宜用于移动距离比导向平键还大的场合。

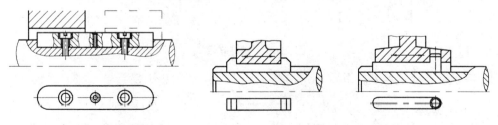

图 11-18 导向平键联接　　　　　图 11-19 滑键联接

2. 半圆键

如图 11-20 所示，半圆键可以在轴的键槽内摆动，自动适应轮毂键槽底部的倾斜，特别适合于锥形轴端的联接。但轴上键槽过深，对轴的强度削弱较大，故常用于轻载场合。半圆键的标准见 GB/T1098—1979、GB/T1099—1979。

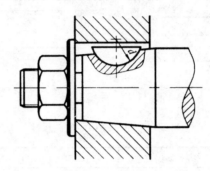

图 11-20 半圆键联接

3. 楔键和切向键

如图 11-21 所示，楔键分普通楔键和钩头楔键，钩头是为拆卸时方便。楔键的工作面是上下底面，楔键的上底面和轮毂键槽的底面都有 1∶100 的斜度，安装时把楔键打入轴和轮毂的键槽内，其上下工作面就会产生很大的预紧力，工作时是靠摩擦及键的偏压来传递转矩，且能承受单向的轴向力，但对中性较差，适用于定心精度要求不高、载荷平稳、低速的场合。

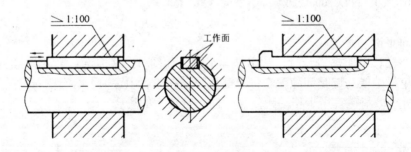

图 11-21 楔键联接

4. 平键的尺寸选择及验算

（1）尺寸选择

根据轴的直径查表 11-5 选择键的高度 h、宽度 b；其长度略小于轮毂长度，且符合键的长度系列。

(2) 强度校核

由于标准平键有足够的抗剪强度,故只需校核挤压强度,校核式为

$$\sigma_p \approx \frac{F}{\frac{h \cdot l}{2}} = \frac{4T}{dhl} \leq [\sigma_p]$$

式中　$[\sigma_p]$——许用挤压应力,MPa,见表 11-6;
　　　T——传递的转矩,N·mm;
　　　l——键的有效工作长度,mm,对于圆头平键应减去圆头部分长度;
　　　F——传递的圆周力,N。

对导向平键,限制压强：$p = \frac{4T}{dhl} \leq [p]$

式中　$[p]$——许用压强,MPa。

表 11-6　键联接的许用挤压应力和许用压强　　　　（单位：Mpa）

许用值	轮毂材料	载荷性质		
		静载荷	轻微冲击	冲击
$[\sigma_p]$	钢	125～150	100～120	60～90
	铸铁	70～80	50～60	30～45
$[p]$	钢	50	40	30

注：在键联接的组成零件（轴、键、轮毂）中,轮毂材料较弱。

11.5.2　花键

如图 11-22 所示,花键是轴和轮毂孔周向均匀分布多个键齿构成的联接,工作面是齿侧面,由于键齿多,齿槽浅,应力集中小,对轴的强度削弱也少,承载能力高,定心精度和导向性好。其缺点是加工困难。所以常用于精度要求高、载荷大、需要滑移的场合。

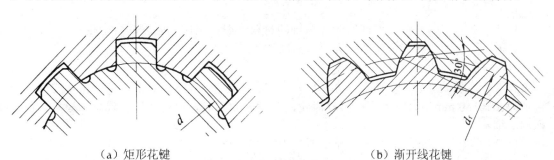

(a) 矩形花键　　　　　　　　　　　(b) 渐开线花键

图 11-22　花键联接

11.5.3 销

销既有联接也有定位作用。按形状可分为圆柱销和圆锥销两种。

（1）普通圆柱销。如图 11-23（a）所示，有 A、B、C、D 4 种不同配合的型号可供选择。

（2）普通圆锥销。如图 11-23（b）所示，有 A、B 两种型号，A 型精度高。

圆柱销用于不常拆卸的场合，圆锥销用于常拆卸的场合。

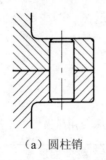
（a）圆柱销

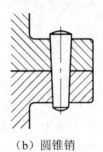
（b）圆锥销

图 11-23　销联接

复习题

11-1　举例说明轴的作用有哪些?有哪些分类?

11-2　轴的结构设计应从哪几个方面考虑?

11-3　拆装减速器的齿轮轴，指出轴的各部分名称及作用，并说明零件上轴的是如何安装定位的。

11-4　为什么轴头、轴颈的直径要取标准值?

11-5　轴的常用材料有哪些？为什么轴的材料一般不采用高强度的合金钢?

11-6　提高轴的疲劳强度的主要措施有哪些?

11-7　估算轴的直径有什么意义?

11-8　若图 11-14 中输出轴的功率 $P = 5.5$ kW，转速 $n = 150$ r/min，从动轮 4 的分度圆直径为 $d = 150$ mm，齿轮为直齿圆柱齿轮，宽度为 80 mm，单向运转，载荷平稳。试设计该输出轴。

11-9　齿轮、带轮、联轴器与轴的联接方式有哪些?

11-10　试述平键联接和楔键联接的工作特点和应用场合。

第 12 章 轴　　承

学习目标　轴承是支承轴的部件，它在各种机器设备中起着重要的作用。机器工作的可靠性、寿命长短、承载能力的大小和经济性等都与轴承的设计或选择是否合理有密切的关系。通过对本章的学习，主要应掌握滚动轴承的类型、特点及应用，滚动轴承的型号选择、组合设计等内容；掌握轴承的工作原理、类型、特点及应用。

轴承是用来支承做转动或摆动的轴及轴上零件，并承受轴传给机架的载荷，保持轴的转动精度，减少轴与支承间的摩擦和磨损。根据摩擦形式不同，轴承可分为两类，即滚动轴承和滑动轴承。

12.1　滚动轴承的组成、类型和代号

滚动轴承把轴与机架之间的摩擦、磨损转嫁给了轴承内部，而轴承可以硬换，这样就大大提高了轴与机架的使用寿命。

12.1.1　滚动轴承的组成

滚动轴承一般是由内圈、外圈、滚动体、保持架组成，如图12-1所示。内、外圈上有滚道。工作时内圈、外圈分别是与轴颈、轴承座孔过盈配合，相对固定，这样轴与机架的转动或摆动就变成了内、外圈的相对运动；保持架是使滚动机均匀分布，避免相互接触而使摩擦阻力增大；滚动体在外、内滚道上做自转和公转运动，使阻力减小。

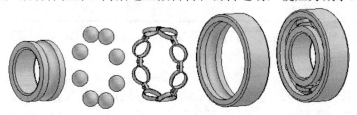

图 12-1　滚动轴承的结构

1—内圈；2—滚动体；3—保持架；4—外圈

有些滚动轴承的组成根据具体需要来定,除滚动体以外,其他零、部件可有可无,也可用其他相关零件代替。

12.1.2 滚动轴承的类型及特点

1. 按承受载荷的方向分类

(1) 向心轴承:主要用于承受径向载荷的轴承。又可分为:径向接触轴承,$\alpha=0°$,它承受径向载荷和较小的轴向载荷;向心角接触轴承,$\alpha \in (0°, 45°)$,能承受径向载荷和较大的轴向载荷。

(2) 推力轴承:主要用于承受轴向载荷的轴承。又可分为:轴向接触轴承,$\alpha=90°$,它只能承受轴向载荷;轴向角接触轴承,$\alpha \in (45°, 90°)$,主要承受轴向载荷,也可承受较小的径向载荷。

各类轴承的公称接触角见表 12-1。

表 12-1 各类轴承的公称接触角

轴承种类	向心轴承		推力轴承	
	径向接触	向心角接触	轴向角接触	轴向接触
公称接触角 α	$\alpha=0°$	$0°<\alpha \leqslant 45°$	$45°<\alpha<90°$	$\alpha=90°$
图例（以球轴承为例）	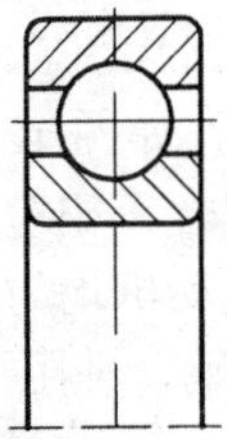	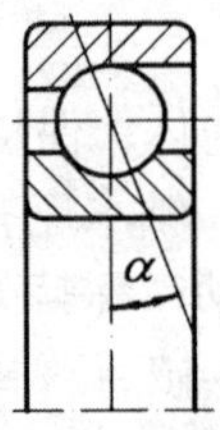	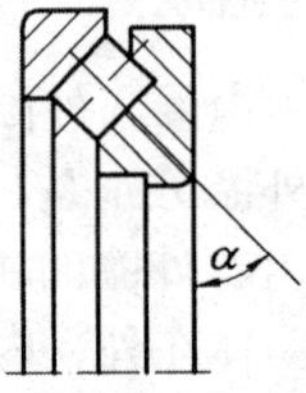	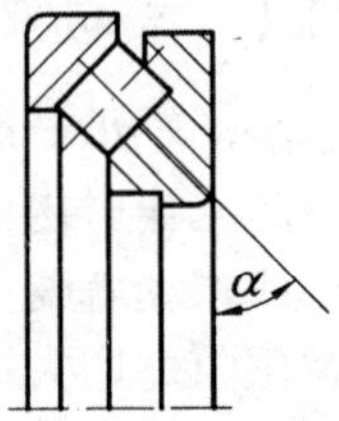

α——滚动体和外圈接触处公法线与垂直于轴承轴心线平面之间的夹角,称为接触角。

2. 按滚动体的形状分类

按滚动体的形状可分为球轴承和滚子轴承;滚子轴承又可分为圆柱滚子、圆锥滚子、球面滚子、滚针等。外廓尺寸相同时,滚子轴承的承载能力、耐冲击能力比球轴承强,但球轴承的摩擦阻力小、高速性好。如图 12-2 所示。

第 12 章 轴承

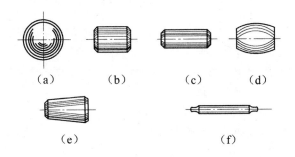

图 12-2 滚动体的种类

3. 按调心性能分类

按工作中能否调心可分为调心轴承和非调心轴承。调心轴承允许轴有较大的偏斜角。

4. 按滚动体的列数分类

按轴承中滚动体的列数可分为单列、双列和多列轴承。

常用轴承的类型及特性见表 12-2。

表 12-2 常用滚动轴承的类型、性能特点

名称	类型代号（旧代号）	轴承结构简图及承载方向	基本额定动载荷比	转速比	允许角位移	结构性能特点
调心球轴承	1		0.6～0.9	0.7	3°	其结构特点为双列球，外圈滚道是以轴承中心为中心的球面。故能自动调心。主要承受径向载荷，也可承受少量的轴向载荷
调心滚子轴承	2		1.8～4.0	0.6	≤1°～2.5°	结构特点是滚动体为双列鼓形滚子，外圈滚道是以轴承中心为中心的面。故能自动调心，能承受很大的径向载荷和少量的轴向载荷，抗振动、冲击能力强
圆锥滚子轴承	3		单列 1.1～1.5 双列 2.6～4.3 四列 4.5～7.4	0.6	0°2′	主要承受以径向载荷为主的径、轴向联合载荷。而大锥角可承受以轴向载荷为主的径、轴向联合载荷

（续表）

名称	类型代号（旧代号）	轴承结构简图及承载方向	基本额定动载荷比	转速比	允许角位移	结构性能特点
圆锥滚子轴承	3		单列 1.1~1.5 双列 2.6~4.3 四列 4.5~7.4	0.6	0°2′	主要承受以径向载荷为主的径、轴向联合载荷。而大锥角可承受以轴向载荷为主的径、轴向联合载荷
推力球轴承	5	单列	1	0.2	0°	套圈可分离，承受单向轴向载荷。高速时离心力大，所以极限转速低
		双列	1			可双向承受轴向载荷
滚针轴承	NA			有保持架 0.6	0°	在内径相同的情况下，与其他轴承相比，其外径最小，还有无内圈的（HK、BK 型）和无内、外圈有保持架的 K 型。这类轴承仅能承受径向载荷
深沟球轴承	6		1	1.0	8′~16′	主要承受径向载荷，也可同时承受少量的双向轴向载荷。在转速较高、轴向载荷不大，不宜用推力轴承时，可承受较轻纯轴向载荷
角接触球轴承	7		单列:分离型 0.6~0.8; 7000 型 1~1.4; 四点接触:1.4~1.8 双列 1.6~2.1 组合 1.6~2.3	0.6 0.8 0.7	0°2′ 0° 0°	可用于承受径向和较大轴向载荷。α 越大，轴向承载能力也越大
圆柱滚子轴承	N		1.5~3	1.0	0°2′	滚动体是圆柱滚子，仅能承受径向载荷，内、外圈的带挡边的单列轴承可承受较小轴向载荷（加带挡圈的可承受双向的载荷）
	NU					

12.1.3 滚动轴承的代号

按国标 GB/T 272—1993 规定，轴承代号的组成如表 12-3 所列。

表 12-3 轴承代号的构成

分段	前置代号	基本代号			后置代号						
					1	2	3	4	5	6	7	8
符号意义	成套轴承的分部件	1 类型代号	2 尺寸系列代号 配合安装特征尺寸表示	3 内径代号	内部结构	密封与防尘套圈变型	保持架及其材料	轴承材料	公差等级	游隙	配置	其他

1. 基本代号

由类型代号、尺寸系列代号、内径代号 3 部分组成，是轴承代号的基础，最多用 5 位数字（或字母）表示。

（1）内径代号

基本代号中右起的一、二位数表示，具体内容见表 12-4。

表 12-4 轴承内径代号

轴承公称内径/mm	内径代号	示 例
0.6~10（非整数）	用公称内径毫米数直接表示，在其与尺寸系列代号之间用"/"分开	深沟球轴承 618/2.5 d=2.5 mm
1~9（整数）	用公称内径毫米数直接表示，对深沟球轴承及角接触轴承 7、8、9 直径系列，内径与尺寸系列代号之间用"/"分开	深沟球轴承 62 5 618/5 d=5 mm
10~17	10 — 00 12 — 01 15 — 02 17 — 03	深沟球轴承 62 00 d=10 mm
20~480（22、28、32 除外）	用公称内径除以 5 的商数表示，商数为一位数时，需在商数左边加"0"，如 08	调心滚子轴承 232 08 d=40 mm
不小于 500 及 22、28、32	用公称内径毫米直接表示，但在其与尺寸系列代号之间用"/"分开	深沟球轴承 62/22 d=22 mm
例：调心滚子轴承 23224 2—类型代号 32—尺寸系列代号 24—内径代号 d=120 mm		

（2）尺寸系列代号

基本代号中右起第三、第四位数表示直径（外径）系列代号和宽（高）度系列代号。直径系列代号表示内径相同的轴承，有几种不同的外径和宽度，按 7、8、9、0、1、2、3、4、5 的顺序滚动体逐渐增大，外径、宽度逐渐增加，承载力逐渐增强，如图 12-3 所示。宽度系列代号表示内、外径都相同的轴承宽度的变化，按 8、0、1、2、3、4、5、6 顺序依次增加，0 是正常宽度代号，可以不标，但对调心滚子轴承、圆锥滚子轴承要标出，高度系列代号是指推力轴承，见表 12-5。

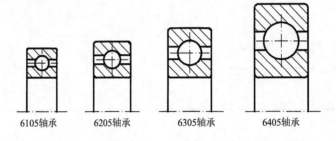

6105轴承　　6205轴承　　6305轴承　　6405轴承

图 12-3　轴承的直径系列

表 12-5　向心轴承推力轴承尺寸系列代号

代号（外径）	向心轴承								推力轴承			
	宽度系列代号								高度系列代号			
	8	0	1	2	3	4	5	6	7	9	1	2
	尺寸系列代号											
7	—	—	17	—	37	—	—	—	—	—	—	—
8	—	08	18	28	38	48	58	68	—	—	—	—
9	—	09	19	29	39	49	59	69	—	—	—	—
0	—	00	10	20	30	40	50	60	70	90	10	—
1	—	01	11	21	31	41	51	61	71	91	11	—
2	82	02	12	22	32	42	52	62	72	92	12	22
3	83	03	13	23	33	—	—	—	73	93	13	23
4	—	04	—	24	—	—	—	—	74	94	14	24
5	—	—	—	—	—	—	—	—	—	95	—	—

注：尺寸系列代号由轴承的宽（高）度系列代号和直径系列代号组合而成。

（3）类型代号

类型代号常用数字或字母表示，见表 12-2。

2. 前置代号

前置代号在基本代号左边,用字母表示成套轴承的分部件,具体可查阅标准 GB/T 272—1993。

3. 后置代号

后置代号用字母或字母加数字表示,放在基本代号的右边,与基本代号间空半个汉字距离或用"/"、"-"分隔;常用的有内部结构代号,公差等级代号、游隙代号等,如表 11-6、表 11-7、11-8 所列。

表 12-6 轴承内部结构常用代号

轴承类型	代号	含义	示例
角接触球轴承	B	$\alpha=40°$	7210B
	C	$\alpha=15°$	7005C
	AC	$\alpha=25°$	7210AC
圆锥滚子轴承	B	接触角 α 加大	3231B
	E	加强型	NU207E

表 12-7 公差等级代号

代号	/P0	/P6	/P6x	/P5	/P4	/P2
公差等级符合标准规定的	0 级(代号中省略)	6 级	6x 级	5 级	4 级	2 级
示例	6203	6203/P6	30203/P6x	6203/P5	6203/P4	6203/P2

注:公差等级中 0 级最低,向右依次增高,2 级最高。

表 12-8 后置代号中的游隙代号及含义

代号	含义	示例
/C1	游隙符合标准规定的 1 组	NN3006K/C1
/C2	游隙符合标准规定的 2 组	6210/C2
—	游隙符合标准规定的 0 组	6210
/C3	游隙符合标准规定的 3 组	6210/C3
/C4	游隙符合标准规定的 4 组	NN3006K/C4
/C5	游隙符合标准规定的 5 组	NNU4920K/C5
/C9	轴承游隙不同于现标准	6205-2R5/C9

例 12-1 试说明轴承代号 6206、32315E、7312C 及 51410/P6 的含义。

解:

6206:(从左至右)6—深沟球轴承;2—尺寸系列代号(直径系列为 2,宽度系列为 0);06—轴承内径 30 mm;公差等级为 0 级。

32315E：（从左至右）3—圆锥滚子轴承；23—尺寸系列代号（直径系列为 3、宽度系列为 2）；15—轴承内径 75 mm；E—加强型；公差等级为 0 级。

7312C：（从左至右）7—角接触球轴承；3—尺寸系列代号（直径系列为 3、宽度系列为 0）；12—轴承内径 60 mm；C—公称接触角 $\alpha=15°$；公差等级为 0 级。

51410/P6：（从左至右）5—双向推力轴承；14—尺寸系列代号（直径系列为 4、了宽度系列为 1）；10—轴承直径 50 mm；P6—前有"/"，为轴承公差等级。

12.2 滚动轴承的选择与计算

12.2.1 滚动轴承类型的选择

滚动轴承主要是按载荷特点、转速高低、装配特点和经济性等方面进行类型选择。

（1）载荷特点。根据载荷大小、性质和方向三方面考虑。

① 纯径向载荷，可选向心接触轴承，纯轴向载荷可选推力接触轴承。

② 载荷大，冲击性强时，宜选滚子轴承，而载荷小而平稳时宜用球轴承。

③ 同时有轴向和径向载荷时，根据两者的比例选择向心角接触轴承或推力角接触轴承。

（2）轴承工作转速。要求工作转速要低于轴承的极限转速；球轴承的极限转速高于相应精度的滚子轴承，同一类轴承精度高的极限转速高于精度低的。

（3）装配性能。为了装配的需要，有时需要内、外圈分开装时，就要选择可分离轴承，长轴上的轴承可选择带内锥孔和紧定套的轴承。

（4）自动调心性能。轴的跨度较大，刚度较差，允许有较大变形时，可选用调心轴承，但要注意相对角位移要小于允许值。

（5）经济性。球轴承造价低，应优先考虑；同型号不同公差等级的轴承价格相差大，应以够用为准。

12.2.2 滚动轴承的失效形式

（1）疲劳点蚀。工作过程中，内、外圈要发生相对转动，而整个轴承受力是单向，这样内、外圈每相对转一圈，内、外圈及滚动体间的接触应力就会有零→小→大→小→零的一个过程。如图 12-4 所示，即呈脉动循环状态，当超过极限应力时，就会也现疲劳点蚀。点蚀使得轴承振动、噪声、发热增加，精度降低，是主要的失效形式。为防止疲劳点蚀的产生，需进行疲劳寿命计算。

（2）塑性变形。对缓慢转动、摆动、有冲击载荷作用的轴承，使得滚动体与内、外圈之间的接触应力超过屈服极限，形成永久的凹坑，为了防止它需进行静强度计算。

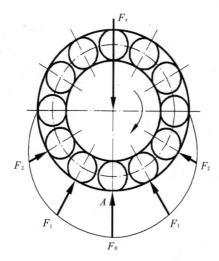

图 12-4 滚动轴承的受力情况

（3）磨损。轴承在粉尘、润滑不良、密封不当的情况下工作时，内、外套圈与滚动体间将出现磨料磨损、胶合等不良现象，导致其寿命降低。所以需限制转速，采用良好润滑和密封。

12.2.3 滚动轴承的计算

1. 计算准则

（1）一般转速轴承，正常情况下主要失效形式是点蚀，所以需进行寿命计算。
（2）高速轴承，其失效形式除点蚀外还有表面过热，所以需进行寿命计算和限制转速。
（3）低速轴承（$n<1r/min$），失效形式主要是塑性变形，所以需进行静强度计算。

2. 轴承寿命计算

轴承中任一元件出现疲劳点蚀前，内、外圈相对转过的总转数，或在一定转速下工作的小时数，称为轴承的寿命。

一批同一型号的轴承，由于生产过程中的个体差异，其寿命也不一样，有的甚至相差几十倍，所以很难知道某一个轴承的准确寿命。但实践表明，轴承的寿命与可靠度有关，如图 12-5 所示，所谓可靠度是指在相同条件下运转的一批相同型号的轴承能达到或超过规定寿命的百分率。

（1）额定寿命。一批相同型号的轴承在相同的条件下运转，可靠度为 90%时，能达到或超过的寿命称为额定寿命，常用运转的总圈数 L（单位为 10^6r）或一定转速下工作的小时数 L_h 表示。

（2）基本额定动载荷。实验证明，滚动轴承的基本额定寿命 L 是随其载荷 P 的增大而减小的，如图 12-6 所示，轴承抵抗点蚀破坏的承载能力可用基本额定动载荷来衡量。基本额定动载荷是指基本额定寿命 $L=1$（即 10^6 转）时，轴承所能承受的最大载荷，用 C 表示。对向心轴承是径向载荷，即径向基本额定动载荷，用 C_r 表示；对推力轴承就是轴向基本额定动载荷，用 C_a 表示。各类型号轴承的基本额定动载荷可查阅轴承手册。

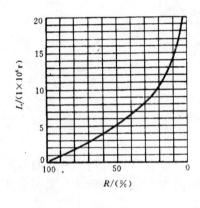 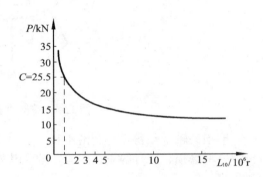

图 12-5　轴承寿命曲线　　　　　图 12-6　滚动轴承的载荷–寿命曲线

3. 当量动载荷

轴承在实际工作过程所受载荷与实验的载荷是有所区别的。实验时向心轴承和向心推力轴承只承受径向载荷，推力轴承承受轴向载荷，实验数据就只有径向基本额定动载荷和轴向基本动载荷。然而，实际工作中，轴承往往同时承受径向载荷和轴向载荷。因此计算时就必须将实际载荷转化成与实验条件相当的载荷，才能进行比较和选择。当量动载荷是一个假想的载荷，对于向心轴承和向心推力轴承是一个径向载荷；对于推力轴承为一轴向载荷。在当量动载荷作用下，滚动轴承的寿命与实际复合载荷作用下的轴承寿命完全相同。

$$P = f_P(XF_r + YF_a)$$

式中　f_P——载荷系数，见表 12-9；

　　　X，Y——分别是径向和轴向载荷系数，见表 12-10；

　　　F_r，F_a——分别是径向载荷和轴向载荷。

如果是只承受径向载荷或轴向载荷，其当量载荷用下式计算，即

$$P = F_r \quad \text{或} \quad P = F_a$$

表 12-9 载荷系数

载荷性质	无冲击或轻微冲击	中等冲击	强烈冲击
f_p	1.0~1.2	1.2~1.8	1.8~3.0

表 12-10 当量动载荷的 X、Y 系数

轴承类型 名称	F_a/C_{or}	e	单列轴承				双列轴承（或成对安装单列轴承）			
			$F_a/F_r \leq e$		$F_a/F_r > e$		$F_a/F_r \leq e$		$F_a/F_r > e$	
			X	Y	X	Y	X	Y	X	Y
调心球轴承	—	$1.5\tan\alpha$					1	$0.42\cot\alpha$	0.65	$0.65\cot\alpha$
调心滚子轴承	—	$1.5\tan\alpha$					1	$0.45\cot\alpha$	0.67	$0.65\cot\alpha$
圆锥滚子轴承	—	$1.5\tan\alpha$	1	0	0.4	$0.4\cot\alpha$	1	$0.45\cot\alpha$	0.67	$0.65\cot\alpha$
深沟球轴承	0.014	0.19	1	0	0.56	2.3	1	0	0.56	2.3
深沟球轴承	0.028	0.22	1	0	0.56	1.99	1	0	0.56	1.99
深沟球轴承	0.056	0.26	1	0	0.56	1.71	1	0	0.56	1.71
深沟球轴承	0.084	0.28	1	0	0.56	1.55	1	0	0.56	1.55
深沟球轴承	0.11	0.30	1	0	0.56	1.45	1	0	0.56	1.45
深沟球轴承	0.17	0.34	1	0	0.56	1.31	1	0	0.56	1.31
深沟球轴承	0.28	0.38	1	0	0.56	1.15	1	0	0.56	1.15
深沟球轴承	0.42	0.42	1	0	0.56	1.04	1	0	0.56	1.04
深沟球轴承	0.56	0.44	1	0	0.56	1.00	1	0	0.56	1.00
角接触球轴承 $\alpha=15°$	0.015	0.38	1	0	0.44	1.47	1	1.65	0.72	2.39
角接触球轴承 $\alpha=15°$	0.029	0.40	1	0	0.44	1.40	1	1.57	0.72	2.28
角接触球轴承 $\alpha=15°$	0.058	0.43	1	0	0.44	1.30	1	1.46	0.72	2.11
角接触球轴承 $\alpha=15°$	0.087	0.46	1	0	0.44	1.23	1	1.38	0.72	2.00
角接触球轴承 $\alpha=15°$	0.12	0.47	1	0	0.44	1.19	1	1.34	0.72	1.93
角接触球轴承 $\alpha=15°$	0.17	0.50	1	0	0.44	1.12	1	1.26	0.72	1.82
角接触球轴承 $\alpha=15°$	0.29	0.55	1	0	0.44	1.02	1	1.14	0.72	1.66
角接触球轴承 $\alpha=15°$	0.44	0.56	1	0	0.44	1.00	1	1.12	0.72	1.63
角接触球轴承 $\alpha=15°$	0.58	0.56	1	0	0.44	1.00	1	1.12	0.72	1.63
角接触球轴承 $\alpha=25°$	—	0.68	1	0	0.41	0.87	1	0.92	0.67	1.41

注：① C_{or} 为径向基本额定静载荷，由产品目录查出；

② 具体数值按不同型号轴承由产品目录或有关手册查出；

③ e 为判别轴向载荷 F_a 对当量动载荷 P 影响程度的参数。

4. 滚动轴承寿命计算

试验证明，滚动轴承的基本额定寿命 L、基本额定动载荷 C、当量动载荷 P 之间的关系是

$$L = \left(\frac{C}{P}\right)^{\varepsilon} \cdot 10^6 r$$

式中 ε——寿命系数，球轴承 $\varepsilon=3$，滚子轴承 $\varepsilon=10/3$。

如用小时数表示轴承寿命，设轴承转速为 n，则有

$$L_h = \frac{10^6}{60n} L = \frac{10^6}{60n} \cdot \left(\frac{C}{P}\right)^{\varepsilon}$$

考虑到温度过高对轴承寿命的影响，引入温度系数 f_T，则寿命计算可写成

$$L_h = \frac{10^6}{60n}\left(\frac{f_T C}{P}\right)^{\varepsilon} h \geq [L_h]$$

或：

$$C \geq \frac{P}{f_T}\left(\frac{60n}{10^6}[L_h]\right)^{\frac{1}{\varepsilon}}$$

式中 f_T——温度系数，可查表 12-11；

[L_h]——轴承预期使用寿命，可根据要求或参考表 12-12 确定。

表 12-11 温度系数 f_T

轴承工作温度/℃	<120	125	150	175	200	22	250	300
温度系 f_T	1.0	0.95	0.90	0.85	0.80	0.75	0.70	0.60

表 12-12 轴承预期寿命的 L_h 的参考值

使 用 场 合	L_h/h
不经常使用的仪器和设备	300～3 000
短时间或间断使用，中断时不致引起严重后果	3 000～8 000
间断使用，中断会引起严重后果	8 000～12 000
每天 8h 工作的机械、但经常不是满载荷使用	10 000～20 000
每天 8h 工作，满载荷使用，如机床等	20 000～30 000
24h 连续工作的机械	40 000～50 000
24h 连续工作的机械，中断使用将引起严重后果，如造纸机械、给排水设备等	≈100 000

5. 角接触轴承轴向载荷计算

（1）角接触轴承的内部轴向力

如图 12-7 所示，由于角接触轴承存在着接触角 α，所以载荷作用中心不在轴承的宽度中点，而与轴心线交于 O 点。当受到径向载荷 F_r 作用时，作用在承载区内第 i 个滚动体上的法向力 F_i 可分解为径向分力 F_{Ri} 和轴向分力 F_{Si}。各滚动体上所受轴向分力的总和即为轴承的内部轴向力 F_S，其大小可按表 12-13 求得，方向沿轴线由轴承外圈的宽边指向窄边。

第 12 章 轴承

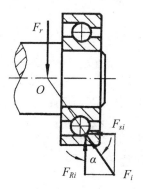

图 12-7 角接触轴承中的内部轴向力分析

表 12-13 角接触轴承的内部轴向力

圆锥滚子轴承	角接触球轴承		
	70 000（$\alpha=15°$）	70 000AC（$\alpha=25°$）	70 000B（$\alpha=40°$）
$F_S=F_r/(2Y)$	$F_S=eF_r$	$F_S=0.68F_r$	$F_S=1.14F_r$

注：表中 e 值查表 12-10 确定。

（2）角接触轴承轴向载荷的计算

角接触轴承由于结构的原因，即使只受径向载荷 F_r，其内部也会产生一个轴向分力 F_S，为了防止轴的窜动，就得使轴承内的轴向分力得到平衡，所以这种轴承通常都是成对安装的，其安装方式是：正装（两外圈窄边相对），实际支点偏向两支点内侧，如图 12-8（a）所示；反装（两外圈宽边相对），实际支点偏向两支点的外侧，如图 12-8（b）所示。

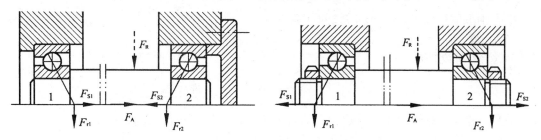

12-8 角接触轴承轴向载荷的分析

在计算轴承所受轴向载荷时，不仅要考虑 F_A 和 F_S，还要考虑安装情况，如把轴和内圈视为一体，由轴向平衡条件可得两端轴的轴向载荷，如图 12-8（a）所示。

① $F_A+F_{S2}>F_{S1}$。轴将有左移的趋势，轴承 1 被压紧（压紧端），轴承 2 处于放松状态，则有：

轴承 1 所受轴向力　　（紧端）　　$F_{a1}=F_A+F_{S2}$；
轴承 2 所受轴向力　　（松端）　　$F_{a2}=F_{S2}$。

② $F_A+F_{S2}<F_{S1}$。轴将有向右移动的趋势，轴承 2 被压紧（紧端），轴承 1 处于放松状态，则有：

轴承 1 所受轴向力　　（松端）　　$F_{a1}=F_{S1}$；
轴承 2 所受轴向力　　（紧端）　　$F_{a2}=F_{S1}-F_A$。

可见，松端的轴向载荷就等于本身内部轴向力 F_S；紧端的轴向载荷等于除本身内部轴向载荷 F_S 外，其余所有轴向力的代数和。

6. 滚动轴承静载荷计算

对缓慢摆动、转速极低、有冲击载荷作用的轴承，需要进行静强度计算。

（1）基本额定静载荷

当受最大载荷的滚动体与套圈滚道接触处产生的总塑性变形达到滚动体直径的万分之一时，所对应接触应力的载荷，称为滚动体的基本额定静载荷，用 C_0 表示，可在轴承手册中查找。

（2）当量静载荷 P_0

当量静载荷是一个假想的载荷，对于向心轴承和向心推力轴承是一个径向载荷；对于推力轴承为一轴向载荷。在当量静载荷作用下，滚动轴承的塑性变形量与实际复合载荷作用下完全相同。

向心轴承的径向当量静载荷 P_{0r} 的计算式：

当 $\alpha=0°$ 时，$P_{0r}=F_r$　　其余用：$\begin{cases} P_{0r}=X_0F_r+Y_0F_a \\ P_{0r}=F_r \end{cases}$ 两者中取较大值。

推力轴承的轴向当量静载荷 P_{0a} 的计算式：

当 $\alpha=90°$ 时，$P_{0a}=F_a$　　其余用：$P_{0a}=2.3F_r\tan\alpha+F_a$。

（3）静强度计算

$$\frac{C_0}{P_0}\geq S_0$$

式中　X_0、Y_0——静径向载荷系数、静轴向载荷系数，其值查表 12-14。

　　　S_0——静强度安全系数，可查表 12-15。

表 12-14　滚动轴承的 X_0、Y_0 值

轴承类型		单列		双列	
		X_0	Y_0	X_0	Y_0
深沟球轴承		0.6	0.5	0.6	0.5
角接触球轴承	$\alpha=15°$	0.5	0.46	1	0.92

(续表)

轴承类型		单列		双列	
		X_0	Y_0	X_0	Y_0
角接触球轴承	α=20°		0.42		0.84
	α=25°		0.38		0.76
	α=30°		0.33		0.66
	α=35°		0.29		0.58
	α=40°		0.26		0.52
	α=45°		0.22		0.44
调心球轴承	α≠0°	0.5	$0.22\cot\alpha$	1	$0.44\cot\alpha$
调心滚子轴承	α≠0°	0.5	$0.22\cot\alpha$	1	$0.44\cot\alpha$
圆锥滚子轴承		0.5	$0.22\cot\alpha$	1	$0.44\cot\alpha$

注：① 表中 α 为公称接触角；

② 对于两个相同的深沟球轴承、角接触球轴承或圆锥滚子轴承，以"背对背"或"面对面"成对安装在同一支点上作为一个整体运转时，在计算径向当量静载荷时采用双列轴承的 X_0、Y_0 值；对于"串联"安装，在计算时采用单列轴承的 X_0、Y_0 值。

表 12-15 滚动轴承的静强度安全系数 S_0

使用要求或载荷性质		S_0
旋转轴承	正常使用	0.8~1.2
	对旋转精度和运转平稳性要求较低、没有冲击和振动	0.5~0.8
	对旋转精度和运转平稳性要求较高	1.5~2.5
	承受较大振动和冲击	1.2~2.5
静止轴承（静止、缓慢摆动、极低速旋转）	不需经常旋转的轴承、一般载荷	0.5
	不需经常旋转的轴承、有冲击载荷或载荷分布不均	1~1.5

注：①推力调心滚子轴承无论旋转与否，$S_0 \geqslant 2$；对旋转轴承，滚子轴承比球轴承的 S_0 值大，一般均不小于 1；

②与轴承配合部位的座体刚度较低时应取较高的 S_0 值，反之取较低的 S_0 值。

例 12-2 根据工作条件决定选用 6300（300）系列的深沟球轴承。轴承载荷 F_r=5 000 N，F_a=2 500 N，轴承转速 n=1 000 r/min，运转时有轻微冲击，预期计算寿命 L_k'=5 000 h，装轴承处的轴径直径可在 50～60 mm 内选择，试选择球轴承型号。

解 （1）求轴向载荷的相对大小 F_a/F_r=2 500/5 000=0.5

根据表 12-10，深沟球轴承的最大值 e=0.44，故此时 $F_a/F_r>e$。

（2）初步计算当量动载荷 P，由式 $P=f_P(XF_r+YF_a)$

按表 12-10，X=0.56，Y 值需在已知型号和基本额定静载荷 C_0 后才能求出。现暂时选一平均值，取 Y=1.5，并由表 12-9 取 f_P=1.1，则

$$P = 1.1 \times (0.56 \times 5\,000 + 1.5 \times 2\,500) = 7\,205 \text{ (N)}$$

（3）根据寿命计算公式可以求轴承应具有的基本额定动载荷值：

$$C = P \sqrt{\frac{60nL_n'}{10^6}} = 7\,205 \times \sqrt{\frac{60 \times 1\,000 \times 5\,000}{10^6}} = 48\,233 \text{ (N)}$$

（4）根据轴承样本（见设计手册），选择 $C=55\,200\text{N}$ 的 6311（311）轴承，该轴承的 $C_0 = 41\,800\text{N}$。验算如下：

① $F_a/C_0 = 2\,500/41\,800 = 0.0\,598$，按表 12-11，此时 Y 值在 1.55～1.71 之间。用线性插值法求 Y 值为

$$Y = 1.71 + \frac{1.55 - 1.71}{0.084 - 0.056} \times (0.059\,8 - 0.056) = 1.69$$

故 $X=0.56$，$Y=1.69$。

② 计算当量载荷

$$P = 1.1 \times (0.56 \times 5\,000 + 1.69 \times 2\,500) = 7\,728 \text{ (N)}$$

③ 验算 6311 轴承的寿命

$$L_k = \frac{10^6}{60 \cdot n} \cdot (\frac{C}{P})^3 = \frac{10^6}{60 \times 1\,000} \times (\frac{55\,200}{7\,728})^3 = 6171\text{h} > 5\,000 \text{ h}$$

故所选轴承能够满足设计要求。

例 12-3 图 12-9 所示为某机械中的主动轴，拟用一对角接触球轴承支承。初选轴承型号为 7 211 AC。已知轴的转速 $n=1\,450$ r/min，两轴承所受的径向载荷分别为 $F_{r1}=3\,300$ N，$F_{r2}=1\,000$ N，轴向载荷 $F_A=900$ N，轴承在常温下工作，运转时有中等冲击，要求轴承预期寿命 12 000 h。试判断该对轴承是否合适。

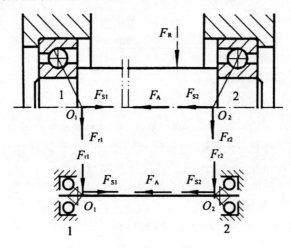

图 12-9　例 12-3 用图

解

1. 计算轴承的轴向力 F_{a1}、F_{a2}

由表 12-13 查得 7211AC 轴承内部轴向力的计算公式为 $F_s=0.68F_r$

故有
$$F_{s1}=0.68\ F_{r1}=0.68\times 3\ 300\ \text{N}=2\ 244\ \text{N}$$
$$F_{s2}=0.68\ F_{r2}=0.68\times 1\ 000\ \text{N}=680\ \text{N}$$

因为 $F_{s2}+F_A=(680+900)\text{N}=1\ 580\ \text{N}<F_{s1}=2\ 244\ \text{N}$

故可判断轴承 2 被压紧,轴承 1 被放松,两轴承的轴向力分别为
$$F_{a1}=F_{s1}=2\ 244\ \text{N}$$
$$F_{a2}=F_{s1}-F_A=(2\ 244-900)\text{N}=1\ 344\ \text{N}$$

2. 计算当量动载荷 P_1、P_2

由表 12-10 查得 $e=0.68$,而
$$\frac{F_{a1}}{F_{r1}}=\frac{2\ 244}{3\ 300}=0.68=e \qquad \frac{F_{a2}}{F_{r2}}=\frac{1\ 344}{1\ 000}=1.344<e$$

查表 12-10 可得 $X_1=1$,$Y_1=0$;$X_2=0.41$,$Y_2=0.87$。由表 12-9 取 $f_p=1.4$,则轴承的当量动载荷为

$$P_1=f_p(X_1 F_{r1}+Y_1 F_{a1})=1.4\times(1\times 3\ 300+0\times 2\ 244)\text{N}=4\ 620\ \text{N}$$
$$P_2=f_p(X_2 F_{r2}+Y_2 F_{a2})=1.4\times(0.41\times 1\ 000+0.87\times 1\ 344)\text{N}=2\ 211\ \text{N}$$

3. 计算轴承寿命 L_h

因 $P_1>P_2$,且两个轴承的型号相同,所以只需计算轴承 1 的寿命,取 $P=P_1$。

查手册得 7211AC 轴承的 $C_r=50500\text{N}$。又球轴承 $\varepsilon=3$,取 $f_T=1$,则得

$$L_h=\frac{10^6}{60n}\left(\frac{f_T C}{P}\right)^{\varepsilon}=\frac{10^6}{60\times 1\ 450}\times\left(\frac{1\times 50\ 500}{4\ 620}\right)^3=15\ 010\ \text{h}>12\ 000\ \text{h}$$

由此可见,轴承的寿命大于预期寿命,所以该对轴承合适。

例 12-4 齿轮减速器中的 30 205 轴承受轴向力 $F_a=2\ 000\ \text{N}$,径向力 $F_r=4\ 500\ \text{N}$,静强度安全系数 $S_0=2$,试验算该轴承是否满足静强度要求。

解:由《机械设计手册》查得 30 205 轴承的基本额定静载荷为 $C_0=37\ 000\ \text{N}$,$X_0=0.5$,$Y_0=0.9$。

当量静负荷
$$P_0=X_0 F_r+Y_0 F_a=0.5\times 4\ 500+0.9\times 2\ 000=4\ 050\ (\text{N})$$

由式 $\dfrac{C_0}{P_0}=\dfrac{37\ 000}{4\ 050}=9.14>S_0=2$

该轴承满足静强度要求。

12.3　滚动轴承的组合设计

轴承的选择运用，除类型、尺寸要满足要求外，还要满足轴承的定位、轴承与其他零件的配合、间隙调整、装拆和润滑等问题。

12.3.1　轴承的轴向固定

1. 两端固定

如图 12-10 所示，轴左、右两支点分两端固定。这种固定方式结构简单，只能用于温度变化不大的短轴（跨度不大于 350 mm）；在轴承外圈与轴承盖之间应留 0.2～0.4 mm 热补偿间隙。

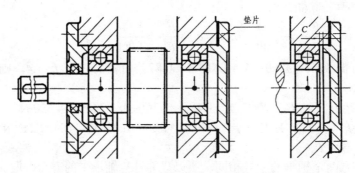

图 12-10　两端单向固定支承

2. 一端固定，另一端游动

如图 12-11 所示，一个支点双向固定承受轴向力，另一个支点轴向游动，不能承受轴向力。这种固定方式适用于温度变化较大的长轴固定。

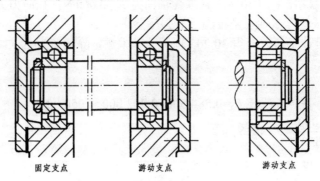

图 12-11　一端固定，另一端游动式支承

3. 两端游动

如图 12-12 所示的人字齿轮传动，齿轮两侧轮齿不易加工完全对称，工作中允许一个齿轮自由游动；如图中的小齿轮，但与之相配的大齿轮必须两端固定。

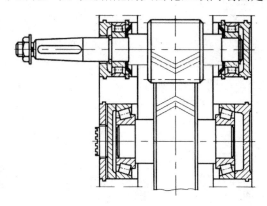

图 12-12 两端游动式支承

12.3.2 轴承组合的调整

1. 轴承间隙的调整

轴承间隙调整方法有：用调整垫片，如图 12-10 所示；可调压盖，利用调整螺钉轴承外圈可调压盖位置来实现，如图 12-13 所示。

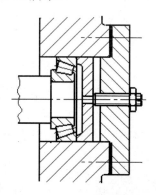

图 12-13 利用压盖调整轴承的间隙

2. 轴承的预紧

对可调游隙式轴承，安装时给予内、外圈及滚动体间一定压力，接触处产生弹性变形，消除游隙,目的在于提高轴承的刚度和旋转精度。

预紧的方法有利用金属垫片[见图 12-14（a）]和磨窄套圈[见图 12-14（b）]等方法。

3. 轴承组合位置调整

轴承组合要使轴上零件得到准确的工作位置,就必须可以进行轴向调整,如圆锥齿轮传动,要求节圆锥顶点重合;蜗杆传动要求蜗轮的中间平面通过蜗杆轴线,如图 12-15 所示。如圆锥轮轴向位置调整常用套杯,轴承纵使安装在套杯内,增减套杯与机座间的垫片,就能实现齿轮轴向左、右移动,如图 12-15 所示。

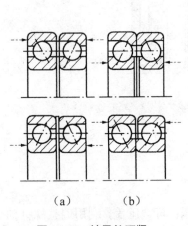

图 12-14 轴承的预紧

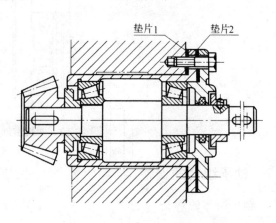

图 12-15 轴承组合位置的调整

12.3.3 轴承的配合与拆装

1. 配合

轴承是标准件,轴承内圈与轴的配合采用基孔制;轴承外圈与孔的配合采用基轴制。转动套圈要比固定套圈配合紧一些,当轴承游动支承时,外圈应有间隙配合。高速、重载轴承配合相应情况要紧一些,另外,还要考虑温升对配合的影响。

2. 拆装

轴承组合设计时,应保证轴承容易拆装,且不损坏轴承和其他零件。对轴承内圈,要求轴承的径向高度要高于轴肩的高度,如图 12-16 所示。对于外圈在套筒内也应留出足够的高度和必要的拆卸空间,或在壳体上预制出能放置拆卸螺钉的螺纹孔,如图 12-17 所示。

装配时要防止轴承变形过大,如装内、外圈时要分别用专用压套或嵌锤敲击(如图 12-18

所示）。也可用热套冷却法，分别让轴承产生热胀或冷缩再往轴上或孔内装。

安装轴承的轴颈、支座孔端部须制有倒角，轴承通过的螺纹大径应小于轴承内径。

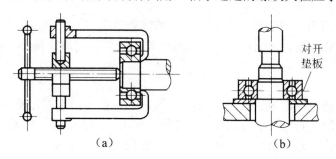

图 12-16　轴承内圈的拆卸

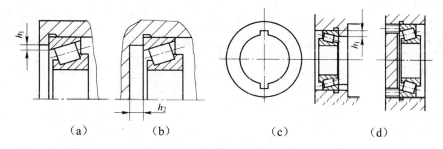

图 12-17　轴承外圈的拆卸

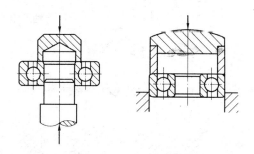

图 12-18　轴承的安装

12.3.4　滚动轴承的润滑和密封

1. 润滑

润滑的目的是减少摩擦、磨损，防止生锈和散热，常用的润滑剂有润滑油和润滑脂两种。当圆周速度 $v<4\sim 5$ m/s 时，常用润滑脂，为了防止润滑脂过多而引起轴承发热，其填

充量为轴承内腔的 $\frac{1}{3} \sim \frac{1}{2}$；脂润滑的优点是易于密封，承载能力强，一次加脂可工作很长时间，其缺点是冷却效果差，摩擦阻力大。

油润滑常用于高速、高温下工作的轴承，其优点是阻力小、润滑可靠、散热性好，其缺点是密封和供油要求高。常用的润滑方式有滴油、浸油、飞溅、油雾、压力润滑等。

2. 密封

密封的目的是防止润滑剂的损失和灰尘、水分、杂质等的侵入。密封种类很多，可分为接触式密封，如常用的毛毡密封、橡胶油封等，如图 12-19 所示；非接触式密封，常用的有间隙式密封、迷宫式密封及混合式密封等，如图 12-20 所示。

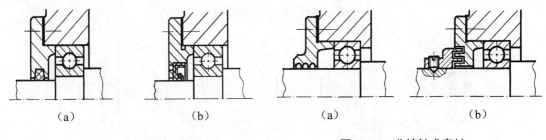

图 12-19　接触式密封　　　　　　　图 12-20　非接触式密封

12.4　滑动轴承的工作原理和结构

12.4.1　摩擦状态

根据滑动摩擦表面的润滑情况，可将摩擦点分为以下几种状态，如图 12-21 所示。

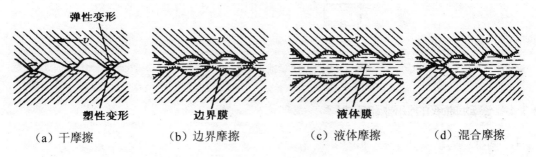

（a）干摩擦　　　　（b）边界摩擦　　　　（c）液体摩擦　　　　（d）混合摩擦

图 12-21　摩擦状态

（1）干摩擦。摩擦表面不存在任何润滑剂而直接接触的摩擦，称为干摩擦。它的特点是功率损失高、磨损大,导致温度迅速上升,有烧毁设备的可能,所以滑动轴承是不允许出现的。

(2)液体摩擦。两摩擦表面有充足的润滑油,且满足形成动压油膜的条件(即楔形间隙、一定黏度的润滑油、一定的相对运动速度),则两摩擦表面被液体完全隔开的摩擦称为液体摩擦。它的特点是摩擦系数很小,磨损降到了最低。

(3)边界摩擦。两摩擦表面间吸附了一层极薄的润滑油膜,其厚度不超过 $1\mu m$,相互运动时微观凸起仍将相互搓削的摩擦称为边界摩擦。它的摩擦阻力及磨损介于干摩擦和液体摩擦之间。

(4)混合摩擦。一般情况下,机器中零件表面间的摩擦都处于干摩擦、边界摩擦、液体摩擦的混合状态,称之为混合摩擦。

12.4.2 滑动轴承的应用及分类

工作时轴颈和轴承面间形成滑动摩擦的轴承,称为滑动轴承;又分为液体摩擦滑动轴承和非液体摩擦滑动摩擦。

滑动轴承主要用于高速、重载或有冲击载荷的情况,以及轴承必须采用剖分,或者径向尺寸特别小、精度又特别高等无法使用滚动轴承的场合。

滑动轴承按承受载荷方向可分为:向心滑动轴承和推力滑动轴承;向心滑动轴承按是否可剖又分为整体式和剖分式两种。

1. 滑动轴承的结构

(1)向心滑动轴承

整体式向心滑动轴承:如图 12-22 所示,轴承座常用铸铁制成,并通过螺栓与机架联接,其顶部装有油杯,孔内装有带油沟的轴瓦,并且用紧定螺钉固定。

剖分式向心滑动轴承:如图 12-23 所示,它是由轴承座、轴承盖、上下轴瓦及螺栓组成;为了安装时定心,轴承座与盖之间要采用定位安装,如止口、铰制螺栓、定位销和定位套等。根据需要,剖分截面除采用水平截面外,还可采用 45° 的截面斜截,如图 12-24 所示。

整体式结构简单,但磨损后间隙无法调整,常用于简单机械。剖分式轴承座与盖之间可加调整垫片,再进行刮瓦装配,磨损后可以采用减少垫片的方法来调整间隙。这种轴承目前得到了广泛的使用,并已标准化。

(2)推力滑动轴承

推力滑动轴承主要用于承受轴向载荷。图 12-25 所示的普通推力轴承,均不能实现液体摩擦。实心端面磨损不均,现已极少采用,现大多采用空心端面和坏状轴颈。载荷较大或双向推力载荷采用多环轴颈。轴颈的结构尺寸参见有关手册。

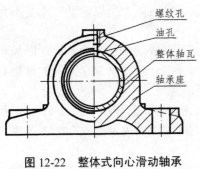

图12-22 整体式向心滑动轴承

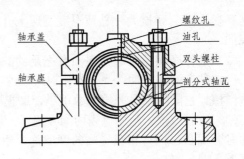

图12-23 剖分式向心滑动轴承

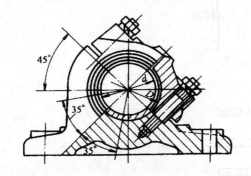

图12-24 斜剖分式向心滑动轴承

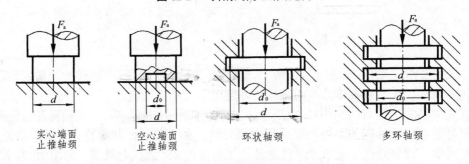

图12-25 普通推力轴承

12.5 轴瓦的结构和轴承的润滑

12.5.1 轴瓦的结构

轴瓦是由钢背和减摩层组成。整体式轴瓦的钢背就是一轴套，内有减摩层，也有直接用全金属轴套作整体式轴瓦。为了能让润滑油进入摩擦表面,有的轴瓦上有进油孔和油道,如图 12-26 所示。

剖分式轴瓦分为上、下瓦片,背面粗糙度较低,且有与轴承座之间的定位结构,如定位唇与定位槽等,如图 12-27 所示。为了保证润滑可靠,在非承载区开有油孔和油沟,如图 12-28 所示。

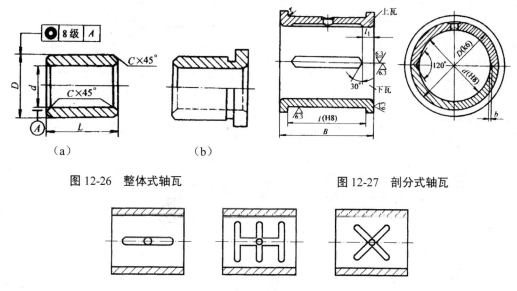

图 12-26　整体式轴瓦　　　　图 12-27　剖分式轴瓦

图 12-28　油沟形式（非承载区）

12.5.2　轴承材料

轴承材料是指在钢背内部用浇铸或压合的方法黏附的薄层,通常称为轴承衬。常用的轴承材料及其性能参见表 12-16。

表 12-16　常用金属轴瓦材料的使用性能

类别	材料		许用值			硬度/HBS		轴颈硬度或热处理要求/HBS	最高工作温度/℃
	代号		$[p]$ /N·mm^{-2}	$[v]$ /m·s^{-1}	$[pv]$ /(N/mm^2)·(m/s)	金属模	砂模		
铸造青铜	ZCuSn10PI		15	10	15	90～120	80～100	300～400	280
	ZCuSn5Pb5Zn5		5	3	10	65～75	60	300～400	280
铸造黄铜	ZCuZn16Si4		12	2	10	100	90	—	—
	ZCu38Mn2Pb2		10	1	10	—	—	—	—
锡锑轴承合金	ZChSnSb11-6(平稳)		25	80	20	30		150	150
	ZChSnSb8-3(冲击)		20	60	15	30		150	150

（续表）

类别	材料		许用值			硬度/HBS		轴颈硬度或热处理要求/HBS	最高工作温度/℃
	代号		$[p]$ /N·mm^{-2}	$[v]$ /m·s^{-1}	$[pv]$ /(N/mm^2)·(m/s)	金属模	砂模		
铅锑轴承合金	ZChPbSb16-16-2		15	12	10	30	—	150	150
	ZChPbSb15-5.5-3		5	6	5	32	—	—	—
	ZChPbSb14-10-2		20	15	15	29	—	—	—
灰铸铁	HT150		4	0.5	—	163～241		200～250	150
	HT200		2	1	—				
	HT250		0.1	2	—				
粉末冶金材料	多孔铁		21	7.6	1.8	—		—	125
	多孔青铜		14	4	1.6				
非金属材料	酚醛塑料		40	12	0.5	—		—	110
	聚四氟乙烯		3.5	0.25	0.035				280
	碳-石墨		4	12	0.5				420
	橡胶		0.35	20	—				80
	木材		14	10	0.4				90

注：$[pv]$——为混合摩擦润滑下的许用值。

（1）轴承合金。轴承合金又称白合金或巴氏合金，有锡锑轴承合金和铅锑轴承合金两类，性能好，但价格较贵，强度低，常作轴承衬。

（2）铜合金。铜合金是传统的轴承材料，有青铜和黄铜两类。可塑性、跑合性比轴承合金差，但强度、承载能力较大，可作轴承衬，也可单独做成轴瓦；用于重载速度较低的场合。

（3）粉末合金。粉末金属用成形、烧结等工艺做成的轴承，具有多孔隙，可储存润滑油的特点，又称含油轴承。用于低速、轻载、加油不方便的场合。

（4）铸铁和非金属。对于轻载、不重要、低速的场合，常采用灰铸铁或球墨铸铁作轴瓦。

非金属材料中的塑料、硬木、橡胶和石墨等都可以用作轴承材料，如潜水泵、砂石清洗机、钻机等用橡胶作轴承材料。

12.5.3 轴承的润滑

1. 润滑剂

（1）润滑油

润滑油是普遍采用的润滑剂，它的主要性能指标是黏度，对重载、高温的轴承，选较大黏度的，反之，选较小黏度的润滑油。具体选择可参考表12-17所列。

表 12-17 滑动轴承常用润滑油的选择（工作温度 10～60℃）

轴颈圆周速度 v/m·s^{-1}	轻载（$p<3$ MPa）		中载（$p=3\sim7.5$ MPa）		重载（$p>7.5\sim30$ MPa）	
	运动黏度 v_{40}/mm^2·s^{-1}	适用油牌号	运动黏度 v_{40}/mm^2·s^{-1}	适用油牌号	运动黏度 v_{40}/mm^2·s^{-1}	适用油牌号
<0.1	80～150	L-AN①100、150	140～215	L-AN150	46～80	38号、52号过热汽缸油
0.1～0.3	65～130	L-AN68、100	120～170	L-AN150	30～60	38号过热汽缸油
0.3～1.0	46～75	L-AN46、68	100～130	30号QB汽油机油；68、100号工业齿轮油；11号饱和汽缸油	15～40	30号QB汽油机油；40号QB汽油机油
1.0～2.5	40～75	L-AN46、68	65～90	L-AN68、100		
2.5～5.0	40～60	L-AN32、46				
5.0～9.0	15～46	L-AN32、46				
>9	5～22	L-AN7、10				

注：① 为全损耗系统用油（参见标准 GB 443—1989）。

（2）润滑脂

润滑脂也称黄油，用于要求不高、难以供油的非液体摩擦滑动轴承。它的主要性能指标是锥入度和滴点，具体选择可参考表 12-19 所列。

表 12-18 滑动轴承润滑脂的选择

平均压强/MPa	圆周速度/m·s^{-1}	最高工作温度/℃	选用润滑脂
<1	≤1	75	3号钙基脂
1～6.5	0.5～5	55	2号钙基脂
>6.5	≤0.5	75	3号钙基脂
>6.5	0.5～5	120	2号钙基脂
>6.5	≤0.5	110	1号钙-钠基脂
1～6.5	≤1	50～100	锂基脂
>6.5	0.5	60	2号压延机脂

注：① 在潮湿环境，温度在 75～120℃的条件下，应考虑用钙-钠基润滑脂。
② 在潮湿环境，工作温度在 75℃以下，没有 3 号钙基脂也可以用铝基脂。
③ 工作温度在 110～120℃可用锂基脂或钡基脂。
④ 集中润滑时，稠度要小些。

（3）固体润滑剂

常用的有石墨、二硫化铜、聚氟乙烯树脂等。超出润滑油使用范围时才考虑使用固体润滑剂。

另外，非金属材料轴承中也有用水作润滑剂的。

2. 润滑方式

（1）滴油润滑。用人工隔一段时间向摩擦表面加一定量的润滑油，它只适用于低速、轻载和不重要的场合。

（2）油环润滑。轴颈带动油环转动，通过油环把润滑油带到摩擦表面，如图 12-29 所示。

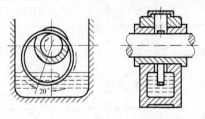

图 12-29　油环带油方式润滑

（3）飞溅润滑。旋转件通过油池把润滑油飞溅到箱体上，通过油沟引导到摩擦表面。

（4）压力润滑。用一套压力供油装置，将润滑油通过油道不断地流向摩擦表面，是一种最可靠的润滑方式，但结构复杂。

12.6　滚动轴承与滑动轴承的比较

在设计机器轴承部件时，首先遇到的问题是采用滚动轴承还是滑动轴承的问题。因此，全面比较和了解两种轴承的性能，有助于正确地选用轴承。滚动轴承与滑动轴承的性能比较见表 12-19。

表 12-19　滚动轴承与滑动轴承性能比较

比较项目	滚动轴承	滑动轴承		
		非液体轴承	液体轴承	
			动压式	静压式
效率	0.95～0.99	0.94～0.98	0.995～0.999（或更高）	
启动摩擦阻力	小	较大	较大	小
旋转精度	较高	较低	较高	可以很高
适用工作速度、寿命、噪声	低、中速，寿命较短，噪声大	低速，寿命较长，无噪声	中、高速，寿命长，无噪声	任何速度，寿命长，无噪声
受冲击、振动能力	低	较低	高	高

（续表）

比较项目		滚动轴承	滑动轴承		
			非液体轴承	液体轴承	
				动压式	静压式
外廓尺寸	径向	大	小	小	小
	轴向	小	大	大	大
维护		脂润滑时维护方便，不需经常照管	需定期补充润滑油	油质要清洁	油质要清洁，需经常维护供油系统
其他		一般是大量供应的标准件	一般要自行加工，要耗用有色金属		

复 习 题

12-1 滚动轴承的主要类型有哪些？各有什么特点？

12-2 滚动轴承的基本额定动载荷 C 与基本额定静载荷 C_0 在概念上有何不同？分别针对何种失效形式？

12-3 什么是滚动轴承的基本额定寿命？什么是当量动载荷？如何计算？

12-4 滚动轴承失效的主要形式有哪些？计算准则是什么？

12-5 滑动轴承有哪几种类型？各有什么特点？

12-6 试通过查阅手册比较 6008、6208、6308、6408 轴承的内径 d、外径 D、宽度 B 和基本额定动载荷 C，并说明尺寸系列代号的意义。

12-7 试选择向心球轴承。该轴承承受径向载荷 F_r=4 000 N，轴向载荷 F_a=1 200 N，转速 n=600 r/min，轴颈 d=50 mm，运转过程中有轻微冲击，要求寿命 L_h=5 000 h，工作温度不超过 100℃。

12-8 直齿轮轴系用一对深沟球轴承支承，轴颈 d=35 mm，转速 n=1 450 r/min，每个轴承受径向载荷 F_r=2 100 N，载荷平稳，预期寿命 $[L_h]$=8 000 h，试选择轴承型号。

12-9 一对 7 210 C 角接触球轴承分别受径向载荷 F_{r1}=8 000 N、F_{r2}=5 200 N、轴向外载荷 F_A 的方向如图 12-30 所示。试求下列情况下各轴承的内部轴向力 F_S 和轴载荷 F_a。

（1）F_A=2 200 N；（2）F_A=900 N；（3）F_A=1 120 N。

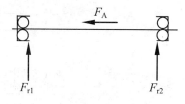

图 12-30 题 12-9 用图

第13章 其他常用零、部件

学习目标 联轴器和离合器是用来联接两轴机器中的重要零件,联轴器联接的两轴只有在机器停车后用拆卸的方法才能将两轴分开,而离合器可以在机器工作时完成两轴的结合和分离。弹簧是一种弹性元件。通过对本章的学习,要求掌握常用零、部件的类型及结构。

13.1 概 述

联轴器和离合器都是用来联接两轴,使之一同回转并传递转矩的一种部件。不同的是,联轴器联接的两轴只有在机器停车后用拆卸的方法才能将两轴分开,而离合器可以在机器工作时完成两轴的结合和分离。

联轴器通常用来联接两轴并在其间传递运动和转矩。有时也可以作为一种安全装置用来防止被联接件承受过大的载荷,起到过载保护的作用。用联轴器联接的两根轴,只有在机器停车后,经过拆卸才能把它们分离。

用离合器联接的两轴可在机器运转过程中随时进行接合或分离。

联轴器和离合器大都已标准化了,一般可先依据机器的工作条件选定合适的类型,然后按照计算转矩、轴的转速和轴端直径从标准中选择所需的型号和尺寸。必要时还应对其中某些零件进行验算。对于非标准化或不按标准制造的联轴器和离合器,可先根据工作情况选择类型,再进行具体的设计计算。

联轴器、离合器的种类很多,本章介绍几种有代表性的结构。

弹簧是一种弹性元件。由于它具有刚性小、弹性大、在载荷作用下容易产生弹性变形等特性,被广泛应用于各种机器、仪表及日常用品中。本章只介绍弹簧的功用及结构。

13.2 联轴器

联轴器所联接的两轴,由于制造及安装误差、承载后的变形及温度变化等的影响,往往存在着某种程度的相对位移,如图 13-1 所示。因此,设计联轴器时要从结构上采取不同的措施,使联轴器具有补偿上述偏移量的性能,否则就会使轴、联轴器、轴承中引起附加载荷,导致工作情况的恶化。

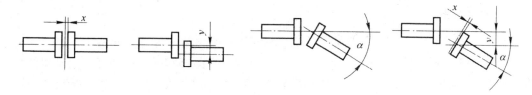

图 13-1 联轴器的相对位移

根据联轴器补偿两轴偏移能力的不同可将其分为两大类。

刚性联轴器:这种联轴器不能补偿两轴的偏移,用于两轴能严格对中并在工作中不发生相对移动的场合。

挠性联轴器:这种联轴器具有一定的补偿两轴偏移的能力。根据联轴器补偿位移方法的不同又可分为以下两种。

(1)无弹性元件联轴器:这种联轴器是利用联轴器工作元件间构成的动联接来实现位移补偿的。

(2)弹性联轴器:这种联轴器是利用联轴器中弹性元件的变形来补偿位移的,还具有减轻振动和冲击的能力。

此外,还有一些具有特殊用途的联轴器,如安全联轴器等。

13.2.1 刚性联轴器

常用的刚性联轴器有套筒联轴器和凸缘联轴器等。

1. 套筒联轴器

如图 13-2 所示,套筒联轴器是利用套筒及联接零件(键或销)将两轴联接起来。图 13-2(a)所示的螺钉用作轴向固定,图 13-2(b)中当轴超载时圆锥销会被剪断,可起到安全保护的作用。

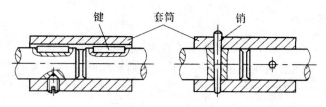

图 13-2 套筒联轴器

套筒联轴器结构简单、径向尺寸小、容易制造。但缺点是装拆时因被联接轴需做轴向移动,使用不太方便,适用于载荷不大、工作平稳、两轴严格对中并要求联轴器径向尺寸小的场合。这种联轴器目前尚未标准化。

2. 凸缘联轴器

如图13.3所示,凸缘联轴器由两个带凸缘的半联轴器和一组螺栓组成。

这种联轴器有两种对中方式。一种是通过分别具有凸榫和凹槽的两个半联轴器的相互嵌合来对中,半联轴器之间采用普通螺栓联接,靠半联轴器接合面间的摩擦来传递转矩,如图13-3(a)所示。另一种是通过铰制孔用螺栓与孔的紧配合对中,靠螺栓杆承受载荷来传递转矩,如图13-3(b)所示。当尺寸相同时,后者传递的转矩较大,且装拆时轴不必做轴向移动。

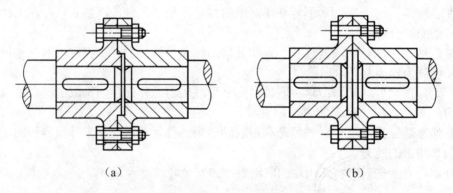

图 13-3 凸缘联轴器

凸缘联轴器的主要特点是结构简单、成本低、传递的转矩较大,但要求两轴的同轴度要好。适用于刚性大、振动冲击小和低速大转矩的联接场合,是应用最广的一种刚性联轴器。这种联轴器已标准化(参见标准 GB 5843—1986)。

13.2.2 无弹性元件联轴器

常用的无弹性元件联轴器有十字滑块联轴器、万向联轴器和齿式联轴器等。

1. 十字滑块联轴器

如图13-4所示,它由两个在端面上开有凹槽的半联轴器1、3和一个两端面均带有凸牙的中间盘2组成,中间盘两端面的凸牙位于互相垂直的两个直径方向上,并在安装时分别嵌入1、3的凹槽中。因为凸牙可在凹槽中滑动,故可补偿安装及运转时两轴间的相对位移和偏斜。

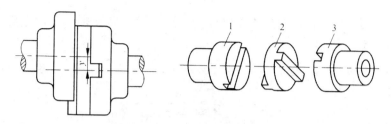

图 13-4　十字滑块联轴器

1，3—半联轴器；2—中间盘

因为半联轴器与中间盘组成移动副，不能相对转动，故主动轴与从动轴的角速度应相等。但在两轴间有偏移的情况下工作时，中间盘会产生很大的离心力，故其工作转速不宜过大。这种联轴器一般用于转速较低、轴的刚性较大、无剧烈冲击的场合。

2．万向联轴器

如图 13-5（a）所示，万向联轴器是由分别装在两轴端的叉形接头 1、2 以及与叉形接头相连的十字形中间联接件 3 组成。这种联轴器允许两轴间有较大的夹角 α（最大可达 35°～45°），且机器工作时即使 α 角发生改变仍可正常传动，但 α 过大会使传动效率显著降低。

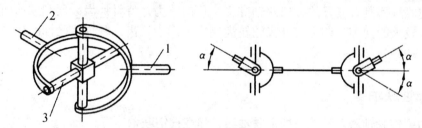

图 13-5　万向联轴器

1，2—叉形接头；2—中间联接件

这种联轴器的缺点是当主动轴角速度 ω_1 为常数时，从动轴的角速度 ω_2 并不是常数，而是在一定范围内变化，这在传动中会引起附加载荷。所以常将两个万向联轴器成对使用，如图 13-5（b）所示。但安装时应注意必须保证中间轴上两端的叉形接头在同一平面内，且应使主、从动轴与中间轴的夹角相等，这样才可保证 $\omega_1=\omega_2$。

3．齿式联轴器

齿式联轴器是无弹性元件联轴器中应用较广泛的一种，它是利用内、外齿啮合来实现两半联轴器的联接。如图 13-6 所示，它由两个内齿圈 2、3 和两个外齿轮轴套 1、4 组成。

安装时两内齿圈用螺栓联接，两外齿轮轴套通过过盈配合（或键）与轴联接，并通过内、外齿轮的啮合传递转矩。

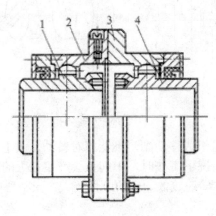

图 13-6　齿式联轴器

1，4—外齿轮轴套；2，3—内齿圈

这种联轴器结构紧凑、承载能力大、适用速度范围广，但制造困难，适用于重载高速联接。为使联轴器具有良好的补偿两轴综合位移的能力，特将外齿齿顶制成球面，齿顶与齿侧均留有较大的间隙，还可将外齿轮轮齿制成鼓形齿。齿式联轴器已标准化（参见标准 ZB 19021—1989）。

13.2.3　弹性联轴器

常用的弹性联轴器有弹性套柱销联轴器、弹性柱销联轴器等。

1. 弹性套柱销联轴器

如图 13-7 所示，弹性套柱销联轴器的构造与凸缘联轴器相似，只是用套有弹性套的柱销代替了联接螺栓，利用弹性套的弹性变形来补偿两轴的相对位移。这种联轴器重量轻、结构简单，但弹性套易磨损、寿命较短，用于冲击载荷小、启动频繁的中、小功率传动中，弹性联轴器也已标准化（参见标准 GB 4323—1984）。

2. 弹性柱销联轴器

如图 13-8 所示，这种联轴器与弹性套柱销联轴器很相似，仅用弹性柱销（通常用尼龙制成）将两半联轴器联接起来。它传递转矩的能力更大、结构更简单、耐用性好，用于轴反转或启动频繁的场合。这种联轴器也已标准化（参见标准 GB 5014—1985）。

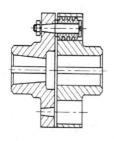 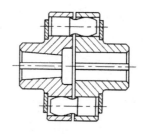

图 13-7 弹性套柱销联轴器　　　　图 13-8 弹性柱销联轴器

13.2.4 联轴器的选择

在选择联轴器时，首先应根据工作条件和使用要求确定联轴器的类型，然后再根据联轴器所传递的转矩、转速和被联接轴的直径确定其结构尺寸。对于已经标准化或虽未标准化但有资料和手册可查的联轴器，可按标准或手册中所列数据选定联轴器的型号和尺寸。若使用场合较为特殊，无适当的标准联轴器可供选用时，可按照实际需要自行设计。另外，选择联轴器时有些场合还需要对其中个别的关键零件作必要的验算。

联轴器的计算转矩可按式（13-1）计算，即

$$T_C = KT \tag{13-1}$$

式中　T——名义转矩，N·m；
　　　T_C——计算转矩，N·m；
　　　K——工作情况系数，由表 13-1 查取。

表 13-1 联轴器和离合器的工作情况系数 K

原动机	工作机	K
电动机	带运输机、鼓风机、连续运转的金属切削机床	1.25～1.5
	链式运输机、刮板运输机、螺旋运输机、离心泵、木工机床	1.5～2.0
	往复运动的金属切削机床	1.5～2.5
	往复式泵、往复式压缩机、球磨机、破碎机、冲剪机	2.0～3.0
	汽锤、起重机、升降机、轧钢机	3.0～4.0
汽轮机	发电机、离心泵、鼓风机	1.2～1.5
往复式发动机	发电机	1.5～2.0
	离心泵	3～4
	往复式工作机（如压缩机、泵）	4～5

注：1. 刚性联轴器选用较大的 K 值，弹性联轴器选用较小的 K 值；
　　2. 牙嵌式离合器 $K=2～3$；摩擦离合器 $K=1.2～1.5$；
　　3. 从动件的转动惯量小、载荷平稳时 K 取较小值。

在选择联轴器型号时,应同时满足下列两式:

$$\left.\begin{array}{r}T_c \leq T_m \\ n \leq [n]\end{array}\right\} \qquad (13\text{-}2)$$

式中 T_m,$[n]$——分别为联轴器的额定转矩(N·m)和许用转速(r/min),此二值可在相关手册中查出。

13.3 离合器

离合器根据需要可随时使两轴接合或分离,以满足机器变向、换向、空载启动、过载保护等方面的要求。离合器应当接合迅速、分离彻底、动作准确、调整方便。

离合器按其工作原理可分为牙嵌式、摩擦式和电磁式三类;按控制方式可分为操纵式和自动式两类。操纵式离合器需要借助于人力或动力(如液压、气压、电磁等)进行操纵;自动式离合器不需要外来操纵可在一定条件下实现自动分离和接合。

下面介绍几种常用的离合器。

13.3.1 牙嵌式离合器

如图 13-9 所示,牙嵌式离合器由两个端面带牙的半离合器 1、3 组成。从动半离合器 3 用导向平键或花键与轴联接,另一半离合器 1 用平键与轴联接,对中环 2 用来使两轴对中,滑环 4 可操纵离合器的分离或接合。

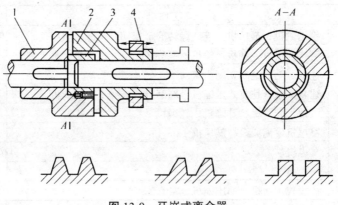

图 13-9 牙嵌式离合器

1,3—半离合器;2—对中环;4—滑环

牙嵌式离合器的常用牙型有矩形、梯形和锯齿形等。矩形齿接合、分离困难，牙的强度低，磨损后无法补偿，仅用于静止状态的手动接合；梯形齿牙根强度高，接合容易，且能自动补偿牙的磨损与间隙，因此应用较广；锯齿形齿牙根强度高，可传递较大转矩，但只能单向工作。

为减小齿间冲击、延长齿的寿命，牙嵌式离合器应在两轴静止或转速差很小时接合或分离。

13.3.2 摩擦离合器

摩擦离合器利用主、从动半离合器摩擦片接触面间的摩擦力传递转矩。为提高传递转矩的能力，通常采用多片摩擦片。它能在不停车或两轴有较大转速差时进行平稳接合，且可在过载时因摩擦片间打滑而起到过载保护的作用。

图 13-10 所示为多片摩擦离合器，它有两组间隔排列的内、外摩擦片。外摩擦片 2 通过外圆周上的花键与鼓轮 1 相连（鼓轮与轴固连），内摩擦片 3 利用内圆周上的花键与套筒 5 相连（套筒与另一轴固连），移动滑环 6 可使杠杆 4 压紧或放松摩擦片，从而实现离合器的接合与分离。

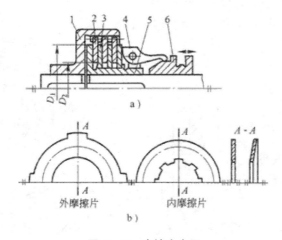

图 13-10 摩擦离合器

1—鼓轮；2—外摩擦片；3—内摩擦片；4—杠杆；5—套筒；6—滑环

13.3.3 特殊功用离合器

1. 安全离合器

安全离合器是指当传递转矩超过一定数值后，主、从动轴可自动分离，从而保护机器中其他零件不被损坏的离合器。

图 13-11 所示为牙嵌式安全离合器。它与牙嵌式离合器很相似,仅是牙的倾斜角 α 较大。它没有操纵机构,过载时牙面产生的轴向分力大于弹簧压力,迫使离合器退出啮合,从而中断传动。可通过利用螺母调节弹簧压力大小的方法控制传递转矩的大小。

2. 超越离合器

超越离合器的特点是能根据两轴角速度的相对关系自动接合和分离。当主动轴转速大于从动轴时,离合器将使两轴接合起来,把动力从主动轴传给从动轴;而当主动轴转速小于从动轴时则使两轴脱离。因此这种离合器只能在一定的转向上传递转矩。

图 13-12 所示为应用最为普遍的滚柱式超越离合器。它由星轮 1、外壳 2、滚柱 3 和弹簧 4 组成。滚柱被弹簧压向楔形槽的狭窄部分,与外壳和星轮接触。当星轮 1 为主动件并沿顺时针方向转动时,滚柱 3 在摩擦力的作用下被楔紧在槽内,星轮 1 借助摩擦力带动外壳 2 同步转动,离合器处于接合状态。当星轮 1 逆时针方向转动时,滚柱被带到楔形槽的较宽部分,星轮无法带动外壳一同转动,离合器处于分离状态。如果外壳 2 为主动件并沿逆时针方向转动时,滚柱被楔紧,外壳 2 将带动星轮 1 同步转动,离合器接合;当外壳 2 顺时针方向转动时,离合器又处于分离状态。

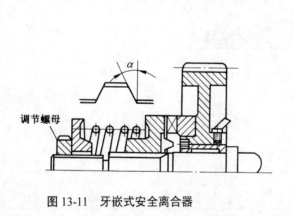

图 13-11 牙嵌式安全离合器　　　　图 13-12 滚柱式超越离合器

13.4 弹　簧

13.4.1 概述

弹簧是一种弹性元件。由于它具有刚性小、弹性大、在载荷作用下容易产生弹性变形等特点,被广泛地应用于各种机器、仪表及日常用品中。随着使用场合的不同,弹簧在机器中所起的作用也不同,其功用主要如下。

(1) 缓冲和吸振,如汽车的减振簧和各种缓冲器中的弹簧。
(2) 储存及输出能量,如钟表的发条等。
(3) 测量载荷,如弹簧秤、测力器中的弹簧。
(4) 控制运动,如内燃机中的阀门弹簧等。

弹簧的类型很多,在一般机械中最常用的是圆柱形螺旋弹簧,另外在实际运用中还有圆锥螺旋弹簧、碟形弹簧、环形弹簧、盘簧、板弹簧等类型,本章主要介绍圆柱形螺旋压缩及拉伸弹簧的结构形式,表 13-2 列出了常用圆柱形螺旋弹簧的特点和应用。

弹簧的材料主要是热轧和冷拉弹簧钢。弹簧丝直径在 8~10 mm 以下时,弹簧用经过热处理的优质碳素弹簧钢丝(如 65Mn、60SiZMn 等)经冷卷成形制造,然后经低温回火处理以消除内应力。制造直径较大的强力弹簧时常用热卷法,热卷后须经淬火、回火处理。

表 13-2 常见圆柱形螺旋弹簧的类型及应用

名　称	简　图	特点和应用
圆柱螺旋压缩弹簧	圆形截面弹簧	承受压力。结构简单,制造方便,应用最广
	矩形截面弹簧	承受压力。当空间尺寸相同时,矩形截面弹簧比圆形截面弹簧吸收能量大,刚度更接近于常数
圆形截面拉伸弹簧		承受拉力
圆截面扭转弹簧		承受转矩。主要用于压紧和蓄力以及传动系统中的弹性环节

13.4.2 圆柱形螺旋弹簧的结构

图 13-13 所示为螺旋压缩弹簧和拉伸弹簧。压缩弹簧在自由状态下各圈间留有间隙 δ,

经最大工作载荷的作用压缩后各圈间还应有一定的余留间隙 δ_1（$\delta_1=0.1d>0.2$ mm）。为使载荷沿弹簧轴线传递，弹簧的两端各有 3/4～5/4 圈并紧，称为死圈，死圈端部须磨平。

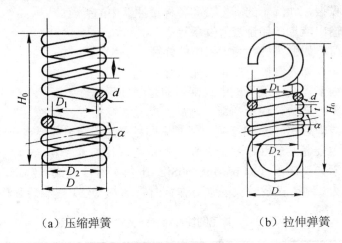

(a) 压缩弹簧　　　　(b) 拉伸弹簧

图 13-13　弹簧的主要几何参数

拉簧在自由状态下各圈应并紧，端部制有挂钩，利于安装及加载。常见螺旋拉簧的端部结构如图 13-14 所示。

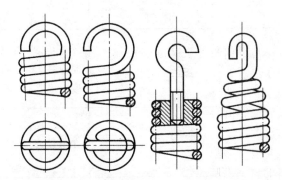

(a) 平面钩环　(b) 缘圆钩环　(c) 可调式　(d) 锥形闭合环

图 13-14　螺旋拉簧的端部结构

圆柱形螺旋弹簧的主要参数和几何尺寸（见图 13-13）有：弹簧丝直径 d，弹簧圈外径 D、内径 D_1 和中径 D_2，节距 t，螺旋升角 α，弹簧工作圈数 n 和弹簧自由高度 H_0 等。螺旋弹簧各参数之间的关系列于表 13-3 中。

表 13-3　螺旋弹簧基本几何参数的关系式

参数名称	压缩弹簧	拉伸弹簧
外径 D	$D = D_2 + d$	
内径 D_1	$D_1 = D_2 - d$	
螺旋角 α	$\alpha = \arctan \dfrac{t}{\pi D_2}$	
节距 t	$t = (0.28 - 0.5)D_2$	$t = d$
有效工作圈数 n	n	
死圈数 n_2	n_2	—
弹簧总圈数 n_1	$n_1 = n + n_2$	$n_1 = n$
弹簧自由高度 H_0	两端并紧、磨平 $H_0 = nt + (n_2 - 0.5)d$ 两端并紧、不磨平 $H_0 = nt + (n_2 + 1)d$	$H_0 = nd +$ 挂钩尺寸
簧丝展开长度 L	$L = \dfrac{\pi D_2 n_1}{\cos \alpha}$	$L = \pi D_2 n +$ 挂钩开尺寸

复 习 题

13-1　两轴轴线偏移是如何产生的？偏移的类型有几种？

13-2　什么是刚性联轴器？什么是弹性联轴器？两者有什么区别？

13-3　参照《机械设计手册》，进一步了解联轴器、离合器和制动器的主要参数。

13-4　在有条件的情况下拆解并思考自动车上的超越离合器的工作原理，并绘出工作简图。

13-5　常用弹簧的类型有哪些？

13-6　对制造弹簧的材料有哪些主要要求？常用的材料有哪些？

13-7　电动机与水泵之间用联轴器联接，已知电动机功率 $P=13$ kW，转速 $n=960$ r/min，电动机外伸轴端直径 $d_1=42$ mm，水泵轴的直径为 $d'=38$ mm，试选择联轴器类型和型号。

13-8　由交流电动机直接带动直流发电机供应直流电。已知所需最大功率 $P = 18 \sim 20$ kW，转速 $n = 3\,000$ r/min，外伸轴轴径 $d=45$ mm。(1) 试为电动机与发电机之间选择一种类型的联轴器，并说明理由；(2) 根据已知条件，定出型号。

第14章 机械的平衡

学习目标 机械的平衡是现代机械工程中十分重要的课题,尤其是在高速机械及精密机械中更具有特别重要的意义。本章通过讨论回转构件的平衡问题,使学生掌握机械平衡的基本理论和基本方法。

14.1 概 述

机械在运转时,构件所产生的不平衡惯性力在运动副中引起附加动压力,不仅会增大运动副中的摩擦和构件中的内应力,降低机械效率和使用寿命,而且由于这些惯性力的大小和方向一般都是周期性变化的,所以必将引起机械及其基础产生强迫振动。如果其振幅较大或其频率接近于机械系统的共振频率,则将引起极其不良的后果。它不仅会影响到机械本身的正常工作和使用寿命,而且还会使附近的工作机械及厂房建筑受到影响甚至破坏。

为了完全地或部分地消除惯性力的不良影响,就必须设法将构件的不平衡惯性力消除或减小,这就是机械平衡的目的。机械的平衡是现代机械的一个重要问题,尤其在高速机械及精密机械中,更具有特别重要的意义。

需要指出,有一些机械却是利用构件产生的不平衡惯性力引起的振动来工作的,如振实机、按摩机、振动打桩机等。对于这类机械,则是如何利用不平衡惯性力的问题。

在机械中,由于各构件的结构及运动形式的不同,其所产生的惯性力的性质和平衡方法也不同。因此,机械的平衡问题可分为绕固定轴回转的构件惯性力的平衡和机构的平衡两类。

14.1.1 绕固定轴回转的构件惯性力的平衡

绕固定轴回转的构件,常称为转子。这类构件的惯性力可利用在该构件上增加或除去一部分质量的方法予以平衡。这类转子又分为刚性转子和挠性转子两种。

1. 刚性转子的平衡

在一般机械中,转子的刚性都比较好,其共振转速较高,转子工作转速一般低于$(0.6 \sim 0.75)n_1$(n_1为转子的第一阶共振转速)。在此情况下,转子产生的弹性变形甚小,故把这类转子称为刚性转子。刚性转子的平衡原理是基于理论力学中的力系平衡理论。如果只要求其惯性力达到平衡,则称之为转子的静平衡;如果不仅要求其惯性力达到平衡,而且还要求惯性力引起的力偶矩也达到平衡,则称之为转子的动平衡。

2. 挠性转子的平衡

在机械中还有一类转子,如航空涡轮发动机、汽轮机、发电机等中的大型转子,其质量和跨度很大,而径向尺寸却较小,导致其共振转速较低,但是其工作转速 n 又往往很高($n \geq (0.6 \sim 0.75) n_1$),故转子在工作过程中将会产生较大的弯曲变形,从而使其惯性力显著增大,这类转子称为挠性转子。挠性转子的平衡原理是基于弹性梁的横向振动理论。

14.1.2 机构的平衡

做往复移动和平面复合运动的构件,其所产生的惯性力无法在该构件上平衡,而必须就整个机构加以研究。设法使各运动构件惯性力的合力和合力偶得到完全地或部分地平衡,消除或降低其不良影响。由于惯性力的合力和合力偶最终均由机械的基础所承受,所以又称这类平衡为机械在机座上的平衡。

本章将讨论最常见的绕固定轴回转的回转构件的惯性力(力矩)平衡问题。

14.2 回转件的静平衡

14.2.1 回转件的静平衡计算

由于转子的质量分布不均匀或安装有误差等,将产生偏心质量。对于轴向宽度小(轴向长度与外径的比值 $L/D \leq 0.2$)的回转件,如砂轮、飞轮、盘形凸轮等,可以将偏心质量看作分布在同一回转面内。当回转件以角速度 ω 回转时,各质量产生的离心惯性力构成一个平面汇交力系,如该力系的合力不等于零,则该回转件不平衡。此时在同一回转面内增加或减少一个平衡质量。使平衡质量产生的离心惯性力 F_b 与原有各偏心质量产生的离心惯性力的矢量和 $\sum F_i$ 相平衡,即

$$F = \sum F_i + F_b = 0$$

上式可改写成

$$me\omega^2 = \sum m_i r_i \omega^2 + m_b r_b \omega^2 = 0$$
$$\sum m_i r_i + m_b r_b = 0 \tag{14-1}$$

式中 m_i, r_i——分别为回转平面内各偏心质量及其向径;
m_b, r_b——分别为平衡质量及其向径;

m、e——分别为构件的总质量及其向径。mr 称为质径积。当 $e=0$，即总质量的质心与回转轴线重合时，构件对回转轴线的静力矩等于 0，称为静平衡。可见，机械系统处于静平衡的条件是所有质径积的矢量和等于 0。

图 14-1（a）所示的盘形转子，已知同一回转平面内的不平衡质量 m_1、m_2、m_3 和 m_4，它们的向径分别为 r_1、r_2、r_3 和 r_4，则

$$\sum m_i r_i = m_1 r_1 + m_2 r_2 + m_3 r_3 + m_4 r_4$$

代入式（14-1）得

$$m_1 r_1 + m_2 r_2 + m_3 r_3 + m_4 r_4 + m_b r_b = 0$$

此向量方程式中只有 $m_b r_b$ 未知，可用图解法进行求解。

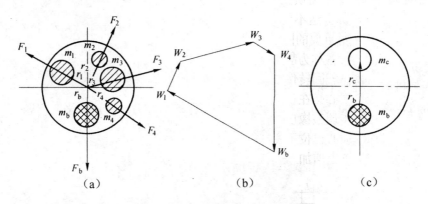

图 14-1 回转体的静平衡计算

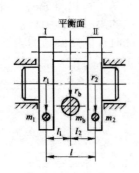

图 14-2 单缸曲轴的静平衡

如图 14-1（b）所示，根据任一已知质径积选定比例尺 μ_W（kg·mm / mm），按向径 r_1、r_2、r_3 和 r_4 的方向分别作向量 W_1、W_2、W_3 和 W_4，使其依次首尾相接，最后封闭图形的向量 W_b 即代表了所求的平衡质径积 $m_b r_b$。其大小为 $m_b r_b = \mu_W W_b$。

根据结构特点选定合适的 r_b，即可求出 m_b。然后沿 r_b 的方向上在半径为 r_b 的位置处加上一个质量 m_b，就可使回转件得到平衡。也可以在 r_b 的相反方向上去掉一个质量 m_c，使 $m_c r_c = m_b r_b$，如图 14-1（c）所示，如果结构上允许，尽量将 r_b 选得大些以减小 m_b，避免总质量增加过多。

如果结构上不允许在所需平衡的回转面内增、减平衡质量，如图 14-2 所示的单缸曲轴，

则可另选两个校正平面 I 和 II，在这两个平面内增加平衡质量，使回转件得到平衡。根据理论力学的平行力合成原理可得

$$m_1 r_1 = \frac{l_2}{l} m_b r_b \\ m_2 r_2 = \frac{l_1}{l} m_b r_b \Bigg\} \quad (14-2)$$

当选定回转半径 r_1 和 r_2 后，就可求出应加质量 m_1 和 m_2。

14.2.2 回转件的静平衡试验

经过平衡计算后加上平衡质量的回转件理论上已完全平衡，但由于制造和装配的误差及材质不均等原因，实际上达不到预期的平衡。另外造成不平衡的因素有很大的随机性，因此只能用试验的方法对重要的回转件逐个进行平衡试验。

静平衡试验所用的设备称为静平衡架，如图 14-3 所示。将需要平衡的回转件放置在两相互平行的刀口形导轨上，若回转件的质心不在回转轴线上，则回转件将在重力矩的作用下发生滚动，当停止滚动时质心必在正下方。这时在质心位置的正对方用橡皮泥加一平衡质量，然后继续做试验，并逐步调整橡皮泥的大小与方位，直至该回转件在任意位置均能保持静止为止。此时回转件的总质心已位于回转轴线上，回转件达到静平衡。根据最后橡皮泥的质量与位置，在构件相应位置上增加（或减少）相同质量的材料，使构件达到静平衡。

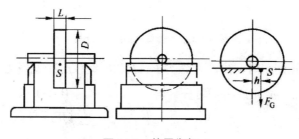

图 14-3　静平衡架

14.3　回转件的动平衡

14.3.1　回转件的动平衡计算

对于轴向宽度大（$L/D > 0.2$）的回转件，如机床主轴、电机转子等，其质量不是分布在同一回转面内，但可以看作分布在垂直于轴线的许多相互平行的回转面内，这类回转件转

动时产生的离心力构成空间力系。欲使这个空间力系达到平衡就必须使其合力及合力偶矩均等于零。因此只在某一回转面内加平衡质量的静平衡方法并不能使其在回转时得到平衡。

下面分析各偏心质量位于若干个平行平面内的回转件的平衡计算方法。

如图 14-4 所示的转子，在平面 1、2、3 内有偏心质量 m_1、m_2、m_3，其向径分别为 r_1、r_2 和 r_3。

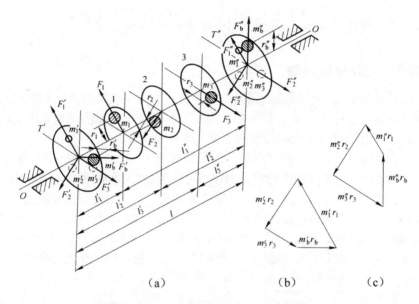

图 14-4 回转体的动平衡计算

当转子绕 O–O 轴回转时，离心惯性力 F_1、F_2、F_3 组成一个空间力系。现选定两个校正平面 T' 和 T''，将 m_1 m_2 m_3 向该两平面分解得

$$m_1' = \frac{l_1''}{l} m_1 \quad m_2' = \frac{l_2''}{l} m_2 \quad m_3' = \frac{l_3''}{l} m_3$$

$$m_1'' = \frac{l_1'}{l} m_1 \quad m_2'' = \frac{l_2'}{l} m_2 \quad m_3'' = \frac{l_3'}{l} m_3$$

这样可以认为转子的偏心质量集中在 T' 和 T'' 两个平面内。对于校正平面 T'，由式（14-1）可得平衡方程为

$$m_1' r_1 + m_2' r_2 + m_3' r_3 + m_b' r_b' = 0$$

作出向量图[见图 14-4（b）]，求出 $m_b' r_b'$。只要选定 r_b'，便可确定 m_b'。

同理，对于平面 T'' 可得

$$m_1'' r_1 + m_2'' r_2 + m_3'' r_3 + m_b'' r_b'' = 0$$

作出向量图[见图 14.4（c）]，求出 $m_b''r_b''$，只要选定 r_b''，便可确定 m_b''。

由以上分析可以推出，任何一个回转件不管它的不平衡质量实际分布情况如何，都可以向两个任意选定的平衡平面内分解，在这两个平面内各加上一个平衡质量就可以使该回转件达到平衡。这种使惯性力的合力及合力矩同时为零的平衡称为动平衡。由此可见，至少要有两个平衡平面才能使转子达到动平衡。

由于动平衡条件中同时包含了静平衡条件，所以经过动平衡的回转件一定是静平衡的，但静平衡的回转件不一定达到动平衡。

14.3.2 回转件的动平衡试验

对于 $L/D>0.2$ 的回转件应作动平衡试验。利用专门的动平衡试验机可以确定不平衡质量、向径确切的大小和位置，从而在两个确定的平面上加上（或减去）平衡质量，这就是动平衡试验。动平衡机种类很多，除了机械式、电子式的动平衡机外，还有激光动平衡机、带真空筒的大型高速动平衡机和整机平衡用的测振动平衡仪等。关于这些动平衡机的详细情况，可参考有关产品的样本和试验指导书。

对于经过平衡的回转件，可用平衡精度 A 来表示回转件平衡的优良程度，即

$$A=[e]\omega/1\,000\ (\text{mm/s})$$

式中　$[e]$——许用质心偏距 μm；

　　　ω——回转角速度。

典型回转件的精度等级可查有关手册。

复 习 题

14-1　机械平衡的目的是什么？造成机械不平衡的原因是什么？

14-2　刚性回转件的平衡有哪几种情况？

14-3　何谓静平衡？静平衡的条件是什么？转子在什么情况下需要静平衡？

14-4　何谓动平衡？动平衡的条件是什么？转子在什么情况下需要动平衡？

第 15 章　计算机辅助设计

学习目标　随着电子计算机技术的发展，机械设计与计算机技术的有机结合使机械设计逐渐实现了现代化。利用计算机进行设计称为计算机辅助设计（CAD）。本章对机械设计 CAD 中的某些问题仅作了简单介绍，将着重介绍其数据处理方法，使学生对此有初步了解，并由此对机械设计中的有关问题有更深的理解。

15.1　概　　述

15.1.1　CAD 技术发展概况

计算机辅助设计（Computer Aided Design，CAD）技术是电子信息技术的一个重要组成部分。这一新兴学科能充分运用计算机高速运算和快速绘图的强大功能，为工程设计及产品设计服务，彻底改变了传统的手工设计绘图方式，极大地提高了产品开发的速度和精度，使得科技人员的智慧和能力得到了延伸。它把计算机所具有的运算快、计算精度高、有记忆、逻辑判断、图形显示及绘图等特殊功能与人们的经验、智慧和创造力结合起来，从而减轻设计人员的体力劳动，提高设计质量，缩短设计周期。因而 CAD 技术发展迅速，目前已得到了广泛运用，是当前机械设计工作的一个重要发展方向。

15.1.2　CAD 系统的组成

CAD 系统包括硬件系统和软件系统两大部分。硬件系统是计算机辅助设计技术的物质基础；软件系统是计算机辅助设计技术的核心，它决定了系统所具有的功能。硬件和软件的组合形成了 CAD 系统。

（1）CAD 硬件系统的基本组成。CAD 系统的硬件一般由计算机主机、常用外围设备、图形输入设备和图形输出设备组成。图形输入和输出设备种类很多，可根据需要进行选配。现代 CAD 系统均为交互系统，交互是靠用户操作图形输入设备来实现的。

（2）CAD 系统的软件组成。计算机辅助设计的软件可分为系统软件、支撑软件和应用软件 3 个层次。

系统软件对计算机资源进行自动管理和控制，它处于整个软件的核心内层，主要包括操作系统、数据通信系统等。所有软件都是在操作系统的管理和支持下进行工作的，它使计算机协调一致并且高效地完成各种任务。

支撑软件是帮助人们高效率开发应用软件的软件工具系统，亦称为软件开发工具。计算机辅助设计系统的支撑软件主要包括图形支撑系统和数据库管理系统，它们是计算机辅助设计的核心技术。此外，程序设计语言、面向计算机对象的专用语言等也属于支撑软件，这些软件为计算机辅助设计系统的开发提供了必要的软件环境，实现多种多样的计算机辅助设计功能。支撑软件是应用软件开发的基础，计算机辅助设计系统的功能和效率在很大程度上取决于支撑软件的性能。

应用软件是用户利用计算机以及它所提供的各种系统软件和支撑软件，自行编制的用于解决各种实际问题的程序。计算机辅助设计系统的功能最终反映在解决具体设计问题的应用软件上。通常，应用软件需要用户自行开发，这是因为某些设计的专业性较强，涉及的领域广阔，其开发需要专业人员的知识和经验，所以计算机辅助设计系统是工程技术与计算机技术相结合的综合性产物。

15.2 机械设计 CAD 中常用数据处理方法

一个完备的 CAD 系统通常由设计计算、图形系统和数据库三部分组成。这里仅就数据处理方法作简单介绍。

在进行机械设计的过程中往往需要查阅大量的设计资料，如设计手册、技术资料、实验结果等。在这些设计资料中，许多数据被列成表格或绘制成线图。进行机械 CAD 设计时，需要先将这些设计资料存储在计算机中，以便在设计过程中调用，这就是数据的程序化问题。

如果能将设计资料中的数表和线图转换成公式，则可用表达式或函数描述公式，实现设计资料的程序化。

15.2.1 数表程序化

在机械设计中，大量的设计参数往往以数表的形式给出，进行设计计算时需根据给定的条件从表格中选取适当的数值。为了便于计算机设计时调用，应将表格进行程序化处理。通常处理的数表有以下两种。

1. 简单数表

对于简单表格，可以直接应用数组语句，分别用行或列表示规格及选项。按照数组的定义规则，将表格中的数据输入数组，使用时查询数组相应的行或列，即可得到所需参数。

2. 复杂数表

设计资料的有些表格结构比较复杂，不能简单地用数组描述。对这种表格可以根据其结构，使用开关语句分层次查询。内层变量用于查询表格，外层变量仅起分类作用，内层变量为应用变量赋值。

15.2.2 线图程序化

设计资料中以线图形式给出的设计参数不便于在程序中应用。处理时要在误差允许的范围内，根据线图的变化趋势分段找出线图的函数表达式。编写程序时只需给出变量值，由计算机选择合适的函数表达式并计算出函数值。

对于某些线图，直接确定其函数表达式比较困难，则可根据线图的横坐标或纵坐标分段，查出各分段点的函数值，然后将线图转化为表格，按表格程序化的方法编写成CAD程序。

1. 线图公式化

最常用的将线图转化为公式表示的方法是线性插值法。在图 15-1 所示的曲线上，为求出与自变量名相应的函数值 y，可以在曲线上找出与 P 点相邻的两结点 P_i 和 P_{i+1}…，近似地认为此区间内的函数关系呈线性变化，即

$$y = y_i + (y_{i+1} - y_i)(x - x_i)/(x_{i+1} - x_i)$$

上式称为插值计算式。利用插值计算式，在 P_i 至 P_{i+1} 区间内，任意给定自变量 x 值，即可计算出相应的函数值 y。对于曲率变化较大的曲线，可以分段确定各段相应的线性插值公式。如图 15-2 所示的曲线，可在 ab 区间和 bc 区间分别找出相应曲线段的插值公式，由程序根据自变量的值判断使用相应的插值公式，进而计算出函数值。

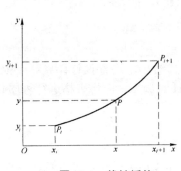

图 15-1 线性插值

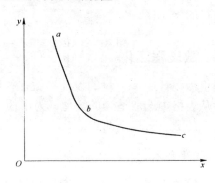

图 15-2 分段插值

有些线图是由直线段组合而成的。由于只需给出两点坐标即可确定直线段的线性方程，对于由直线段组合而成的线图可以直接进行程序化。

2. 线图表格化

对某些均匀变化的曲线，可以等分线图的横坐标，查出横坐标相应的函数值，按表格形式进行程序化处理。

3. 常用的计算机数据处理方法

在机械设计中常需对某些数据进行四舍五入、取整等处理，因此在编写机械 CAD 应用程序时要注意设计结果的计算机处理方法。

(1) 取整数

为了使设计结果合理，对某些计算数据必须进行取整处理，如计算出的齿轮齿数应取为整数等。由于计算结果为实型数，对实型数的取整可采用取整函数。设 A 为一实数，其取整的表达式为

$$A=\text{INT}(A)$$

应用取整函数取整后，其结果不大于原实数值。当结果涉及设计强度时，可采用如下的处理方法：

$$A=\text{INT}(A+1)$$

(2) 四舍五入取整

四舍五入取整的表达式为

$$A=\text{INT}(A+0.5)$$

(3) 按某数的倍数取整

设计齿轮传动的中心距时，为便于测量及安装，一般取中心距为 5 的倍数。按 5 的倍数取整的表达式为

$$A=5*\text{INT}(A/5+1)$$

(4) 取标准值

齿轮的模数是标准值，按齿轮齿根弯曲疲劳强度设计公式计算出齿轮模数后，应根据齿轮模数的标准值确定齿轮的模数。编程时先将标准值程序化，然后根据实数值在标准值中取与其相对应的值。

(5) 判断两实数是否相等

在程序运行中常常需要根据条件判定语句决定程序的转向。条件判断语句的结构为

$$\text{IF（条件）THEN}\ldots$$

一般用两实数差的绝对值小于给定精度值作为判别条件，即

$$\text{IF ABS}(A-B)<1\text{E}-10\text{ THEN}\ldots$$

15.3 机械零件 CAD 应用举例

15.3.1 机械零件设计的一般步骤

机械设计 CAD 的程序主要包括设计计算程序和绘图程序。绘图程序是应用计算机的绘图功能编写的,它把设计计算程序中得到的关键性参数作为原始输入参数,运行后即可绘制出图形(如零件工作图、装配图等)。由于篇幅所限,这里仅介绍计算程序设计的一般步骤。

(1) 建立数学模型。一般机械零件基本都有现成的数学模型,但对没有数学模型的则首先要建立正确的数学模型。

(2) 设计程序框图。程序框图根据手工计算的步骤来设计。它反映出计算的步骤,从而能思路清晰地编制出相应的程序,也能对所编程序的全局一目了然,便于理解和调整程序的结构模块。

(3) 用高级语言编制程序。根据程序框图来编程。

(4) 程序调试。程序编好后,先仔细检查源程序,然后将其输入计算机进行试算(可准备有答案的实例),再对程序适用范围的边界、转折点进行试算,要求与手算结果完全吻合。

这里必须指出,机械零件程序设计和一般数学问题的程序不同,主要涉及机械设计中的许多特殊问题。例如,大量数表、线图的输入和检索问题,设计方案的校核与处理问题,设计参数的合理选取问题(如齿数取整数、齿轮模数取标准值等),选择标准件的类型问题(如滚动轴承的型号选择)等。

15.3.2 渐开线标准直齿圆柱齿轮传动的程序设计

下面编制一个完整的直齿轮传动设计计算的应用程序。

渐开线标准直齿圆柱齿轮传动可分为闭式软齿面(齿面硬度不大于 350 HBS)传动、硬闭式齿面(齿面硬度大于 350 HBS)传动和开式传动 3 种类型。因此,直齿轮传动的 CAD 程序可以划分成软齿面、硬齿面和开式传动 3 个相对独立的程序模块,3 个模块分别设计不同类型的直齿轮传动。这里仅介绍闭式软齿面传动程序模块的设计。

1. 程序编制任务和说明

(1) 已知条件:传递功率 P、传动比 i、小齿轮转速 n_1、原动机工作情况和工作机械的载荷特性。

(2) 可选齿轮材料:45 钢正火、45 钢调质、40Cr 调质、35SiMn 调质 4 种牌号。

(3) 模数和齿数:标准模数 m 按 GB l357—1987 第一系列选择,取 2~50 mm。小齿轮齿数 z_1=20~30,共输出 11 种参数不同的方案,可根据实际需要进行选择。

(4) 设计准则：按齿面接触疲劳强度设计，按齿根弯曲疲劳强度校核。

(5) 设计要求：双向传动的单级外啮合渐开线标准直齿圆柱齿轮闭式软齿面传动的设计计算。

2. 设计程序框图

如图 15-3 所示，图中的符号 BM（J）表示标准模数数组

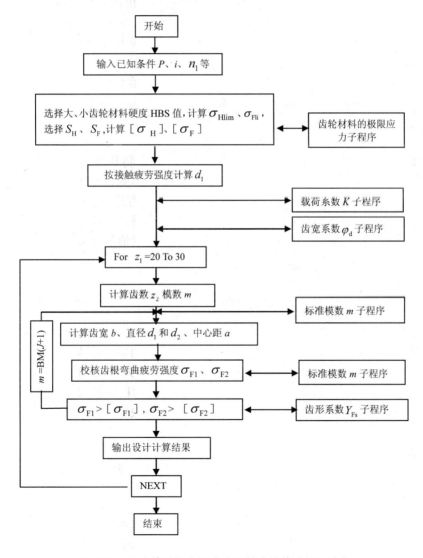

图 15-3 闭式传动软齿面直齿圆柱齿轮传动设计流程

3. 编制源程序

根据图 15-4 所示流程编制源程序。在程序设计中，合理设计程序的输入、输出格式，经过上机反复调试，编制出软齿面直齿圆柱齿轮传动设计计算程序。

复习题

15-1　CAD 系统的组成包括哪些？
15-2　在机械设计中 CAD 中常见的数据处理方法有哪些？
15-3　在 CAD 程序中如何对数表进行处理？
15-4　在 CAD 程序中如何对线图进行处理？

参 考 文 献

[1] 李世慈，费鸿学．机械设计基础（第三版）[M]．北京：高等教育出版社，1995．
[2] 陈立德．机械设计基础[M]．北京：高等教育出版社，2003．
[3] 丁树模．机械工程学（第三版）[M]．北京：机械工业出版社，2003．
[4] 邓昭铭，张莹．机械设计基础（第二版）[M]．北京：高等教育出版社，2000．
[5] 濮良贵，纪名刚．机械设计（第七版）[M]．北京：高等教育出版社，2000．
[6] 邱宣怀．机械设计（第四版）[M]．北京：高等教育出版社，1997．
[7] 何元康．机械原理及机械零件（第二版）[M]．北京：高等教育出版社，1998．
[8] 葛中民．机械设计基础[M]．北京：中央广播电视大学出版社，1991．
[9] 杨可桢，程光蕴．机械设计基础（第四版）[M]．北京：高等教育出版社，1999．
[10] 郝婧．机械基础[M]．北京：中国农业出版社，2001．
[11] 徐锦康．机械设计[M]．北京：高等教育出版社，2001．
[12] 张鄂．机械设计学习指导[M]．西安：西安交通大学出版社，2002．
[13] 胡家秀．机械设计基础[M]．北京：机械工业出版社，2001．
[14] 范顺成．机械设计基础[M]．北京：机械工业出版社，2001．
[15] 黄劲枝．机械设计基础[M]．北京：机械工业出版社，2001．
[16] 肖刚，李学志．机械设计基础[M]．北京：清华大学出版社，1999．
[17] 黄森彬．机械设计基础[M]．北京：机械工业出版社，2001．
[18] 张久成．机械设计基础[M]．北京：机械工业出版社，2001．
[19] 吴宗泽．机械原理[M]．北京：中央广播电视大学出版社，1988．
[20] 张世民．机械原理[M]．北京：中央广播电视大学出版社，1983．
[21] 马永林．机构与机械零件（第二版）[M]．北京：高等教育出版社，1990．
[22] 史翠兰．CAD/CAM技术及其应用[M]．北京：高等教育出版社，2003．
[23] 孙宝钧．机械设计基础[M]．北京：机械工业出版社，1999．